烟梗加工提质技术

聂 聪
田海英 主编

中国轻工业出版社

图书在版编目（CIP）数据

烟梗加工提质技术/聂聪，田海英主编. —北京：中国轻工业出版社，2021. 11
ISBN 978-7-5184-3657-6

Ⅰ. ①烟… Ⅱ. ①聂… ②田… Ⅲ. ①烟草加工 Ⅳ. ①TS44

中国版本图书馆 CIP 数据核字（2021）第 177684 号

责任编辑：张　靓　王宝瑶
策划编辑：张　靓　　责任终审：唐是雯　　封面设计：锋尚设计
版式设计：砚祥志远　　责任校对：吴大朋　　责任监印：张　可

出版发行：中国轻工业出版社（北京东长安街 6 号，邮编：100740）
印　　刷：北京君升印刷有限公司
经　　销：各地新华书店
版　　次：2021 年 11 月第 1 版第 1 次印刷
开　　本：720×1000　1/16　印张：17
字　　数：350 千字
书　　号：ISBN 978-7-5184-3657-6　　定价：78. 00 元
邮购电话：010-65241695
发行电话：010-85119835　传真：85113293
网　　址：http：//www. chlip. com. cn
Email：club@ chlip. com. cn
如发现图书残缺请与我社邮购联系调换
210029K1X101ZBW

本书编写人员

主　编　聂　聪　田海英

副主编　于建春　韩　路　孙培健
程向红

编　者　郭吉兆　杨宗灿　陈满堂
彭　斌　胡少东　刘向真
付瑜锋　艾　丹　张婷婷
冯颖杰　段　鹍　马胜涛
高　宁

前言

PREFACE

我国每年烟叶的产量约 240 万 t，可产出烟梗约 60 万 t，其中能够得到有效利用的约 40 万 t（用于加工梗丝的烟梗约 32 万 t，制作烟草薄片的烟梗约 8 万 t）。卷烟中使用烟梗虽然可降低卷烟焦油释放量和配方成本，但也存在以下问题：一是梗丝在感官质量上存在刺激性强、木质气重等先天性缺陷，限制了其在卷烟中的使用比例；二是梗丝在形态上与叶丝、膨胀丝等差别较大，不利于均匀掺兑，影响卷烟吸阻等卷制质量的稳定性；三是虽然烟梗焦油释放量和大部分有害成分释放量低，但其巴豆醛等醛酮类有害成分释放量高；四是梗丝的形态和色泽与烟丝差异较大，易被消费者识别，从而影响消费者的体验。这些问题制约了烟梗在卷烟中的使用，有 2/3 的烟梗作为工业副产品被废弃，造成了资源的严重浪费。

为提升烟梗工业可用性，节约资源，实现烟草加工过程的绿色生产，编者对近十余年开展的卷烟烟梗相关研究进行总结提炼，结合长期从事烟草化学和卷烟工艺及配方研究积累的经验，编写本书。本书主要从以下九个方面进行编写：①烟梗及梗丝概述；②烟梗化学成分及梗丝烟气成分；③典型烤烟生态区烟梗化学成分及梗丝烟气成分；④梗丝加工工艺；⑤烟梗工业可用性评价；⑥梗丝掺配对卷烟的影响；⑦梗丝烟气有害成分释放量及降低技术；⑧醇化对梗丝可用性的影响；⑨提升烟梗工业可用性的新技术。

本书由河南中烟工业有限责任公司、郑州烟草研究院合作编写。全书由聂聪统筹策划，由田海英统稿。

由于编写人员水平有限，书中难免存在不妥之处，恳请专家和读者批评指正，使其渐臻完善，为推动烟草行业科技进步做出贡献。

编者

目录

CONTENTS

第一章
烟梗及梗丝概述

我国卷烟产品以烤烟型为主体，所使用的卷烟原料也主要为烤烟烟叶。卷烟生产的主要原料是烟片、烟梗和再造烟叶。烟叶经机械打叶，使梗叶分离，分别形成烟片和烟梗。烟片对卷烟产品的质量风格特征起决定性作用。烟梗是烟叶的粗硬叶脉，烟梗约占烟叶质量的25%~30%。再造烟叶是将烟叶碎片、烟末、烟梗等加工后形成的一种烟草制品，其目的是提高烟草利用率，同时在减害降焦、调控卷烟化学成分等方面具有天然烟叶不可比拟的优势。

第一节　我国主要卷烟原料及感官特性

20世纪50年代，朱尊权等老一辈科学家将全国烤烟划分为浓、中、清三大香型，此三大香型在指导我国烟叶生产、工业应用等方面发挥了重要作用。随着我国经济高速发展，与20世纪相比，现阶段中国烟叶生产布局、种植技术等已发生巨大变化，在行业“大市场、大企业、大品牌”战略推进背景下，中式卷烟品类构建对烟叶原料风格多样化提出更高需求，工业企业对烟叶原料的利用由粗放向精细化转变，在此背景下，郑州烟草研究院联合烟草行业十多家工业企业、中国农科院区划所等，在继承三大香型基础上，系统分析、借鉴、整合行业多年来在烟叶质量风格特色研究方面取得的大量科技成果，尤其是特色优质烟叶开发重大专项研究成果，深入研究全国烤烟烟叶质量风格特征，构建全国烤烟烟叶风格区划体系，将全国烤烟烟叶划分为西南高原生态区——清甜香型；黔桂山地生态区——蜜甜香型；武陵秦巴生态区——醇甜香型；黄淮平原生态区——焦甜焦香型；南岭丘陵生态区——焦甜醇甜香型；武夷丘陵生态区——清甜蜜甜香型；沂蒙丘陵生态区——蜜甜焦香型；东北平原生态区——木香蜜甜香型，共八大香型。相比三大香型，八大香型的风格类型、区域定位、特征描述等均有显著变化，具体风格特征见表1-1。

表 1-1　八种香型烤烟烟叶风格特征

香型	主要特征	主体香韵	辅助香韵	杂气	浓度	劲头
西南高原生态区——清甜香型	清甜香突出，青香明显	干草香、清甜香、青香	蜜甜香、醇甜香、烘焙香、木香、酸香、焦香、辛香等	微有青杂气、生青气、木质气和枯焦气	中等	中等
黔桂山地生态区——蜜甜香型	蜜甜香突出	干草香、蜜甜香	醇甜香、木香、清甜香、酸香、焦香、烘焙香、辛香等	微有青杂气、生青气和木质气	中等	中等
武陵秦巴生态区——醇甜香型	醇甜香突出	干草香、醇甜香	蜜甜香、木香、青香、焦香、辛香、酸香、烘焙香、焦甜香等	微有青杂气、生青气和木质气	中等	中等
黄淮平原生态区——焦甜焦香型	焦甜香突出，焦香较明显，树脂香微显	干草香、焦甜香、焦香、烘焙香	木香、醇甜香、坚果香、酸香、树脂香、辛香等	微有枯焦气、木质气和青杂气	中等	中等
南岭丘陵生态区——焦甜醇甜香型	焦甜香突出，醇甜香较明显，甜香香韵较丰富	干草香、焦甜香、焦香、烘焙香	醇甜香、木香、坚果香、酸香、辛香等	微有枯焦气、木质气和青杂气	中等—稍大	中等
武夷丘陵生态区——清甜蜜甜香型	清甜香突出，蜜甜香明显，花香微显，香韵种类丰富	干草香、清甜香、蜜甜香	青香、醇甜香、木香、烘焙香、焦香、花香、辛香等	微有青杂气、生青气、枯焦气和木质气	中等	中等
沂蒙丘陵生态区——蜜甜焦香型	焦香突出，蜜甜香明显，木香较明显，香韵较丰富	干草香、焦香、蜜甜香、木香	焦甜香、醇甜香、烘焙香、辛香、酸香等	微有枯焦气、木质气、青杂气和生青气	中等	中等
东北平原生态区——木香蜜甜香型	木香突出，蜜甜香明显	干草香、木香、蜜甜香	青香、醇甜香、酸香、焦香、烘焙香、辛香等	微有木质气、枯焦气、青杂气和生青气	较小	较小

在我国，中式卷烟占主导地位，卷烟工业所用的烟梗多指烤烟型烟叶原料经打叶复烤产生的复烤烟梗。

第二节 烟梗及梗丝特征

烟叶经机械打叶，使梗叶分离，筛除碎梗及梗拐头，将合格烟梗（含水率18%~20%）输入烤梗机复烤，待烟梗含水率烤至10.0%~13.0%后进行包装仓贮。以国产烤烟年产量3750万t计，每年产生烟梗超过50万t。将复烤后烟梗［分为长梗（长度>20mm）和短梗（长度≤20mm）两种，要求长梗率≥80%］经过一定的工艺处理，制出符合规定的丝状梗丝、片状梗片、颗粒状梗粒等产品，广义上将丝状梗丝、片状梗片、颗粒梗粒通称为梗丝。

烟梗中含有的化学成分种类与同一生长来源的烟叶部分基本一致，但含量差异很大。烟梗的主要成分是植物细胞壁（含量为40%左右），包括纤维素、半纤维素、木质素和果胶等。与烟叶相比，烟梗细胞壁成分中纤维素含量远远高于烟叶，果胶含量也显著高于烟叶，半纤维素与木质素含量与烟叶差异不太明显；烟梗中总糖含量低于烟叶，淀粉与总植物碱含量大大低于烟叶，蛋白质含量相差不大，钾、氯、灰分和总酸含量明显高于烟叶。在物理性状方面，梗丝与叶丝也存在较大差异。叶丝颜色金黄，光泽油分较足，保湿性较好，填充性和燃烧性中等，而梗丝颜色偏淡，光泽油分和保温性较差，填充值较高，燃烧性较强。

在相同裂解温度下，烟梗的热裂解产物种类明显少于烟叶。在叶丝及梗丝烟气中的近300种已知挥发性和半挥发性成分中，差异较为明显的有烃类、羧酸类、醇酚类、氮杂环类、醛酮类、呋喃类、酯类等50多种化合物。在相对比例上，叶丝和梗丝的烟气成分中单位焦油释放量存在较大差异，66%的化合物的叶丝烟气释放量高于梗丝烟气释放量，其中42%的化合物是梗丝烟气释放量的2倍以上，少量成分如新植二烯、柠檬烯、巨豆三烯酮等甚至在10倍以上。

在香味成分方面，烟梗内中性香味成分、酸性成分和大多数碱性成分含量低于烟叶中的含量，只有吡啶、2-乙酰吡啶在烟梗中的含量高于烟叶。梗丝烟气中大部分半挥发性成分来自细胞壁成分的裂解，而对于叶丝烟气来说，则主要为直接转移的糖降解产物和烟叶挥发性组分。对于烟气中的碱性成分，叶丝烟气中的烟碱释放量是梗丝烟气的 7 倍以上，吡啶、麦斯明等的释放量也高于梗丝。对于烟气酚类成分，叶丝烟气中 4-甲基儿茶酚、4-乙基儿茶酚和 4-乙烯基儿茶酚的释放量远高于梗丝。

同一生长来源的叶丝和梗丝，燃烧后有害成分释放量也存在较大差异。梗丝的焦油释放量远小于叶丝，在相同质量基础下约为叶丝的 1/4。卷烟烟气中 7 种典型代表性有害成分中，苯酚、氨、苯并芘、氢氰酸在梗丝烟气中的释放量远小于叶丝烟气中的释放量。梗丝燃烧后有害成分释放量综合危害指数也小于叶丝。

第三节　烟梗及梗丝的应用

在吸食品质方面，梗丝烟香不足，木质气等杂气重，刺激性强。烟梗主要成分是其细胞壁中高相对分子质量、难水解的多糖，热裂解会产出较多的低级醛类，在燃吸时引起刺激性的呛咳。其中，木质素热裂解产生的儿茶酚和烷基儿茶酚，会导致涩口且具有促癌活性；果胶分解会产生甲醇、乙酸等有害物质，对卷烟的吸食品质带来严重负面影响。

我国是烟草大国，每年产出 60 万 t 左右的烤烟型烟梗。以往，烟梗的综合利用途径较少，利用程度较低，绝大部分作为烟草工业的副产物被弃置、掩埋或焚烧处理，既造成环境污染，也是对自然资源的浪费。

随着科技水平的进步，目前烟梗在卷烟工业以及其他方面已得到了较好的利用。

（1）烟梗在卷烟产品中的应用　烟梗梗丝具有高填充值、高燃烧性、低危害、低焦油、低成本等特点，梗丝的使用对降低卷烟生产成本和卷烟产品降焦减害有着重要意义。此外，梗丝在卷烟配方中的使用可在一定程度上调节烟气平衡、改善卷烟吸食品质。近年来，梗丝已成为卷烟配方中的重要组分之一，在卷烟产品生产中已大比例使用。我国每年有约 40 万 t 烟梗在卷烟中得到有效利用。

（2）烟梗在造纸法再造烟叶中的应用　造纸法再造烟叶是运用烟叶再造技术将烟草生产过程中的烟梗、烟末以及部分烟叶按造纸原理经过加工处理，制成接近天然烟叶的薄片，再用于卷烟生产的一种烟草生产工艺。烟梗中的纤维素、半纤维素含量较高，易于以抄纸法制成纤维薄片片基，已成为造纸法再造烟叶不可替代的原料成分。

（3）烟梗在卷烟辅材中的应用 烟梗通过膨胀改造，可制成多孔的吸附材料，并应用于卷烟滤嘴中。膨胀烟梗颗粒复合滤嘴可以有效降低卷烟焦油释放量，并对卷烟主流烟气中的特定成分如苯并［a］芘具有良好的吸附作用。

（4）烟梗在非烟草产品方面的应用研究也受到了广泛关注 例如从烟梗中提取天然植物成分，烟梗中含有的成分与烟叶成分基本一致，仅在含量上略有差异，其中烟碱、果胶、烟酸、茄尼醇、植物蛋白等多种天然植物成分在精细化工、日化、食品、轻工、医药等行业都有着广泛的应用，极具开发潜质，对烟梗综合利用具有极其重大的意义。

第四节 国内使用概况

在我国，烟梗主要的利用途径是在卷烟工业中将烟梗制成丝状、片状等产品和烟丝混合在一起卷制成卷烟。

不同类型烟叶产生的烟梗，具有很大的差异性。与烤烟烟梗相比，白肋烟的烟梗较为细小，总氮、烟碱、氨基酸、蛋白质含量较高，糖类、挥发性酸类含量较低；白肋烟梗制出的梗丝，脆性强，容易碎，光泽油分较差，在吸食品质方面苦涩味较重、杂气大、刺激性强。白肋烟梗在卷烟中的应用较少，其他晾晒烟由于数量较小，少有学者对其进行研究，也无法在卷烟工业用于批量生产。

不同产地的烤烟烟叶产生的烟梗，也具有一定差异性。由于种植品种、技术、气候、土壤、烘烤等条件不同，不同产地产出的烟叶以及烟梗不尽相同。叶片在烟株上的着生部位不同，烟叶和烟梗质量也不同。对于同一烤烟品种，上、中、下部位的烟梗在物理、化学、感官方面均会存在差异性。

烟梗加工过程所用设备、生产流程、工艺参数对产品质量有较大影响。围绕烟梗的利用，卷烟工业上先后出现了多种多样的设备、工艺及设备和工艺的组合。各种烟梗产品在形状、外观、物理参数、理化性能、烟气释放量、感官质量上都不相同。就烟梗加工后的最终产品形状而言，有片状梗、丝状梗丝、颗粒状梗等。目前，使用较多的是成熟的片状梗丝及改良的制丝设备和工艺，其他设备及工艺大多处于探索或小批量生产阶段。大多数卷烟工业企业在中低档常规规格（烟支圆周长 24.3mm 左右）卷烟中，使用流化床或膨化塔处理的片状梗丝，这种梗丝工艺的优点是设备技术成熟、工艺设置简单、加工成本低廉，且梗丝填充值较高；缺点是梗丝成大片状，与烟丝外观差异较大，颜色发白、光泽较暗。滚筒干燥、微波加工、磨制梗丝、再造梗丝等方法处理得到的丝状梗丝外观与烟丝较为接近，但存在填充值较低或设备工艺复杂、投入产出比较低等缺陷，一般用于细支规格（烟支圆周长17.0mm左右）卷烟中。蒸汽爆破等技术处理的颗粒状膨胀梗与烟丝外形相差较大，难以大比例掺配到烟丝之中，目前实际应用较少。

除了加工成梗丝，烟梗还可用作生物基质。苏云金芽孢杆菌是一种利用广泛的微生物杀虫剂，在虫害防治中具有重要作用。以烟梗为培养基原料，可以进行固态发酵生产苏云金芽孢杆菌。以烟梗为培养基也可以在农业生产中用于种植食用菌。烟梗经过生物处理，可以制备生物质燃料。此外，烟梗经发酵还可以制备生物纳米材料。

参考文献

[1] 邓小华，邓井青，肖春生，等．湖南产区浓香型烟叶香韵分布［J］．中国烟草学报，2014，20（2）：39-46.

[2] 丁瑞康，王承瀚，朱尊权，等．卷烟工艺学［M］．北京：中国食品出版社，1958.

[3] 韩富根．烟草化学［M］．北京：中国农业出版社，2003.

[4] 韩锦峰，袁秀秀，谢晓辉，等．同一品种在不同生态区烟叶化学品质的差异［J］．中国烟草学报，2016，22（5）：70-78.

[5] 蒋光伟．汽爆法烟梗膨胀制粒技术应用研究［D］．北京：中国农业科学院，2011.

[6] 李炎强，胡有持，王瘅，等．烤烟叶片与烟梗挥发性、半挥发性酸性成分的研究［J］．中国烟草学报，2001，（01）：2-6.

[7] 鲁蕾．烟梗果胶的制备及其性质的研究［D］．成都：四川大学，2004.

[8] 罗登山，王兵，乔学义．《全国烤烟烟叶香型风格区划》解析［J］．中国烟草学报，2019，25（4）：1-9.

[9] 乔学义，王兵，马宇平，等．烤烟烟叶质量风格特色感官评价方法的建立与应用［J］．烟草科技，2014（9）：5-9.

[10] 施林燕．微生物发酵及酶解烟梗物料的研究［D］．无锡：江南大学，2012.

[11] 唐远驹．关于烤烟香型问题的探讨［J］．中国烟草科学，2011，32（3）：1-7.

[12] 唐远驹．烟叶风格特色的定位［J］．中国烟草科学，2008，29（3）：1-5.

[13] 王彦亭，谢剑平，李志宏．中国烟草种植区划［M］．北京：科学出版社，2010.

［14］王月侠，葛善礼，贾涛，等．烟梗化学组成的分析［J］．烟草科技，1996，(03)：16-17.

［15］杨伟祖，谢刚，王保兴，等．烤烟烟叶和烟梗的热裂解产物的研究［J］．色谱，2006，(06)：606-610.

［16］于建军．卷烟工艺学［M］．北京：中国农业出版社，2003.

第二章
烟梗化学成分及梗丝烟气成分

国产烤烟每年产生烟梗超过 50 万 t，烟梗制成梗丝用于卷烟，具有较高的填充值和较低的焦油释放量，是降低卷烟焦油和有害成分释放量的重要手段之一，对降低配方成本也具有重要作用。烟梗作为烟叶的骨架，承担着物理支撑和物质传输的功能，主要由韧皮细胞和导管细胞组成，其化学组成与片烟有较大差异，用于卷烟必然对配方化学成分和烟气成分造成影响，研究烟梗及其烟气的化学组成对于烟梗的使用具有重要意义。自 20 世纪 70 年代起，国内外烟草企业相继开展了针对烟梗化学成分与烟气组成的系统研究，明晰了烟梗感官特征的物质基础，用于指导烟梗加工工艺技术改进与加香加料技术的研发。

依托“特色优质烟叶开发重大专项”取样平台，选择 18 个典型香型取样点，抽取 B2F、C3F 和 X2F 3 个等级的把烟样品，具体见表 2-1。把烟样品经分级人员挑选确保等级纯度，人工梗叶分离处理，粉碎得到烟梗粉末和片烟粉末样品各 54 份，系统分析比较了烟梗、烟叶化学成分及其烟气成分的差异。

表 2-1　　不同产地、不同部位的把烟样品

序号	产地	生态区	部位
1	云南省昆明市宜良县	西南高原生态区	B2F
2	云南省昆明市宜良县	西南高原生态区	C3F
3	云南省昆明市宜良县	西南高原生态区	X2F
4	云南省曲靖市师宗县	西南高原生态区	B2F
5	云南省曲靖市师宗县	西南高原生态区	C3F
6	云南省曲靖市师宗县	西南高原生态区	X2F
7	云南省普洱市宁洱哈尼族彝族自治县	西南高原生态区	B2F
8	云南省普洱市宁洱哈尼族彝族自治县	西南高原生态区	C3F
9	云南省普洱市宁洱哈尼族彝族自治县	西南高原生态区	X2F

续表

序号	产地	生态区	部位
10	贵州省黔西南布依族苗族自治州兴仁市	西南高原生态区	B2F
11	贵州省黔西南布依族苗族自治州兴仁市	西南高原生态区	C3F
12	贵州省黔西南布依族苗族自治州兴仁市	西南高原生态区	X2F
13	四川省凉山市会理县	西南高原生态区	B2F
14	四川省凉山市会理县	西南高原生态区	C3F
15	四川省凉山市会理县	西南高原生态区	X2F
16	福建省龙岩市永定县	武夷丘陵生态区	B2F
17	福建省龙岩市永定县	武夷丘陵生态区	C3F
18	福建省龙岩市永定县	武夷丘陵生态区	X2F
19	贵州省毕节市黔西县	黔桂山地生态区	B2F
20	贵州省毕节市黔西县	黔桂山地生态区	C3F
21	贵州省毕节市黔西县	黔桂山地生态区	X2F
22	贵州省黔南市贵定县	黔桂山地生态区	B2F
23	贵州省黔南市贵定县	黔桂山地生态区	C3F
24	贵州省黔南市贵定县	黔桂山地生态区	X2F
25	贵州省铜仁市德江县	黔桂山地生态区	B2F
26	贵州省铜仁市德江县	黔桂山地生态区	C3F
27	贵州省铜仁市德江县	黔桂山地生态区	X2F
28	湖北省恩施土家族苗族自治州利川市	武陵秦巴生态区	B2F
29	湖北省恩施土家族苗族自治州利川市	武陵秦巴生态区	C3F
30	湖北省恩施土家族苗族自治州利川市	武陵秦巴生态区	X2F
31	重庆市彭水县	武陵秦巴生态区	B2F
32	重庆市彭水县	武陵秦巴生态区	C3F
33	重庆市彭水县	武陵秦巴生态区	X2F

续表

序号	产地	生态区	部位
34	山东省临沂市蒙阴县	沂蒙丘陵生态区	B2F
35	山东省临沂市蒙阴县	沂蒙丘陵生态区	C3F
36	山东省临沂市蒙阴县	沂蒙丘陵生态区	X2F
37	河南省平顶山市宝丰县	黄淮平原生态区	B2F
38	河南省平顶山市宝丰县	黄淮平原生态区	C3F
39	河南省平顶山市宝丰县	黄淮平原生态区	X2F
40	广东省韶关市南雄县	南岭丘陵生态区	B2F
41	广东省韶关市南雄县	南岭丘陵生态区	C3F
42	广东省韶关市南雄县	南岭丘陵生态区	X2F
43	安徽省宣城市宣州县	南岭丘陵生态区	B2F
44	安徽省宣城市宣州县	南岭丘陵生态区	C3F
45	安徽省宣城市宣州县	南岭丘陵生态区	X2F
46	湖南省郴州市桂阳县	南岭丘陵生态区	B2F
47	湖南省郴州市桂阳县	南岭丘陵生态区	C3F
48	湖南省郴州市桂阳县	南岭丘陵生态区	X2F
49	湖南省永州市江华县	南岭丘陵生态区	B2F
50	湖南省永州市江华县	南岭丘陵生态区	C3F
51	湖南省永州市江华县	南岭丘陵生态区	X2F
52	江西省赣州市信丰县	南岭丘陵生态区	B2F
53	江西省赣州市信丰县	南岭丘陵生态区	C3F
54	江西省赣州市信丰县	南岭丘陵生态区	X2F

第一节　烟梗化学成分

烟梗的化学组成复杂，包含无机元素、糖类、生物碱、氨基酸、有机酸、多酚、萜类、甾醇及醛类和酮类香味成分等。研究表明，与烟叶相比，烟梗中总氮、烟碱、蛋白质、葡萄糖、果糖、蔗糖、二氯甲烷提取物、茄尼醇、多酚（绿原酸、芸香苷）、丙二酸、油酸、亚油酸、亚麻酸、硬脂酸、色氨酸、组氨酸等含量低；钾、钠、镁、磷、氯、硫、硝酸根、草酸、苹果酸、难挥发酸和高级脂肪酸总量、天冬氨酸、丝氨酸、谷氨酸、脯氨酸、丙氨酸、缬氨酸、亮氨酸、异亮氨酸、苯丙氨酸、酪氨酸、赖氨酸以及氨等成分含量高；钙、十六酸、柠檬酸含量相当。在致香成分方面，烟梗水蒸汽蒸馏得到的精油总量低于烟叶，且酸性化合物含量较高。

一、无机元素

烟草在生长发育过程中，会不断从周围环境中吸收一定量的碳、氢、氧、氮、磷、钾、钙、镁、硫、铁、锰、钼、铜、硼、锌、氯元素，以维持正常的生命活动，例如细胞结构组成、代谢及能量转移等。烟草中存在的无机离子主要有钾、钙、镁、氯、硫酸根、磷酸根、硝酸根等。烟梗与片烟中无机离子的含量见表 2-2。

表 2-2　　烟梗与片烟中无机离子含量

指标	烟梗均值	片烟均值	烟梗/片烟	差异显著性（P）
无机离子总量/%	12.68	6.81	1.86	<0.001
无机阳离子总量/%	8.75	5.04	1.74	<0.001
钾/%	5.55	2.16	2.56	<0.001
钙/(mg/g)	26.2	24.7	1.06	0.153
镁/(mg/g)	5.53	3.85	1.44	<0.001
钠/(mg/g)	0.140	0.092	1.53	0.043
铁/(mg/g)	0.094	0.214	0.44	<0.001
无机阴离子总量/%	3.93	1.77	2.22	<0.001
氯/%	1.65	0.33	5.06	<0.001
硫酸根/%	1.18	1.04	1.13	0.002
磷酸根/%	0.68	0.36	1.88	<0.001
硝酸根/%	0.420	0.044	9.60	<0.001
钾氯比	4.14	9.81	0.42	<0.001

烟梗中无机离子总量平均达 12.7%，高于片烟的 6.8%，二者比值 1.86，呈显著性差异。烟梗中无机阳离子总量达片烟的 1.74 倍，其中钾为片烟的 2.56 倍，镁为 1.44 倍，烟梗和片烟的钙含量基本一致。烟梗无机阴离子总量显著高于片烟，达片烟的 2.22 倍，氯更高达 5 倍，烟梗与烟叶中磷酸根和硝酸根的含量也存在显著性差异，分别为烟叶的 1.9 倍和 9.6 倍，硫酸根含量基本相同。

钾对燃烧有促进作用，氯对燃烧有抑制作用，钾氯比常被用于衡量烟叶的燃烧性，通常认为钾氯比超过 3 的烟叶有较好的燃烧性。烟梗钾氯比为 4.1，片烟为 9.8，烟梗的钾氯比低于片烟，这种差别似乎不能解释梗丝燃烧性优于烟丝的现象。实际上，燃烧性是多种因素综合作用的结果，除了钾氯比之外，利于燃烧的纤维素、不利于燃烧的磷酸根、镁和水溶性糖均有重要影响。

二、糖类

烟草中糖类的含量可占干重的 25%~50%，在烟草生长发育过程中起着重要作用。不同糖类的含量与烟草的外观质量、内在质量及物理性质密切相关。烤烟含糖量低会增大烟气的刺呛味，在一定范围内，烤烟含糖量越高品质越好，但含糖量过高，也会引起不良影响。燃吸卷烟时，糖类物质的热裂解产物呈酸性，可以与烟气中的碱性物质起中和作用，因此糖与烟碱的比值常作为评价卷烟劲头和吃味的指标。品质优良的烤烟经过适当的发酵和醇化，燃吸时产生一些具有香气成分的物质。不同地区、不同品种、不同部位、不同等级的烟叶含糖量差别较大。烤烟水溶性总糖含量一般在 15%~35%，适宜含量为 20%~26%。烤烟的还原糖含量一般在 15%~26%，以 18%~25%为最佳，还原糖在卷烟燃吸时，可单独热裂解形成多种香气物质，其中重要的有呋喃衍生物、简单的酮类和醛类等羰基化合物。

糖类与氨基酸经过美拉德反应能形成多种香气物质，产生令人愉快的香气，掩盖其他物质产生的杂气。此外，水溶性糖含量高的烟叶比较柔软，富有弹性，色泽鲜亮，耐压而不易破碎。含糖量过高，特别是非还原糖比例较高时，意味着烟叶成熟度不够或烘烤不当，使烟气变得平淡灼热、刺激性增大，对烟气质量产生不利影响。因为糖类化合物在燃吸的热裂解过程中会同时产生乙醛、丙烯醛等有刺激性的化合物。烤烟含糖量过高，烟气酸性过强，也易引起压香现象，应予重视。烤烟含糖量过高时，产生焦油的可能性增大，使卷烟的安全性变差。因此，在控制烤烟型卷烟焦油含量时，应注意将烤烟原料中糖含量控制在适宜的范围之内，特别是要注意降低其中的非还原糖含量（双糖差）。烤烟的可溶性总糖和还原性糖含量（双糖差）是衡量烤烟内在化学质量的重要指标，烟叶中可溶性总糖含量过高也会产生不利影响。由于品种特性、栽培措施、调制方法均有很大差别，不同烟叶的化学成分也有很大的不同，烤烟含糖量最高，总氮含量最低。研究发现，总糖和总氮作为烟草中两大类化学成分总是此消彼长，即含糖量高的烟叶，总氮含量较低，而含糖量低的烟叶，总氮含量偏高。出现这种规律性的部分原因是调制方法不同。调制时间越长，糖类因烟叶的呼吸作用而消耗越多；调制时间越短，糖类消耗得越少，保存下来的越多，当然含氮化合物在调制过程中也作为呼吸基质被消耗，但是其消耗量远不如糖类多。这种消长关系与遗传因素和产地气候类型有直接关系。

不同类型烟叶的各种化学成分含量不同，质量特点和风格特征也不相同，不能用相同的指标去衡量其烟叶品质的好坏。如烤烟含糖量一般较高，且在一定范围内含量越高，烟质越好，而白肋烟则要求含糖量极低，才有其特殊的香气和吃味，经过特殊加工处理，即可成为生产混合型卷烟不可缺少的主要烟叶原料。

烟梗和片烟中各种糖的含量见表 2-3。烟梗中总糖和还原糖含量约为片烟的 75%，其中果糖、葡萄糖、蔗糖含量分别为烟叶含量的 76%、77% 和 87%，这些糖的梗叶含量比也在 0.8 左右，相对比例差异性不大。

表 2-3　　烟梗与片烟中糖类化合物含量

指标	烟梗均值	片烟均值	烟梗/片烟	差异显著性（P）
果糖/%	8.3	10.8	0.76	<0.001
葡萄糖/%	7.0	9.0	0.77	<0.001
蔗糖/%	0.59	0.69	0.87	<0.001
纤维素/%	20.5	8.90	2.30	<0.001
半纤维素/%	1.80	3.12	0.58	<0.001
木质素/%	1.73	1.34	1.29	<0.001
果胶/%	8.45	8.20	1.03	0.422

植物细胞的细胞壁由胞间层、初生壁和次生壁构成。胞间层主要成分为果胶，将相邻细胞粘合在一起；初生壁是由原生质体分泌形成的，主要成分为纤维素、半纤维素和蛋白质；次生壁主要为纤维素和木质素。烟梗作为烟叶的主脉，承担物理支撑和物质传输功能，主要由韧皮细胞和导管细胞组成，含有更多的次生壁。因此，烟梗中纤维素含量为片烟的 2.3 倍，木质素含量为烟叶的 1.3 倍；梗叶果胶含量相当；而烟梗半纤维素含量为片烟的 58%。纤维素燃烧热裂解产生甲醛、乙醛等刺激性成分，也产生糠醛、5-羟甲基糠

醛等烤甜成分，过高的纤维素会增加烟气刺激性。木质素热裂解产生愈创木酚、香兰素、4-甲基愈创木酚、丁香酚等甲氧基酚类物质，其中愈创木酚类是烟熏香的主要成分，而香兰素、丁香酚分别为奶甜香、辛香物质，也是烟草重要香味成分。而半纤维素是由戊糖和己糖构成的异质多聚体，热裂解产生大量的糠醛，是烟草烤甜香的重要成分。总体来看，烟草细胞壁成分燃烧时热裂解产生的并非全都是感官负面成分。由于其细胞壁成分占比高，烟梗与片烟中细胞壁成分含量的差异必然导致感官质量上的差别。

三、生物碱

烟草生物碱是一类特殊的含氮化合物，它们有类似碱的性质，可与酸生成盐。烟草生物碱包含近 50 种物质，其中烟碱最为重要，占烟草生物碱总量的 95%以上，其次为去甲基烟碱（又称降烟碱）、新烟草碱、假木贼碱等，其余多种是微量生物碱。烟草生物碱通常是与无机酸或有机酸结合成盐而存在于烟草中，少量以游离碱的状态存在，也有少量生物碱以糖苷、酯或酰胺的状态存在。

通常认为，烟草生物碱与烟气劲头相关，烤烟总植物碱最适含量为 2.5%，含量过低则烟气没有劲头。如表 2-4 所示，烟梗中植物碱含量显著低于片烟，其中烟碱含量约为烟叶的 20%，降烟碱、麦斯明、假木贼碱、新烟碱等次生植物碱在烟梗中的含量不足片烟的 15%，这应是梗丝烟气没有劲头的原因。此外，糖碱比常被用作对烟气强度和柔和性评价的基础，烤烟的糖碱比以 10 为好，过大则香气不足，刺激性也大。烟梗的糖碱比均值达到 48.6，远高于片烟均值的 13.7。

表 2-4　烟梗与片烟中植物碱含量

指标	烟梗均值	片烟均值	烟梗/片烟	差异显著性（*P*）
烟碱/(mg/g)	4.4	22.1	0.20	<0.001
新烟碱/(μg/g)	124	980	0.13	<0.001
降烟碱/(μg/g)	29.2	490	0.06	<0.001
假木贼碱/(μg/g)	13.1	119	0.11	<0.001
麦斯明/(μg/g)	1.21	12.0	0.10	<0.001

四、氨基酸与氨

烟草植株从土壤中吸收的铵盐或硝酸盐，在烟草根系和绿叶中还原成氨，再经同化作用形成各种氨基酸和蛋白质等有机含氮化合物。在烟草中除组成蛋白质的氨基酸外，还有一些以游离状态存在的氨基酸。成熟烤烟含4%~7%的总氨基酸，0.4%~0.7%的游离态氨基酸，在调制后期含量均有较大量增加。

氨基酸在调制、陈化和燃吸期间均可发生酶促和非酶棕色化反应，如陈化期间氨基酸与酚类物质反应生成类黑色素物质，与糖缩合产生色素和吡嗪类等致香物质。氨基酸对烟质的影响较为复杂，影响的结果最终可以从烟叶色泽、香味和抽吸感觉反映出来。

研究发现，烟草中氨基酸的含量与香味、吃味品质密切相关，总氨基酸的含量与香气量和劲头得分呈正相关关系，与香气质、刺激性和杂气3项分值有负相关关系，且香气质、香气量、劲头、杂气和刺激性呈正、负相关的氨基酸种类不同。另外，氨基酸也是烟气有害成分如氰化氢和氨的重要前体物。由于氨与氨基酸在烟草香吃味方面具有类似的作用，表2-5中将氨放在一起进行比较。

表2-5　　烟梗与片烟中氨基酸和氨含量

指标	烟梗均值	片烟均值	烟梗/片烟	差异显著性（P）
氨基酸总量/(μg/g)	1.28×10^4	1.13×10^4	1.13	0.004
脯氨酸/(μg/g)	6.91×10^3	7.24×10^3	0.95	0.297
天冬酰胺/(μg/g)	798	942	0.85	0.054
丙氨酸/(μg/g)	448	436	1.03	0.719
谷酰胺/(μg/g)	887	698	1.27	0.009
缬氨酸/(μg/g)	1.11×10^3	381	2.90	<0.001
丝氨酸/(μg/g)	480	299	1.60	<0.001
天冬氨酸/(μg/g)	620	205	3.03	<0.001
苏氨酸/(μg/g)	447	201	2.22	<0.001
谷氨酸/(μg/g)	152	176	0.87	0.019
亮氨酸/(μg/g)	115	142	0.81	<0.001
苯丙氨酸/(μg/g)	235	138	1.70	<0.001
色氨酸/(μg/g)	11	123	0.09	<0.001
组氨酸/(μg/g)	43	112	0.38	<0.001

续表

指标	烟梗均值	片烟均值	烟梗/片烟	差异显著性（P）
胱氨酸/（μg/g）	188	76	2.48	<0.001
酪氨酸/（μg/g）	178	49	3.63	<0.001
精氨酸/（μg/g）	58	39	1.49	<0.001
甘氨酸/（μg/g）	36	29	1.22	0.022
赖氨酸/（μg/g）	30	27	1.11	0.240
异亮氨酸/（μg/g）	52	10	5.04	<0.001
甲硫氨酸/（μg/g）	46	17	2.67	<0.001
氨/（μg/g）	310	186	1.67	0.015

烟梗氨基酸总量与片烟接近。与片烟相比，烟梗中缬氨酸、天冬氨酸、苏氨酸、异亮氨酸、酪氨酸、甲硫氨酸、胱氨酸和苯丙氨酸 8 种氨基酸均高于片烟。其中，烟梗中异亮氨酸含量达到片烟的 5 倍；烟梗中色氨酸和组氨酸含量显著低于片烟，色氨酸含量不足片烟的 10%。

五、有机酸

有机酸广泛存在于烟草中，许多有机酸及其衍生物是烟草香味的主要成分，直接影响烟叶及其制品的质量。烟草中有机酸达 450 多种，包括直链和支链脂肪酸、脂环酸、芳香酸、羟基酸、多元酸及杂环类、萜烯类酸等。

烟草中含量较大的多元酸包括苹果酸、乙二酸、柠檬酸、丙二酸、丁二酸、反丁烯二酸，其中苹果酸、柠檬酸、丁二酸、反丁烯二酸均为三羧酸循环的中间体。烟草中的多元酸含量达 10%左右，对烟草烟气酸碱平衡具有重要影响，能够柔和烟气、改善吃味，从而对烟草品质产生影响。烟梗与片烟中多元酸的含量见表 2-6。与片烟类似，苹果酸、乙二酸和柠檬酸为烟梗含量较高的多元酸。烟梗中多元酸总量、苹果酸和丁二酸含量高于片烟，多元酸总量是片烟的 1.3 倍，烟梗中含量最高的苹果酸与片烟中含量差别较大，烟梗中丁二酸为片烟的近 3 倍，烟梗中柠檬酸、丙二酸、反丁烯二酸含量低于片烟，柠檬酸含量约为片烟的一半，丙二酸含量仅为片烟的 12%，乙二酸含量基本相同。虽然多元酸一般具有柔和烟气作用，但主要是针对碱性刺激的作用，烟梗中以烟碱为代表的碱性成分缺乏，过多的苹果酸反而表现出辛辣作用。

表 2-6　　烟梗与片烟中多元酸含量

指标	梗均值	片烟均值	梗/叶	差异显著性（P）
多元酸总量/(mg/g)	111.7	87.7	1.27	<0.001
苹果酸/(mg/g)	90.6	62.2	1.46	<0.001
乙二酸/(mg/g)	16.5	16.5	1.00	0.966
柠檬酸/(mg/g)	3.52	6.04	0.58	<0.001
丙二酸/(mg/g)	0.31	2.58	0.12	<0.001
丁二酸/(mg/g)	0.74	0.25	2.99	<0.001
反丁烯二酸/(mg/g)	0.10	0.14	0.75	<0.001

高级脂肪酸通常指 10 个碳以上的脂肪酸，烟梗与片烟高级脂肪酸含量差异列于表 2-7。烟梗高级脂肪酸总量为片烟的 40%左右，且所测定的 7 种高级脂肪酸含量均低于片烟。其中，十四酸、十六酸、亚油酸、亚麻酸、十八酸、二十酸等高级脂肪酸，烟梗含量均为烟叶的 40%左右，油酸约为 75%。高级脂肪酸能够增加烟气的脂肪和蜡味，使烟气醇和，不同长链脂肪酸的香吃味有一定差异。十四酸（即肉豆蔻酸）具有柔和烟气作用，与烟香谐调，提高甜而醇和的风味；十六酸除了具有蜡味，还具有甜味；亚麻酸、亚油酸有蜡质气息，并有一定刺激性。另外，高级脂肪酸在烟气形成过程中能够作为液滴，溶解携带香味的成分，从而增加烟气丰满度。从总体上看，高级脂肪酸为卷烟香吃味的有利物质，烟梗中高级脂肪酸含量较低，可能是梗丝烟气刺激性大的原因之一。

表 2-7　　烟梗与片烟中高级脂肪酸含量对比

指标	烟梗均值	片烟均值	烟梗/片烟	差异显著性（P）
高级脂肪酸总量/(mg/g)	3.10	7.17	0.43	<0.001
十四酸/(mg/g)	0.032	0.095	0.34	<0.001
十六酸/(mg/g)	0.80	2.01	0.40	<0.001
油酸/(mg/g)	0.47	0.63	0.75	<0.001
亚油酸/(mg/g)	0.73	1.85	0.39	<0.001
亚麻酸/(mg/g)	0.84	2.08	0.40	<0.001
十八酸/(mg/g)	0.18	0.38	0.46	<0.001
二十酸/(mg/g)	0.04	0.11	0.37	<0.001

烟叶中的几种挥发性酸具有独特的香气和酸性，不仅与卷烟香气风格特征密切相关，还可以与碱性成分共同决定烟气的酸碱平衡，进而对卷烟的劲头、刺激性和口感等产生明显的影响，如甲酸和乙酸具有一定酸性、刺激性；具有 4~6 个碳的脂肪酸有果味和奶油味，在烟气香味、吃味上具有重要贡献，其中 3-甲基戊酸是香料烟的特征成分之一。烟梗与片烟主要挥发酸的差异见表 2-8。烟梗挥发酸总量高于片烟，尤其是在挥发酸中含量较大的甲酸、乙酸，烟梗含量均高于片烟，这可能是烟梗具有酸刺特征的原因。令人感兴趣的是，烟梗 3-甲基丁酸含量是片烟的 5 倍，作为香料烟的特征成分，其香气为和顺的、醇和的、类似干酪的香料烟香韵；烟梗中具有蜜甜香气的苯乙酸含量是片烟的 1.7 倍。烟梗中 2-羰基丙酸、2-烯-丁酸、戊酸、2-羟甲基-丁酸、呋喃乙酸 5 种挥发酸含量显著低于片烟。

表 2-8　　烟梗与片烟中挥发酸含量对比

指标	烟梗均值	片烟均值	烟梗/片烟	差异显著性（P）
挥发酸总量/(μg/g)	3679	2465	1.49	<0.001
甲酸/(μg/g)	243	193	1.26	0.001
乙酸/(μg/g)	1141	408	2.8	<0.001
羟基乙酸/(μg/g)	6.2	9.5	0.65	<0.001
丙酸/(μg/g)	5.79	3.5	1.66	<0.001
乳酸/(μg/g)	90.4	64.2	1.41	<0.001
3-羟基丙酸/(μg/g)	88.7	57.9	1.53	<0.001
2-羰基丙酸/(μg/g)	0.29	1.04	0.28	<0.001
2-烯-丁酸/(μg/g)	1.43	2.77	0.51	<0.001
戊酸/(μg/g)	0.58	1.02	0.57	<0.001
2-甲基-丁酸/(μg/g)	0.67	0.42	1.6	<0.001
3-甲基丁酸/(μg/g)	1.68	0.34	4.96	<0.001
2-甲基-2-烯-丁酸/(μg/g)	0.67	0.79	0.86	0.023
2-羟甲基-丁酸/(μg/g)	8.1	14.1	0.57	<0.001
乙酰丙酸/(μg/g)	1.49	1.37	1.08	0.043
己酸/(μg/g)	0.74	0.91	0.82	<0.001

续表

指标	烟梗均值	片烟均值	烟梗/片烟	差异显著性（*P*）
3-甲基戊酸/(μg/g)	0.07	0.10	0.68	<0.001
2-异丙基-3-羰基-丁酸/(μg/g)	1953	1515	1.29	<0.001
呋喃甲酸/(μg/g)	6.4	5.75	1.11	0.015
呋喃乙酸/(μg/g)	12.2	16.9	0.72	<0.001
3-甲基-2-呋喃甲酸/(μg/g)	21.4	15.3	1.4	0.038
苯甲酸/(μg/g)	5.64	5.81	0.97	0.377
苯乙酸/(μg/g)	4.43	2.59	1.71	<0.001
3-羟基-4-甲氧基苯甲酸/(μg/g)	2.32	3.35	0.69	<0.001

六、酚类

烟草中含有众多且变化复杂的酚类化合物，按照羟基数目的不同，可分为简单酚类和多酚。烟叶中简单酚（苯酚、苯甲酚、苯二酚等）的含量极微，烟草中发现的多酚主要有绿原酸、芸香苷、莨菪亭等，分属于单宁类、黄酮类和香豆素类化合物，其中绿原酸和芸香苷是烟叶中主要的酚类物质，二者占总酚量的90%以上。在活体组织中，除莨菪亭、奎宁酸和咖啡酸是以游离态存在，酚类化合物几乎全部以糖苷和酯的状态存在于液泡中。

烟草中酚类化合物不但对烟草的生理生化活动有重要作用，而且对烟叶的色泽、香吃味、生理强度和安全性指标有重要影响，是衡量烟叶品质的重要指标之一。钟庆辉曾提出以酚类化合物含量与蛋白质的比值作为芳香值来判断烟叶香吃味的化学指标。此外有研究表明，烟草多酚类物质与烟叶等级成正相关。一般认为酚类化合物对烟草香气和吃味有好的影响。酚类化合物挥发性低，燃吸时直接进入烟气的很少，但在烟草燃吸时产生酸性反应，能中和部分碱性，使吃味醇和。且多酚类化合物热裂解产生的挥发性、半挥发性酚类物质具有柔和烟气和增香作用，是卷烟丰富香气的组成部分。

烟梗与片烟中多酚类物质含量差异见表2-9。烟梗多酚总量约为片烟的3%，呈显著性差异。其中，绿原酸、芸香苷、新绿原酸、4-*O*-咖啡酰基喹宁酸等多酚含量均不足片烟的5%，而莨菪亭含量与片烟相对接近，为片烟的60%。

表 2-9　烟梗与片烟中多酚物质的含量

指标	烟梗均值	片烟均值	烟梗/片烟	差异显著性（P）
多酚总量/(mg/g)	1.89	64.2	0.03	<0.001
绿原酸/(mg/g)	0.78	28.0	0.03	<0.001
芸香苷/(mg/g)	0.33	25.2	0.01	<0.001
新绿原酸/(mg/g)	0.17	5.17	0.03	<0.001
4-*O*-咖啡酰基喹宁酸/(mg/g)	0.19	5.13	0.04	<0.001
莨菪亭/(mg/g)	0.421	0.707	0.60	<0.001

七、萜类

烟草萜类是指存在于烟草中的分子式为异戊二烯倍数的烃类及其含氧衍生物，其碳原子骨架由 n 个异戊二烯（C_5H_8）的单元组成。根据所含异戊二烯单元的数目，可分为单萜、倍半萜、二萜、三萜、四萜和多萜 6 类。其中，三萜、四萜化合物一般为初生代谢产物，如胡萝卜素、叶绿素等，是烟草生长发育不可缺少的物质；单萜、倍半萜、双萜属于次生代谢物质，与烟叶的抗性密切相关。萜类降解产生的挥发性、半挥发性成分是烟叶香气成分最重要的来源。烟梗与片烟中萜类物质的含量见表 2-10。

表 2-10　烟梗与片烟中萜类化合物含量

指标	烟梗均值	片烟均值	烟梗/片烟	差异显著性（P）
萜类总量/(mg/g)	0.09	13.58	0.01	<0.001
茄尼醇/(mg/g)	ND	11.7	0.00	<0.001
β-胡萝卜素/(μg/g)	1.9	40.8	0.05	<0.001
叶黄素/(μg/g)	3.1	31.7	0.10	<0.001
西柏三烯二醇/(μg/g)	23.1	113	0.20	<0.001
新植二烯/(μg/g)	29.2	754	0.04	<0.001
茄色烯/(mg/g)	ND	0.389	0.00	<0.001
维生素 E/(mg/g)	0.039	0.553	0.07	<0.001

注：ND—未检出。

烟梗中各类萜类化合物远低于片烟，总量不足烟叶的 1%。其中，茄尼醇在烟梗中未检出，而在片烟中的含量在 1%左右。茄尼醇为四倍半萜，是烟草中含量最高的萜类化合物，也是烟草脂质的主要成分，热裂解可产生柠檬烯、柠檬醛、法尼醛、法尼醇等多种香气物质，是烟气香气物质的重要前体。

西柏三烯二醇降解产物包括茄酮、茄醇、茄尼呋喃、降茄二酮等重要香气物质；类胡萝卜素（β-胡萝卜素、叶黄素）降解产物包括大马酮、紫罗兰酮、巨豆三烯酮等，均为烟叶重要致香物质。虽然西柏三烯二醇和类胡萝卜素在烟叶调制过程中大部分降解，但烟梗和片烟中的含量差异应该与新鲜烟叶中的差异具有较强相似性。

新植二烯是叶绿素的降解产物，其自身虽没有香气，但在烟气中能起到定香作用，增加烟气丰满度。这种化合物在烟梗中的含量非常低。

茄色烯、维生素 E 也是片烟中含量较大的萜类物质，在烟梗中的含量极低。目前，二者对烟草香吃味的影响并不明确，但可以推断作为萜类化合物，其热裂解可以产生萜烯类化合物，对于烟草香气应有一定贡献。

八、甾醇

甾醇类为甾体的羟基衍生物，分子中都具有一个环戊烷多氢菲的骨架，并且一般都含有 3 个侧链。烟草甾醇一般比较稳定，是生物膜系统的重要组成成分，除了调控植物生长发育外，还起到响应多种生物和非生物胁迫的作用。烟草中甾醇大多与糖结合成糖苷而存在，也可以以游离的醇或酯的形式存在，于细胞膜内作为游离甾醇存在，甾醇糖苷或甾醇酯在细胞膜内不存在。烟草甾醇化合物含量变化范围在 0.1%~0.3%，在烤烟中约为干重的 0.15%。

烟草中的甾醇对香气没有什么贡献，反而在卷烟燃吸时易转化为致癌的多环芳烃，是烟气多环芳烃的重要前体物。烟梗与片烟中甾醇的含量见表 2-11。烟梗中甾醇含量低于烟叶，约为烟叶含量的一半。其中菜油甾醇、谷甾醇、豆甾醇为烟叶含量的 30%~50%，而胆甾醇约为烟叶含量的 73%。

表 2-11　　烟梗与片烟中甾醇含量

指标	烟梗均值	片烟均值	烟梗/片烟	梗叶差异显著性（P）
甾醇总量/(mg/g)	0.30	0.64	0.47	<0.001
菜油甾醇/(mg/g)	0.04	0.15	0.30	<0.001
豆甾醇/(mg/g)	0.15	0.32	0.48	<0.001
胆甾醇/(mg/g)	0.08	0.10	0.73	<0.001
谷甾醇/(mg/g)	0.03	0.07	0.42	<0.001

九、挥发性、半挥发性香味成分

烟草中挥发性、半挥发性香味成分虽然含量较低，但其感官阈值通常较低，是卷烟香气的重要来源。李炎强等对河南烤烟烟梗和片烟、云南烤烟烟梗的主要中性香味成分、挥发性、半挥发性酸性化学成分进行了分析研究，发现：①大多数中性香味成分在片烟中的含量比在烟梗中的明显偏高，较为突出的有苯甲醇、β-大马酮、巨豆三烯酮、新植二烯和叶绿酮等；②在烟梗中含量高的中性香味成分主要是醛类物质，如糠醛和苯乙醛，醛类物质的总量约是片烟的 2.3 倍；③烟梗与片烟所含的酸性成分种类较为接近。从烟梗与片烟所含的酸性成分看，片烟中含量较高的主要是 15 个碳以下的脂肪酸，如异戊酸和 2-甲基戊酸等；烟梗中含量较高的是 15 个碳以上的脂肪酸，特别是亚油酸、亚麻酸等。

1. 类胡萝卜素和西柏烷类降解产物

烟草中最重要的一类挥发性、半挥发性香味成分是类胡萝卜素和西柏烷类降解产物，如 3-氧代-α-紫罗兰醇、二氢猕猴桃内酯、巨豆三烯酮、茄酮、降茄二酮。

紫罗兰醇类、紫罗兰酮类、巨豆三烯酮类、β-大马酮类、二氢猕猴桃内酯类及茄酮类是非常重要的烟草特征香味成分，主要是在烟草调制过程中由类胡萝卜素和西柏烷类化合物降解形成。根据表 2-12 显示，所有的类胡萝卜素和西柏烷类降解产物在烟梗中的含量都远远低于片烟，总量不足片烟的 10%。其中，类胡萝卜素降解产物含量的差异更为明显，总量低于片烟的 10%，而西柏烷类降解产物烟梗含量为片烟的 30%左右。烟梗中这些烟草特征香味成分的不足应当是烟梗感官质量差的重要原因之一。

表 2-12　烟梗与片烟中类胡萝卜素和西柏烷类降解产物含量

分类	指标	烟梗均值	片烟均值	烟梗/片烟	差异显著性（P）
总量/(μg/g)	—	11.1	135.0	0.08	<0.001
类胡萝卜素降解产物	3-氧代-α-紫罗兰醇/(μg/g)	5.9	99.6	0.06	<0.001
	6，7-脱氢-7，8-二氢-3-氧代 α-紫罗兰醇/(μg/g)	1.01	7.60	0.13	<0.001
	巨豆三烯酮总量/(μg/g)	0.32	6.04	0.05	<0.001
	3-氧代-7，8-二氢-α-紫罗兰醇/(μg/g)	0.3	5.6	0.05	<0.001

续表

分类	指标	烟梗均值	片烟均值	烟梗/片烟	差异显著性（*P*）
类胡萝卜素降解产物	法尼基丙酮/（μg/g）	0.27	3.63	0.07	<0.001
	二氢猕猴桃内酯/（μg/g）	0.52	2.55	0.2	<0.001
	地芰普内酯/（μg/g）	0.51	2.08	0.24	<0.001
	3-羟基-β-大马酮/（μg/g）	0.17	0.79	0.22	<0.001
	6-甲基-5-庚烯-2-酮/（μg/g）	0.11	0.41	0.26	<0.001
	异地芰普内酯/（μg/g）	0.10	0.41	0.25	<0.001
	香叶基丙酮/（μg/g）	0.03	0.31	0.09	<0.001
	β-紫罗兰酮/（μg/g）	0.04	0.25	0.14	<0.001
	β-环柠檬醛/（μg/g）	0.009	0.051	0.17	<0.001
西柏烷降解物	降茄二酮/（μg/g）	1.57	4.57	0.34	<0.001
	茄酮/（μg/g）	0.31	1.15	0.27	<0.001

2. 醛、酮类化合物

醛和酮类化合物因分子结构中含有羰基，统称羰基化合物。烟草中的羰基化合物小部分是在生长期间形成的，大部分是在调制、陈化等加工过程中由光化、酶化、氧化、棕色化等反应生成的。烟草羰基化合物是烟叶精油主要的成分之一，醛、酮分子结构中的羰基是致香基团，是重要的致香物质。烟梗与片烟中部分醛酮类化合物的含量见表 2-13。烟梗中 2-乙基苯甲醛、3，5-二甲氧基苯乙酮低于片烟，而 3-羟基-2-丁酮（乙偶姻）、麦芽酚、香兰素则高于烟叶。其中，3-羟基-2-丁酮具有“似黄油的甜香”，麦芽酚为典型焦甜香，二者均与美拉德反应相关。香兰素（3-甲氧基-4-羟基苯甲醛）具有甜香荚兰香，从结构看，应属于木质素类降解产物。

表 2-13　　烟梗与片烟中挥发性醛酮类化合物含量

指标	烟梗均值	片烟均值	烟梗/片烟	差异显著性（*P*）
3，5-二甲氧基苯乙酮/（μg/g）	0.98	2.11	0.46	<0.001
2-乙基苯甲醛/（μg/g）	0.015	0.095	0.16	<0.001
麦芽酚/（μg/g）	2.43	1.39	1.75	<0.001
香兰素/（μg/g）	0.96	0.57	1.68	<0.001
3-羟基-2-丁酮/（μg/g）	1.23	0.22	5.52	<0.001

续表

指标	烟梗均值	片烟均值	烟梗/片烟	差异显著性（P）
5-羟甲基糠醛/（μg/g）	3.14	4.63	0.68	0.011
丁香醛/（μg/g）	0.66	0.68	0.97	0.301
苯甲醛/（μg/g）	0.06	0.07	0.87	0.015

3. 醇类化合物

烟草中含有大量醇类化合物，其中脂肪醇主要有甲醇、乙醇、$C_3 \sim C_{10}$和$C_{17} \sim C_{23}$饱和正构醇，支链醇有2-甲基丁醇等，脂环醇主要有糠醇、环己六醇，芳香醇主要有苯甲醇、苯乙醇，另有多元醇类如二甘醇、三甘醇、丙二醇、丙三醇和其他多醇类。烟梗与片烟中部分醇类成分含量见表2-14。

表2-14　烟梗与片烟中挥发醇含量

指标	烟梗均值	片烟均值	烟梗/片烟	差异显著性（P）
苯甲醇/（μg/g）	2.93	4.20	0.70	<0.001
苯乙醇/（μg/g）	0.59	1.12	0.53	<0.001
芳樟醇/（μg/g）	0.02	0.13	0.13	<0.001
戊醇/（μg/g）	0.01	0.10	0.10	<0.001
植醇/（μg/g）	1.09	4.87	0.22	<0.001
2，3-丁二醇/（μg/g）	160.5	58.2	2.75	<0.001
呋喃甲醇/（μg/g）	9.9	9.49	1.04	0.304
对羟苯基乙醇/（μg/g）	7.1	24.3	0.29	<0.001

醇类成分中，苯甲醇、苯乙醇、芳樟醇、戊醇、植醇、对羟苯基乙醇6种成分在烟梗中含量低于片烟，特别是具有独特香气的萜类化合物芳樟醇含量为片烟的13%；苯甲醇、苯乙醇等具有花香气息，能柔和烟气，是烤烟型卷烟调香时的常用香料；植醇具有青香气息，具有温和、甜的玫瑰花气息。这些重要烟草香气成分烟梗是严重缺乏的。烟梗中含量较高的2，3-丁二醇并没有特别的香气。

4. 酯和内酯类化合物

烟梗与片烟中挥发性内酯和酯类化合物含量差异见表2-15。

表 2-15　　烟梗与片烟中挥发性内酯和酯类化合物含量

类别	指标	烟梗均值	片烟均值	烟梗/片烟	差异显著性（P）
酯	十六酸甲酯/(μg/g)	2.13	3.92	0.54	<0.001
	亚麻酸甲酯/(μg/g)	0.88	1.86	0.47	<0.001
	亚油酸甲酯/(μg/g)	0.71	0.90	0.79	<0.001
	苯甲酸乙酯/(μg/g)	0.36	0.87	0.42	<0.001
	十八酸甲酯/(μg/g)	0.42	0.79	0.53	<0.001
内酯	2-脱氧-戊糖酸内酯/(μg/g)	280	106	2.63	<0.001
	苏糖酸内酯/(μg/g)	71.7	33.4	2.15	<0.001
	γ-丁内酯/(μg/g)	1.83	0.17	10.71	<0.001
	5-脱氧-2，3-二羟基-1，4-戊糖酸内酯/(μg/g)	32.8	46.6	0.7	<0.001
	泛解酸内酯/(μg/g)	1.85	1.61	1.15	<0.001

烟草二氯甲烷提取物中的酯主要为高级脂肪酸酯和内酯。高级脂肪酸甲酯类通常具有柔和烟气的作用，苯甲酸乙酯为花香和果香香气，都是对烟草香气具有正面作用的化合物。内酯成分中γ-丁内酯为白肋烟香韵、增加烟气丰满度，其他几种内酯均为含羟基的内酯化合物，其感官作用尚不明确。从表 2-15 可以看出，烟梗中高级脂肪酸甲酯、苯甲酸乙酯均显著低于片烟，而苏糖酸内酯、2-脱氧-戊糖酸内酯和γ-丁内酯 3 种内酯均高于片烟。

5. 酰胺、吡啶、吡咯、酰亚胺化合物

烤烟中游离的含氮化合物含量较低，由于本项目采用溶剂直接提取法进行香味成分的分析，在前处理过程中没有人为的美拉德反应产物生成，所以检测到的含氮化合物数量较同时蒸馏萃取法少，主要为酰胺和酰亚胺类化合物。除了几种吡咯-2，5-二酮（丁二酰亚胺、3-乙基-4-甲基-1H-吡咯-2，5-二酮）对烟气有正面作用外，许多在烟草中发现的酰胺和亚酰胺通常使卷烟吸味具有粗糙感和不适感。烟梗与片烟的挥发性、半挥发性含氮化合物含量差异见表 2-16。

表 2-16　　烟梗与片烟中挥发性含氮化合物含量

指标	烟梗均值	片烟均值	烟梗/片烟	梗叶差异显著性（*P*）
1-甲基-1H-吡咯-2（5H）-酮/(μg/g)	14.9	36.3	0.41	<0.001
9-十八烯酰胺/(μg/g)	8.6	12.6	0.69	<0.001
5，6-二甲基-2-苯并咪唑啉酮/(μg/g)	0.36	3.79	0.10	<0.001
烟酰胺/(μg/g)	ND	1.17	0.00	<0.001
3-乙基-4-甲基-1H-吡咯-2，5-二酮/(μg/g)	0.21	0.73	0.29	<0.001
N-甲基吡咯烷酮/(μg/g)	0.15	0.25	0.60	<0.001
2-吡咯烷酮/(μg/g)	8.09	4.3	1.88	<0.001
丁二酰亚胺/(μg/g)	5.91	0.94	6.31	<0.001
13-二十二烯酰胺/(μg/g)	9.29	11.26	0.82	0.011
1-乙酰基-2-吡啶基-2，3，4，5-四氢吡咯/(μg/g)	0.73	2.29	0.32	<0.001
乙酰吡咯/(μg/g)	3.66	0.97	3.79	<0.001
2-甲基-3-羟基吡啶/(μg/g)	3.35	2.8	1.20	<0.001

注：ND—未检出。

烟梗中 1-甲基-1H-吡咯-2（5H）-酮、烟酰胺、5，6-二甲基-2-苯并咪唑啉酮均显著低于片烟；而 2-甲基-3-羟基吡啶、2-吡咯烷酮、丁二酰亚胺等成分含量高于片烟，其中丁二酰亚胺高达烟叶的 5 倍以上。其他几种含氮化合物中，烟梗乙酰吡咯含量平均为片烟的 3.79 倍，是烟草重要香味成分，其烟气吃味为“花香，青香，酒香，增加丰满度”。

6. 其他成分

其他成分中，烟梗中的 2，5-二氢噻吩、对乙烯基愈创木酚、3，4-二甲基-2，5 呋喃二酮等化合物含量均低于片烟，其中 2，5-二氢噻吩含量不足烟叶的 20%，具体参见表 2-17。

表 2-17　烟梗与片烟中其他挥发性成分含量

指标	烟梗均值	片烟均值	烟梗/片烟	差异显著性（*P*）
2，5-二氢噻吩/(μg/g)	ND	1.60	0.00	<0.001
对乙烯基愈创木酚/(μg/g)	0.35	1.56	0.23	<0.001
3，4-二甲基-2，5呋喃二酮/(μg/g)	0.038	0.094	0.40	<0.001
磷酸三乙酯/(μg/g)	7.20	7.16	1.01	0.845
叔丁基氢醌/(μg/g)	0.84	0.79	1.06	0.107

注：ND—未检出。

十、烟梗与片烟化学成分差异

通过与片烟中化学成分进行比较，本章明确了烟梗的化学成分主要有以下特征：烟梗中二氯甲烷提取物、总植物碱、萜类、多酚、类胡萝卜素和西柏烷类降解物等成分含量显著低于片烟；纤维素、木质素、无机离子等成分显著高于片烟；氨基酸总量接近，但各氨基酸间比例与片烟存在较大差异。

（1）总植物碱和二氯甲烷提取物，在烟梗中含量仅为片烟的20%；茄尼醇、茄色烯、维生素 E、类胡萝卜素、西柏烷类及新植二烯等萜类化合物远低于片烟，总量不足其1%；多酚总量仅为片烟的3%，绿原酸、芸香苷等多酚化合物显著低于片烟，莨菪亭为片烟的60%。

（2）挥发性、半挥发性香味成分，尤其是类胡萝卜素和西柏烷类降解产物，在烟梗中含量显著低于片烟。巨豆三烯酮、紫罗兰醇类、紫罗兰酮类、二氢猕猴桃内酯、茄酮和降茄二酮，在烟梗中含量不足片烟的30%。

（3）烟梗多元酸总量、挥发酸总量高于片烟，高级脂肪酸低于片烟。烟梗多元酸总量为片烟的1.3倍，其中含量最高的苹果酸为片烟的1.5倍。烟梗中3-甲基丁酸、苯乙酸、乙酸、丙酸、3-羟基丙酸5种挥发酸含量高于片烟，其中3-甲基丁酸含量高达片烟的5倍；高级脂肪酸总量为片烟的43%，十四酸、十六酸、亚油酸、亚麻酸、十八酸、二十酸等高级脂肪酸，在烟梗中含量均为片烟的40%左右，油酸含量为片烟的75%。

（4）烟梗无机元素总量和细胞壁成分总量显著高于片烟。烟梗无机离子总量为片烟的1.9倍，其中无机阳离子总量为片烟的1.7倍，无机阴离子总量为片烟的2.2倍，最显著差异为氯，其总量为片烟的5倍，其次为钾，差异为2.6倍；细胞壁成分总量为片烟的1.5倍，其中纤维素含量为片烟的2.3倍，木质素为1.3倍，果胶含量则基本相当，但烟梗半纤维素含量仅为片烟的一半。

（5）烟梗与片烟氨基酸总量差异不显著，但 10 种氨基酸含量差异显著：缬氨酸、天冬氨酸、苏氨酸、异亮氨酸、酪氨酸、甲硫氨酸、胱氨酸和苯丙氨酸 8 种氨基酸含量显著高于片烟，色氨酸和组氨酸含量显著低于片烟。

第二节　梗丝烟气成分

烟气成分的含量水平和比例是决定卷烟风格与品质的物质基础。烟气成分大体上可以分为两类：一类是直接迁移的烟丝成分；另一类是烟丝成分热裂解、热合成形成的新成分，也可称为热转化成分。迁移率、转化率与卷烟燃烧热裂解状态密切相关。因此，卷烟烟气成分的含量水平与比例主要取决于烟丝中各化合物的含量和迁移率、转化率。分析烟梗烟气化学成分特征及其产生的物质基础，必须综合考虑烟梗和片烟化学成分的含量的比值和影响卷烟燃烧时热裂解状态的因素。一是对典型产区梗丝卷烟与叶丝卷烟的烟气主要化学成分进行对比分析，通过 t 检验进行统计分析，确定梗丝卷烟和叶丝卷烟具有显著差异的烟气成分。二是制作不同梗丝掺配比例卷烟，通过梗丝掺配比例与烟气成分的相关性变化筛选显著变化的烟气成分。综合两方面结果，最终确定烟梗烟气的化学成分特征。结合烟草成分热裂解机理、烟气成分前体物等相关研究，对梗丝烟气特征成分进行溯源，确定其产生的物质基础。

一、烟气常规指标和 pH

梗丝烟气与叶丝烟气常规指标差异见表 2-18。表中梗丝卷烟的烟气均值为所有梗丝卷烟样品烟气平均值，叶丝卷烟的烟气均值为所有叶丝卷烟样品均值，梗丝/叶丝为梗丝卷烟烟气均值与叶丝卷烟烟气均值的比值（本节中其他表格皆同）。

表 2-18　　梗丝烟气与叶丝烟气的常规指标差异

指标	梗丝卷烟	叶丝卷烟	梗丝/叶丝	差异显著性（P）
烟气均值				
焦油/(mg/支)	4.35	13.13	0.33	<0.001
烟气烟碱/(mg/支)	0.20	1.15	0.17	<0.001
CO/%	7.64	10.02	0.76	<0.001
水分/%	0.874	1.461	0.60	<0.001
抽吸口数	3.82	6.70	0.57	<0.001
烟气 pH	5.77	5.87	0.98	0.471

续表

指标	梗丝卷烟	叶丝卷烟	梗丝/叶丝	差异显著性（P）
烟气烟碱/(mg/mg 焦油)	0.05	0.09	0.56	<0.001
CO/(mg/mg 焦油)	1.81	0.77	2.35	<0.001
水分/(mg/mg 焦油)	0.203	0.109	1.86	<0.001

从烟气常规指标的释放量来看，梗丝卷烟烟气中焦油、烟气烟碱、CO/焦油、水分/焦油均显著低于叶丝卷烟。其中，焦油、烟碱差异非常明显，分别为叶丝卷烟烟气的 33%、17%；CO/焦油和水分/焦油的差异相对较小，分别是叶丝卷烟烟气的 76%和 60%。梗丝卷烟抽吸口数为 3.82，远低于叶丝卷烟（6.70）。梗丝卷烟和叶丝卷烟烟气 pH 并无显著差异。

梗丝掺配结果如图 2-1 所示，随着梗丝掺配比例增加，单支卷烟的焦油、烟气烟碱、CO、抽吸口数持续降低，与纯梗丝和纯叶丝卷烟之间的差异一致。每掺配 10%的梗丝，焦油约降低 7%，烟气烟碱约降低 9%，CO 约降低 3%，抽吸口数约降低 5%。

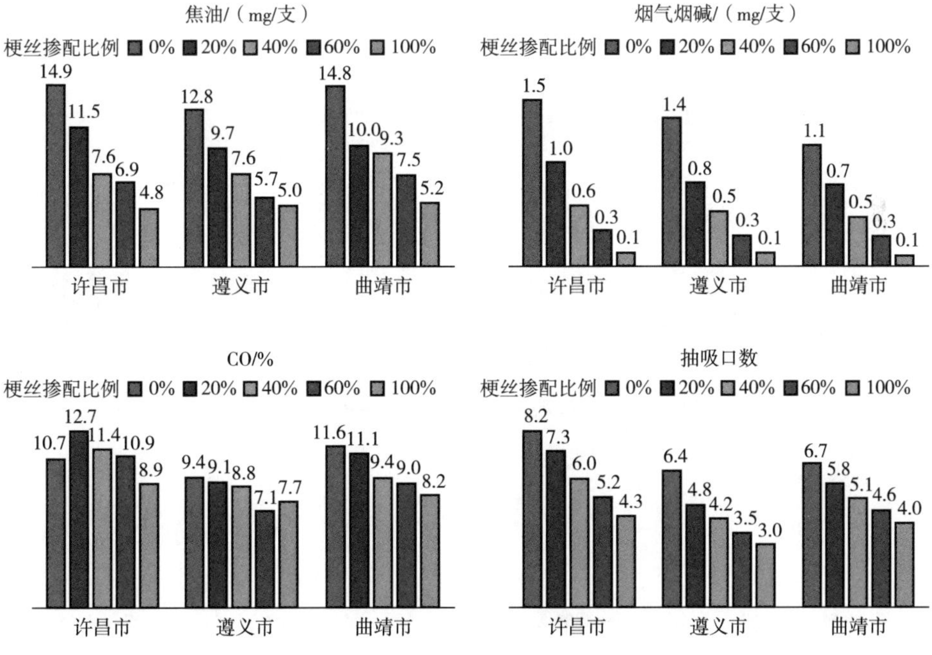

图 2-1　烟气常规指标随梗丝掺配比例的变化

梗丝卷烟抽吸口数显著低于叶丝卷烟，既反映了梗丝燃烧速度显著大于叶丝，也反映了梗丝低填充值所带来的单口抽吸燃烧线推进速度快，这种燃烧性能的差异导致梗丝卷烟温度梯度更高，对焦油的产生具有显著影响。

烟气烟碱是卷烟烟气的关键成分，对于卷烟烟气的劲头、烟草特征香气都有非常重要的作用。烟气烟碱主要来源于烟丝烟碱的原型转移，梗丝卷烟烟气烟碱释放量仅为叶丝卷烟的17%，其原因主要在于梗丝烟碱含量显著低于叶丝，仅为叶丝的20%左右。同时，梗丝燃烧温度梯度高、较低pH也是烟碱转移率下降的原因。

从单位焦油释放量来看，梗丝掺配卷烟与纯梗丝、纯叶丝卷烟实验结果基本一致（图2-2）。纯梗丝卷烟单位焦油烟气烟碱释放量显著低于叶丝卷烟，仅为叶丝卷烟的56%；而梗丝卷烟单位焦油CO、水分释放量显著高于叶丝卷烟，分别为叶丝卷烟的2.4倍和1.9倍。每掺配10%梗丝，单位焦油烟气烟碱约降低7%，单位焦油CO约上升10%。与叶丝卷烟相比，梗丝卷烟不同常规指标的单位焦油释放量变化率差异非常大，说明梗丝烟气成分的降低，并不仅仅是梗丝中原型转移成分和热裂解成分的含量差异，也与燃烧状况变化所导致的转移率、转化率改变有密切关系。

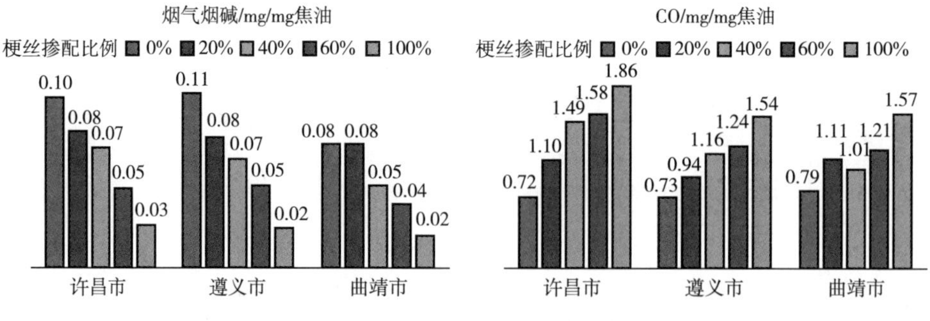

图2-2 单位焦油烟气烟碱、CO释放量随梗丝掺配比例的变化

二、醛酮类成分

对卷烟烟气中醛酮类成分进行分析，梗丝烟气和叶丝烟气成分差异和梗丝掺配的实验结果见表2-19。表中按照梗丝烟气释放量显著低、显著高和无显著差异三类进行分类。“降低率/10%梗丝”表示梗丝掺配比例增加10%时的烟气成分释放量降低比例，以系列梗丝掺配样品建立的释放量变化线性模型推算得出（本节中其他表格皆同）。

表 2-19　梗丝烟气与叶丝烟气中醛酮类成分差异（单位焦油释放量）

类别	化合物	梗丝卷烟/（μg/mg 焦油）	叶丝卷烟/（μg/mg 焦油）	梗丝/叶丝	降低率/10%梗丝
梗丝烟气显著低	巨豆三烯酮总量*	0.013	0.133	0.10	9%
	3-甲基-2-丁烯醛	0.004	0.011	0.33	6%
	麦芽酚	0.070	0.143	0.49	6%
	2-羟基-3-甲基-2-环戊烯-1-酮	0.227	0.436	0.52	5%
	呋喃基羟甲基酮	0.070	0.133	0.53	5%
	1，2-环己二酮	0.009	0.017	0.56	4%
	3-甲基苯乙酮	0.005	0.008	0.60	4%
	乙基环戊烯醇酮	0.059	0.082	0.72	3%
	乙基麦芽酚	0.005	0.006	0.73	5%
梗丝烟气显著高	2，3-戊二酮	0.823	0.307	2.68	-10%
	3-戊酮	0.796	0.348	2.29	-12%
	3-戊烯-2-酮	0.447	0.199	2.24	-13%
	香兰素	0.119	0.056	2.13	-15%
	2-戊酮	1.19	0.567	2.10	-8%
	3-己酮	0.068	0.033	2.07	-8%
	2-丁酮	1.92	0.984	1.95	-9%
	3-羟基苯甲醛	0.201	0.106	1.89	-6%
	3-羟基丁酮	0.146	0.078	1.86	-9%
	4-羟基苯甲醛	0.256	0.140	1.82	-6%
	丁香醛	0.034	0.019	1.82	-16%
	3，4-二甲基-2-环戊烯-1-酮	0.038	0.023	1.64	-5%
	2，3-二甲基-2-环戊烯-1-酮	0.015	0.011	1.37	-3%
梗丝烟气与叶丝烟气无显著差异	苯甲醛	0.117	0.247	0.47	—
	苯乙酮	0.019	0.035	0.56	—
	2-乙酰基-5-甲基呋喃	0.010	0.016	0.62	—
	4-甲基苯甲醛	0.006	0.010	0.62	—
	羟基麦芽酚	1.19	1.72	0.69	—
	2，5-己二酮	0.006	0.008	0.70	—

续表

类别	化合物	梗丝卷烟/（μg/mg 焦油）	叶丝卷烟/（μg/mg 焦油）	梗丝/叶丝	降低率/10%梗丝
梗丝烟气与叶丝烟气无显著差异	1-乙酰氧基-2-丁酮	0.011	0.016	0.72	—
	5-甲基-2-糠醛	0.122	0.166	0.74	—
	3-甲基-2-环戊烯-1-酮	0.094	0.126	0.75	—
	2-糠醛	0.160	0.206	0.78	—
	1-茚酮	0.046	0.057	0.81	—
	环己酮	0.003	0.004	0.81	—
	2-甲基-2-环戊烯-1-酮	0.044	0.053	0.82	—
	2-乙基-环戊酮	0.029	0.032	0.89	—
	3，5-庚二烯-2-酮	0.085	0.093	0.90	—
	1-羟基-2-丁酮	0.077	0.083	0.93	—
	2-羰基-1，3-丙二醇	3.88	4.09	0.95	—
	2-羟基-3，4-二甲基-2-环戊烯-1-酮	0.014	0.014	0.99	—
	环戊酮	0.053	0.051	1.03	—
	3-糠醛	0.015	0.015	1.05	—
	4，4-二甲基-2-环己烯-1-酮	0.040	0.038	1.06	—
	甲基乙烯基酮	0.959	0.867	1.11	—
	苯乙醛	0.075	0.066	1.13	—
	5-羟甲基糠醛	2.10	1.78	1.18	—
	2-环戊烯-1-酮	0.256	0.214	1.19	—
	1-羟基-2-丙酮	1.48	1.23	1.20	—
	甲基异丁基酮	0.024	0.019	1.28	—
	3-甲基-3-丁烯-2-酮	0.141	0.110	1.29	—
	1-乙酰氧基-2-丙酮	0.026	0.019	1.41	—
	2-甲基四氢呋喃-3-酮	0.002	0.001	1.42	—
	3-甲基环戊酮	0.028	0.019	1.51	—
	2-己酮	0.063	0.040	1.59	—
	2，5-呋喃-二甲醛	0.022	0.014	1.60	—
	3-甲基-4-羟基苯甲醛	0.056	0.030	1.89	—

续表

类别	化合物	梗丝卷烟/（μg/mg 焦油）	叶丝卷烟/（μg/mg 焦油）	梗丝/叶丝	降低率/10%梗丝
梗丝烟气与叶丝烟气无显著差异	2-乙酰基呋喃	0.020	0.011	1.89	—
	2-甲基环戊酮	0.084	0.042	1.99	—
	2，4-二甲基-3-戊酮	0.043	0.018	2.41	—

* 以 4 种巨豆三烯酮异构体总量计。

单位焦油梗丝烟气释放量显著低于叶丝的醛酮类成分有 9 种，高于叶丝烟气的有 11 种。醛酮类成分的主要差异如下。

1. 单位焦油梗丝烟气释放量较低的醛酮类成分

单位焦油梗丝烟气释放量较低的醛酮类成分包括：巨豆三烯酮、3-甲基-2-丁烯醛、麦芽酚、2-羟基-3-甲基-2-环戊烯-1-酮、呋喃基羟甲基酮、乙基麦芽酚、1，2-环己二酮、3-甲基苯乙酮、乙基环戊烯醇酮等。巨豆三烯酮是烟草重要挥发成分，具有改善烟香，柔和丰满，掩盖杂味，增进吃味等作用。麦芽酚、乙基麦芽酚具有焦奶油硬糖的特殊香气，是卷烟烟气中典型的焦甜香成分。2-羟基-3-甲基-2-环戊烯-1-酮（即 MCP）、羟基麦芽酚也是卷烟烟气中重要的焦甜香成分。

（1）原型转移成分　烟气中巨豆三烯酮主要来自烟丝中巨豆三烯酮的直接转移。图 2-3 表明，梗丝卷烟巨豆三烯酮单位焦油释放量显著低于叶丝卷烟，约为叶丝卷烟的 10%；对应地，烟梗中巨豆三烯酮含量为片烟的 5%。同时，叶丝卷烟的烟丝巨豆三烯酮含量与烟气巨豆三烯酮释放量具有较好的线性关系。

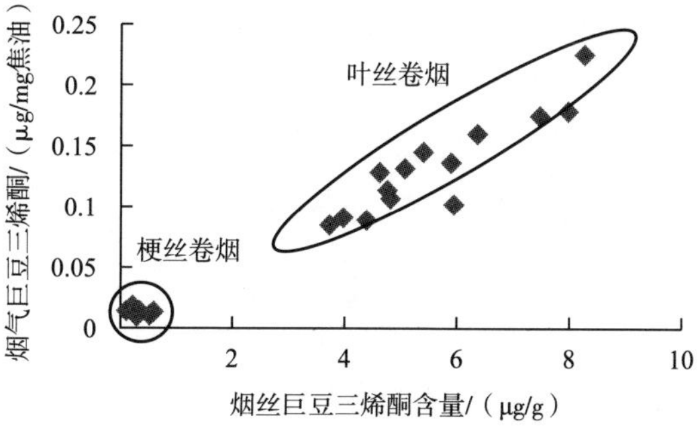

图 2-3　烟气巨豆三烯酮释放量与烟丝中巨豆三烯酮的关系

（2）糖类热裂解和美拉德反应形成成分　3-甲基-2-丁烯醛、麦芽酚、呋喃基羟甲基酮、2-羟基-3-甲基-2-环戊烯-1-酮等化合物与糖类热裂解和美拉德反应相关，梗丝释放量显著低于叶丝。从图 2-4 可以看出，烟气中羟基麦芽酚与烟丝总糖具有一定的相关性，但结构类似的麦芽酚与总糖的相关性并不好。这说明烟气中这类成分的产生并不仅仅与前体物的含量相关，也可能受到其他反应来源的影响，如麦芽酚还可能来自燃烧过程中的美拉德反应。另外，梗丝与叶丝燃烧状态的差异所导致的转化率变化也可能产生一定影响。

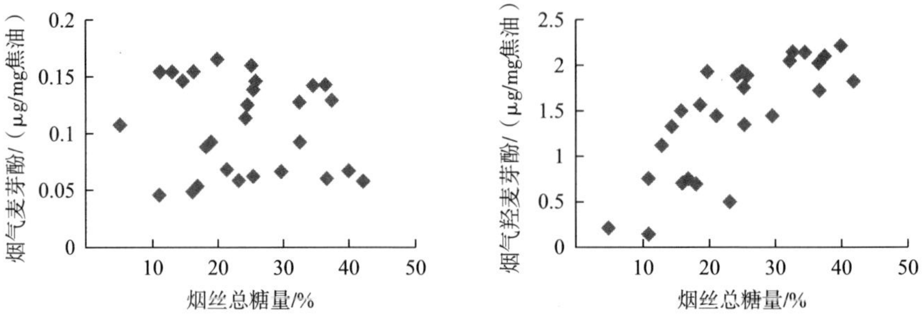

图 2-4　烟气麦芽酚、羟基麦芽酚释放量与烟丝中总糖量

2. 单位焦油梗丝烟气中含量高于叶丝烟气的醛酮类成分

单位焦油梗丝烟气中含量高于叶丝烟气的醛酮类成分有 13 种，包括：丁香醛、香兰素、3-戊烯-2-酮、3-戊酮、2，3-戊二酮、3-羟基丁酮、2-丁酮、3-己酮、2-戊酮、4-羟基苯甲醛、3-羟基苯甲醛、3，4-二甲基-环戊烯-1-酮、2，3-二甲基-环戊烯-1-酮。

这些梗丝烟气中含量高的醛酮类成分在未燃烟丝中含量很低，主要是前体物在燃吸过程中热裂解形成。香兰素、丁香醛主要来自木质素的热裂解，烟梗木质素是片烟的 1.4 倍，造成梗丝烟气香兰素、丁香醛较高（图 2-5）。梗丝烟气有较多的低相对分子质量醛酮化合物，如 2，3-戊二酮、3-戊酮、3-戊烯-2-酮、2-戊酮、3-己酮、2-丁酮等，这些低相对分子质量的醛酮化合物主要来自多糖（如纤维素）和单糖的热裂解，这些低相对分子质量的醛酮通常具有黏膜刺激性，对感官可能具有一定负面作用。烟梗的纤维素含量远高于片烟，而水溶性糖含量差异不明显（约为 0.8 倍），所以梗丝的醛酮类成分释放量高于叶丝。

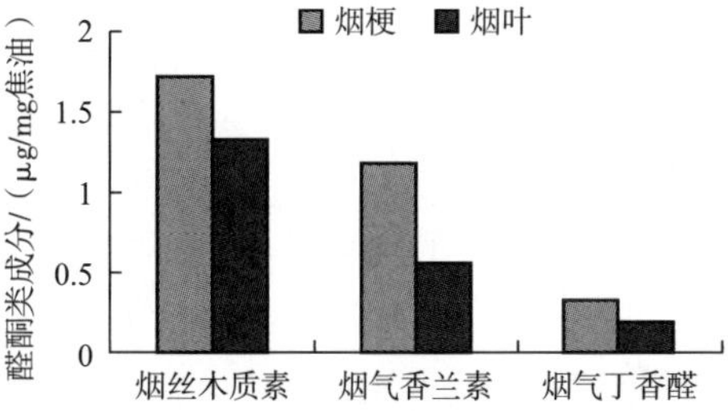

图 2-5　烟气香兰素、烟气丁香醛释放量与烟丝木质素含量

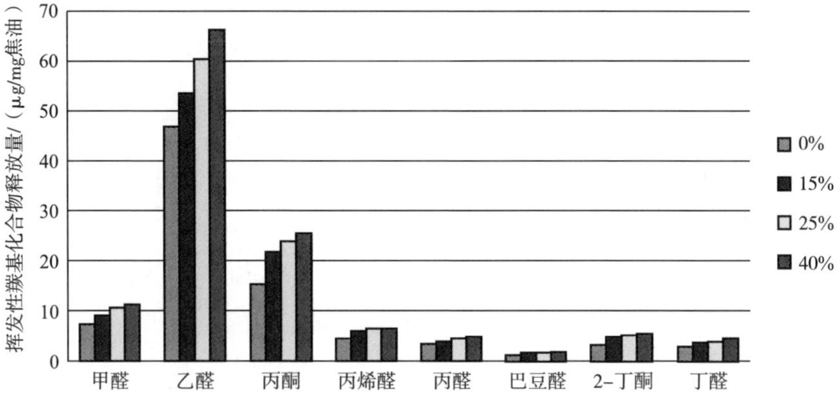

图 2-6　梗丝比例对 8 种挥发性羰基化合物的影响

三、内酯类成分

对卷烟烟气中内酯类成分进行分析，梗丝烟气和叶丝烟气差异和梗丝掺配结果见表 2-20。在 17 种内酯类成分中，梗丝烟气中单位焦油释放量显著低于叶丝的内酯类成分有 6 种，高于叶丝的仅 1 种。

表 2-20　梗丝烟气与叶丝烟气中内酯类成分差异（单位焦油释放量）

类别	化合物	梗丝卷烟/（μg/mg 焦油）	叶丝卷烟/（μg/mg 焦油）	梗丝/叶丝	降低率/10%梗丝
梗丝烟气显著低	6-乙基-5，6-二氢-2H-吡喃-2-酮	0.077	0.333	0.23	8%
	5，6-二氢-6-丙基-2H-吡喃-2-酮	0.113	0.431	0.26	8%
	呋喃酮	0.100	0.229	0.44	7%

续表

类别	化合物	梗丝卷烟/（μg/mg 焦油）	叶丝卷烟/（μg/mg 焦油）	梗丝/叶丝	降低率/10%梗丝
梗丝烟气显著低	2-（5H）呋喃酮	0.023	0.049	0.47	5%
	γ-巴豆酰内酯	0.004	0.008	0.51	4%
	2-羟基-γ-丁内酯	0.088	0.122	0.72	4%
梗丝烟气显著高	苏糖酸内酯	9.49	1.97	4.81	-24%
梗丝烟气与叶丝烟气无显著差异	丁内酯	0.011	0.016	0.66	—
	2，5-二氢-3，5-二甲基-2-呋喃酮	0.009	0.014	0.68	—
	5-甲基-3H-呋喃-2-酮	0.008	0.009	0.80	—
	5-乙酰基-四氢呋喃-2-酮	0.083	0.087	0.95	—
	7-羟基香豆素	0.026	0.027	0.96	—
	古洛糖酸内酯	6.03	5.75	1.05	—
	3-脱氧-核糖-己酸内酯	8.72	6.71	1.30	—
	二氢香豆素	0.040	0.029	1.39	—
	木糖酸内酯	0.756	0.360	2.10	—
	2-脱氧-戊糖酸内酯	2.27	0.978	2.32	—

1. 梗丝烟气中单位焦油释放量低于叶丝烟气的内酯类化合物

梗丝烟气中单位焦油释放量低于叶丝烟气的内酯类化合物有 6 种，包括：6-乙基-5，6-二氢-2H-吡喃-2-酮、5，6-二氢-6-丙基-2H-吡喃-2-酮、呋喃酮、2-（5H）呋喃酮、γ-巴豆酰内酯、2-羟基-γ-丁内酯。内酯类化合物是卷烟烟气中的一类重要香气物质，吡喃酮一般具有焦甜香气息，呋喃酮具有强烈的焙烤焦糖香味，特征香气为果香、焦香、焦糖和菠萝样香气，2-（5H）呋喃酮为烤甜香气息。梗丝烟气中这类成分整体较少。

这些内酯类成分与糖类热裂解和美拉德反应相关，烟梗中总糖量约为烟叶中的 75%，而梗丝烟气中 6-乙基-5，6-二氢-2H-吡喃-2-酮、5，6-二氢-6-丙基-2H-吡喃-2-酮、呋喃酮含量、2-（5H）呋喃酮含量均低于叶丝烟气一半以上。表明烟气中这些成分的形成不仅与前体物的含量相关，也可能与美拉德反应和燃烧状态有关，且燃烧状态的影响可能更大。

2. 梗丝烟气中单位焦油释放量高于叶丝烟气的内酯类化合物

梗丝烟气中单位焦油释放量高于叶丝烟气的内酯类化合物为苏糖酸内酯，但苏糖酸内酯的感官作用尚不明确。单位焦油梗丝烟气中其释放量达到9.49μg/mg，是叶丝烟气释放量的4.8倍。对应烟梗中含量为71.7μg/g，是片烟中的2.2倍，表明该化合物至少一部分可能来自原型转移。但烟气中苏糖酸内酯与烟丝中苏糖酸内酯相关性并不好，表明热裂解形成也可能是其重要影响因素。

四、酯类成分

对卷烟烟气中11种酯类成分进行分析，梗丝烟气和叶丝烟气差异和梗丝掺配结果见表2-21。

表2-21　梗丝烟气与叶丝烟气中酯类成分差异（单位焦油释放量）

类别	化合物	梗丝卷烟/（μg/mg焦油）	叶丝卷烟/（μg/mg焦油）	梗丝/叶丝	降低率/10%梗丝
梗丝烟气显著低	3-羟基苯甲酸甲酯	0.015	0.055	0.28	7%
	3-呋喃甲酸甲酯	0.082	0.168	0.49	5%
	亚麻酸甲酯	0.008	0.016	0.53	7%
	十六酸甲酯	0.019	0.032	0.59	7%
	亚油酸甲酯	0.005	0.009	0.62	6%
梗丝烟气显著高	丙酸甲酯	0.073	0.025	2.89	-24%
	丙酮酸甲酯	0.078	0.033	2.38	-12%
	5-氧脯氨酸甲酯	0.532	0.286	1.86	-6%
梗丝烟气与叶丝无显著差异	甘油十六酸酯	0.135	0.180	0.75	—
	硬脂酸甲酯	0.006	0.007	0.81	—
	十六酸乙酯	0.011	0.004	2.74	—

在11种酯类成分中，梗丝烟气中单位焦油释放量显著低于叶丝烟气的有5种，高于叶丝烟气的有3种。主要差异的酯类成分如下。

1. 梗丝烟气中单位焦油释放量低于叶丝烟气的酯类成分

梗丝烟气中单位焦油释放量低于叶丝烟气的酯类成分有5种，包括：十六酸甲酯、亚油酸甲酯、亚麻酸甲酯等高级脂肪酸酯，以及3-羟基苯甲酸甲酯、3-呋喃甲酸甲酯。高级脂肪酸酯有柔和烟气的作用，但香气特征不明显。

（1）原型转移成分　十六酸甲酯、亚油酸甲酯、亚麻酸甲酯等高级脂肪酸酯主要来自烟丝转移，这些成分在片烟中含量均为烟梗的 2 倍左右，是其在梗丝烟气中含量低的重要因素。

（2）前体物热裂解形成成分　3-羟基苯甲酸甲酯、3-呋喃甲酸甲酯在烟丝中含量很低，主要是热裂解、热合成产生，但其前体成分尚不明确。

2. 梗丝烟气中单位焦油释放量高于叶丝烟气的酯类成分

梗丝烟气中单位焦油释放量高于叶丝烟气的酯类成分有 3 种：丙酸甲酯、丙酮酸甲酯和 5-氧脯氨酸甲酯。丙酸甲酯具有果香气息，丙酮酸甲酯具有刺激性气味，均为热转化形成的化合物。

五、氮杂环类成分

对卷烟烟气中氮杂环成分进行分析，梗丝烟气和叶丝烟气成分差异和梗丝掺配结果见表 2-22。

表 2-22　梗丝烟气与叶丝烟气中氮杂环类成分差异（单位焦油释放量）

类别	化合物	梗丝卷烟/（μg/mg 焦油）	叶丝卷烟/（μg/mg 焦油）	梗丝/叶丝	降低率/10%梗丝
梗丝烟气显著低	麦思明	0.019	0.184	0.10	8%
	3-甲基-1-苯基-1H-吡唑	0.028	0.171	0.16	8%
	3-乙烯基吡啶	0.032	0.179	0.18	5%
	可替宁	0.020	0.095	0.21	8%
	吲哚	0.086	0.356	0.24	8%
	4-甲基-1H 吲哚	0.106	0.424	0.25	7%
	2-甲基-1H 吲哚	0.092	0.354	0.26	7%
	吡咯	0.018	0.065	0.28	7%
	2，3-联吡啶	0.093	0.337	0.28	7%
	4-羟基吡啶	0.025	0.078	0.32	7%
	2-吡咯甲醛	0.005	0.017	0.33	6%
	3-吡啶甲醛	0.003	0.009	0.34	7%
	1-甲基-9H-吡啶［3，4-b］并吲哚	0.046	0.133	0.34	6%
	2，3-二甲基-1H-吲哚	0.016	0.045	0.35	7%
	2-乙酰基吡咯	0.014	0.036	0.39	5%

续表

类别	化合物	梗丝卷烟/（μg/mg 焦油）	叶丝卷烟/（μg/mg 焦油）	梗丝/叶丝	降低率/10%梗丝
梗丝烟气显著低	3-甲基吡啶	0.021	0.052	0.40	5%
	3-乙基吡啶	0.015	0.034	0.44	5%
	喹啉	0.016	0.037	0.44	6%
	4-甲基吡啶	0.110	0.216	0.51	5%
	3-羟基吡啶	1.69	3.23	0.52	4%
	咔唑	0.029	0.055	0.53	4%
	哌啶	0.035	0.058	0.60	5%
	9H-吡啶［3，4-b］并吲哚	0.173	0.230	0.75	5%
梗丝烟气显著高	（1-吡咯烷）乙腈	0.123	0.045	2.72	-9%
	甲基吡嗪	0.174	0.074	2.36	-15%
	2-乙基-3-甲基吡嗪	0.010	0.006	1.69	-5%
	2，6-二甲基吡啶	0.027	0.017	1.57	-5%
梗丝烟气与叶丝烟气无显著差异	3-氰基吡啶	0.004	0.012	0.31	—
	2-乙烯基吡啶	0.004	0.006	0.71	—
	1-甲基-1H-吡咯	0.082	0.113	0.73	—
	2，3-二甲基吡啶	0.012	0.016	0.75	—
	3-苯基吡啶	0.031	0.041	0.76	—
	2，4，6-三甲基吡啶	0.011	0.014	0.77	—
	2，4-二甲基吡啶	0.027	0.034	0.79	—
	3-羟基-6-甲基吡啶	0.047	0.057	0.82	—
	吡嗪	0.077	0.091	0.85	—
	2，5-二甲基吡啶	0.021	0.024	0.87	—
	3，5-二甲基吡啶	0.008	0.009	0.91	—
	2，3，5-三甲基吡啶	0.005	0.005	0.95	—
	吡啶	0.216	0.204	1.06	—
	2-乙基吡嗪	0.010	0.008	1.14	—
	2-甲基吡啶	0.141	0.112	1.26	—
	2-乙基吡啶	0.034	0.026	1.30	—
	3-乙酰氧基吡啶	0.304	0.200	1.52	—
	三甲基吡嗪	0.023	0.014	1.66	—
	2，3-二甲基吡嗪	0.012	0.007	1.80	—
	2，6-二甲基吡嗪	0.090	0.037	2.40	—

在47种氮杂环类成分中，梗丝烟气单位焦油释放量显著低于叶丝烟气的有24种，高于叶丝烟气的有4种。主要差异的氮杂环类成分如下。

1. 梗丝烟气中单位焦油释放量低于叶丝烟气的氮杂环类成分

梗丝烟气中单位焦油释放量低于叶丝烟气的氮杂环类成分有23种，主要为：麦斯明、可替宁、2，3-联吡啶、3-氰基吡啶、3-甲基吡啶、3-乙基吡啶、4-甲基吡啶、4-乙烯基吡啶、3-吡啶甲醛等吡啶类化合物；吡咯、2-吡咯甲醛、2-乙酰基吡咯等吡咯类化合物；吲哚、4-甲基-1H吲哚、2-甲基-1H吲哚、1-甲基-9H-吡啶［3，4-b］并吲哚、2，3-二甲基-1H吲哚、9H-吡啶［3，4-b］并吲哚等吲哚类化合物。

3-甲基吡啶、3-乙基吡啶、4-甲基吡啶、4-乙烯基吡啶等均为烟气中重要的烘焙香物质，2-乙酰基吡咯具有轻微的、花的、类似樱桃的香味，能够增加烟气丰满度。吲哚在烟气中表现为和顺、醇和、花香气息。吡啶类物质还能够抑制环戊烯醇酮类物质的焦甜香。

（1）原型转移成分　麦斯明等主要来自烟丝直接转移。如图2-7所示，烟气中单位焦油麦斯明释放量与烟丝麦斯明含量具有良好一致性，表明烟梗中麦斯明含量低是其烟气释放量低的主要原因。

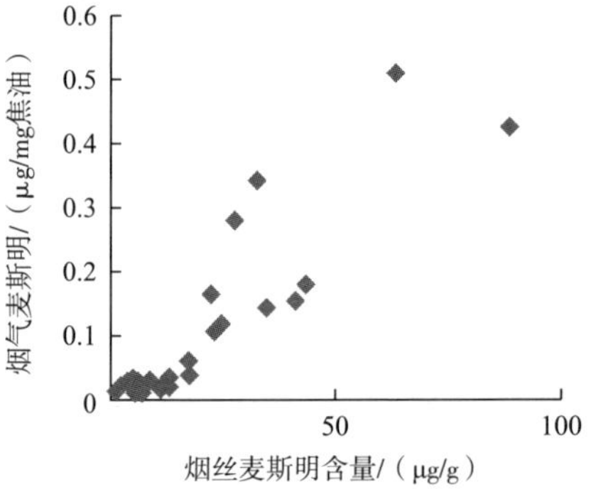

图2-7　烟气麦斯明释放量与烟丝麦斯明含量的关系

（2）前体物热裂解和美拉德反应形成成分　烟气中吡啶类、吡咯类、吡嗪类氮杂环化合物的形成与烟草中生物碱、氨基酸、蛋白质、棕色化产物等含氮化合物的热裂解以及美拉德反应相关。其中，可替宁、3位取代的吡啶类化合物3-氰基吡啶、3-甲基吡啶、3-乙基吡啶、3-吡啶甲醛等的主要前体成分为生物碱。从图2-8中也可以看出，单位焦油的烟气可替宁、3-甲基吡啶与烟丝烟碱含量具有良好线性相关关系，烟梗中烟碱仅为烟叶中的 1/5 是梗丝烟气中这类成分低的主要原因。

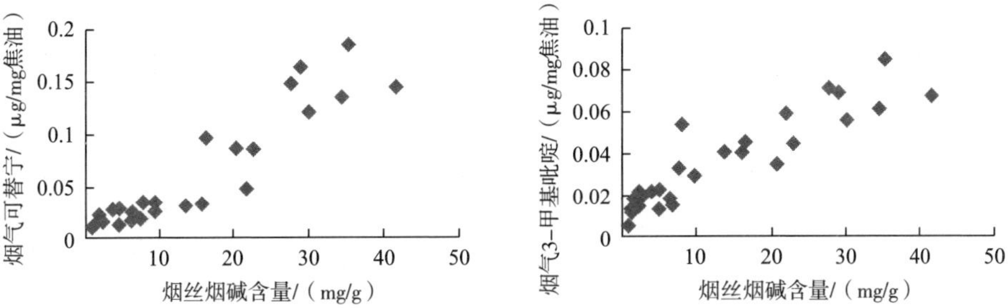

图 2-8 烟气可替宁 3-甲基吡啶释放量与烟丝烟碱

2. 梗丝烟气中单位焦油释放量高于叶丝烟气的氮杂环类成分

梗丝烟气中单位焦油释放量高于叶丝烟气的氮杂环类成分的有 4 种，包括甲基吡嗪、2-乙基-3-甲基吡嗪、2，6-二甲基吡啶、(1-吡咯烷) 乙腈等。梗丝烟气中含量高的这些吡嗪、吡啶类化合物均为烘焙香物质。

甲基吡嗪、2-乙基-3-甲基吡嗪、2，6-二甲基吡啶主要来自美拉德反应，烟梗中含有大量氨基酸和还原糖，且梗丝经过比叶丝更高温度的膨胀处理，可能有利于美拉德反应的发生。(1-吡咯烷) 乙腈的主要前体成分可能为脯氨酸及其美拉德反应产物。

六、醇类成分

对卷烟烟气中醇类成分进行分析，梗丝烟气与叶丝烟气差异及梗丝掺配结果见表 2-23。

表 2-23 梗丝烟气与叶丝烟气中醇类成分差异（单位焦油释放量）

类别	化合物	梗丝卷烟/（μg/mg 焦油）	叶丝卷烟/（μg/mg 焦油）	梗丝/叶丝	降低率/10%梗丝
梗丝烟气显著低	苯甲醇	0.005	0.027	0.17	8%
	对羟基苯乙醇	0.159	0.522	0.30	7%
	苯乙醇	0.021	0.050	0.41	4%
	乙二醇	0.176	0.413	0.43	7%
	2-环己烯-1-醇	0.013	0.028	0.46	6%
	糠醇	0.160	0.295	0.54	6%
	2，3-丁二醇	0.020	0.035	0.56	4%
	丙三醇	3.35	5.50	0.61	6%

梗丝烟气中单位焦油释放量显著低于叶丝卷烟的醇类成分有 8 种：苯甲醇、苯乙醇、对羟基苯乙醇、乙二醇、2-环己烯-1-醇、糠醇、2，3-丁二醇、丙三醇等。苯甲醇、苯乙醇具有花香气息，在卷烟烟气中具有和顺、醇和烟气作用；乙二醇、丙三醇、2，3-丁二醇均具有一定甜味；糠醇在烟气中表现为谷香，增加烟气丰满度。

（1）原型转移及热裂解形成成分　烟气中的苯甲醇、苯乙醇、羟基苯乙醇、乙二醇、2，3-丁二醇、丙三醇来自烟丝原型转移、糖苷热裂解及可能的氨基酸热裂解。从图 2-9 中也可以看出，烟丝中苯甲醇、羟基苯乙醇、丙三醇成分含量与烟气成分含量有较好的一致性，显示这些烟气成分可能主要来自叶丝直接转移。烟梗中这些成分的含量均低于烟叶，是梗丝烟气这类成分低的重要原因。

（2）前体物热裂解及美拉德反应形成成分　烟气中糠醇与糖类热裂解和美拉德反应相关。从其与烟丝中糖的关系来看，二者相关性并不显著，这说明糠醇形成机制的复杂性。另外，梗丝卷烟燃烧状态与叶丝卷烟差异所导致的转化率变化可能产生一定的影响。

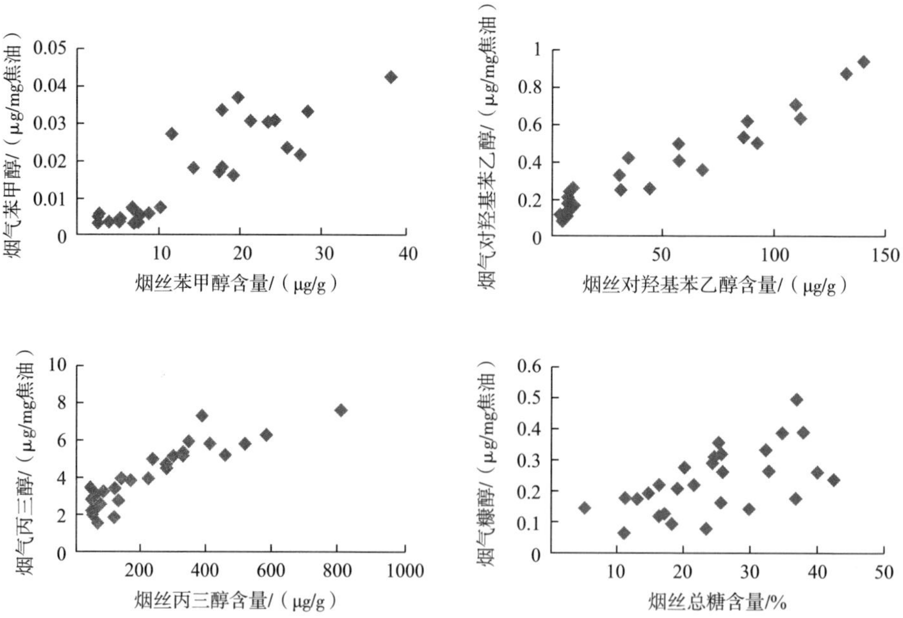

图 2-9　烟气成分（苯甲醇、对羟基苯乙醇、丙三醇、糠醇）释放量与烟丝成分相关性

七、酚类成分

梗丝烟气和叶丝烟气中酚类成分差异和梗丝掺配结果见表 2-24。

表 2-24 梗丝烟气与叶丝烟气中酚类成分差异（单位焦油释放量）

类别	化合物	梗丝卷烟/（μg/mg 焦油）	叶丝卷烟/（μg/mg 焦油）	梗丝/叶丝	降低率/10%梗丝
梗丝烟气显著低	邻苯基苯酚	0. 033	0. 142	0. 23	8%
	苯酚	0. 146	0. 568	0. 26	8%
	对甲基苯酚	0. 283	0. 767	0. 37	7%
	4-乙基苯酚	0. 171	0. 295	0. 58	5%
	邻甲基苯酚	0. 114	0. 181	0. 63	6%
	2，4-二甲基苯酚	0. 023	0. 036	0. 64	5%
	3，4-二甲基苯酚	0. 022	0. 031	0. 72	4%
	邻苯二酚	2. 26	3. 14	0. 72	4%
梗丝烟气与叶丝烟气无显著差异	莨菪亭	0. 611	0. 956	0. 64	—
	2，6-二甲基苯酚	0. 068	0. 102	0. 67	—
	2-乙基-4-甲基苯酚	0. 033	0. 048	0. 69	—
	2-乙基苯酚	0. 045	0. 061	0. 73	—
	1-羟基萘	0. 034	0. 045	0. 75	—
	4-乙基-3-甲基苯酚	0. 075	0. 100	0. 76	—
	3-丙基苯酚	0. 029	0. 039	0. 76	—
	2，6-二甲氧基苯酚	0. 088	0. 113	0. 77	—
	3，5-二甲基苯酚	0. 023	0. 029	0. 81	—
	4-乙烯基愈创木酚	0. 162	0. 179	0. 91	—
	1，2，3-苯三酚	0. 957	1. 026	0. 93	—
	2-甲氧基-5-甲基苯酚	0. 029	0. 029	0. 99	—
	对苯二酚	9. 41	9. 02	1. 04	—
	低三叉蕨酚	0. 042	0. 038	1. 10	—
	2-甲基-6-丙基苯酚	0. 015	0. 013	1. 17	—
	4-乙酰氧基苯酚	0. 232	0. 186	1. 25	—
	3-乙酰基苯酚	0. 087	0. 068	1. 27	—
	丁香酚	0. 111	0. 065	1. 71	—

在26种酚类成分中，梗丝烟气中单位焦油释放量显著低于叶丝烟气的酚类化合物有8种：邻苯基苯酚、苯酚、对甲基苯酚、4-乙基苯酚、邻甲基苯酚、2，4-二甲基苯酚、3，4-二甲基苯酚、邻苯二酚。酚类化合物具有药香和焦香，苯酚在烟气中具有甜香、药味，呈现焦香香韵，对甲基苯酚、2，4-二甲基苯酚为酚类气息，邻甲基苯酚为药草香，4-乙基苯酚为强烈的木质气和酚气息，并有轻微的甜香香气。

卷烟烟气中的酚类成分、环戊烯酮类和吡啶类化合物存在相互作用，其比例对烟气感官有重要影响。酚类成分能够将环戊烯醇酮类化合物的焦甜香转化为烟熏香，而吡啶类物质能够抑制环戊烯酮类化合物的烧灼感。梗丝烟气中这些成分的比例与叶丝烟气存在明显差异，是导致梗丝烟气感官质量差的重要原因。

烟气中酚类物质主要来自多酚、蛋白质、糖和多糖类化合物的热裂解。据形成机理研究确定，苯酚的前体成分包括蛋白质、多酚、纤维素、糖等。对甲基苯酚、4-乙基苯酚、邻甲基苯酚等酚类化合物来自多酚、蛋白质等前体化合物热裂解。

八、羧酸类成分

梗丝烟气和叶丝烟气中羟酸类成分差异和梗丝掺配结果见表2-25。

表2-25　梗丝烟气与叶丝烟气中羧酸类成分差异（单位焦油释放量）

类别	化合物	梗丝卷烟/（μg/mg焦油）	叶丝卷烟/（μg/mg焦油）	梗丝/叶丝	降低率/10%梗丝
梗丝烟气显著低	亚麻酸	0.064	0.187	0.34	8%
	2-甲基丁酸	0.031	0.086	0.36	8%
	3-甲基丁酸	0.044	0.114	0.39	8%
	十四酸	0.026	0.067	0.39	7%
	2-戊烯酸	0.016	0.041	0.39	8%
	二十酸	0.022	0.055	0.39	6%
	2-烯-丁酸	0.101	0.250	0.40	8%
	丙烯酸	0.672	1.338	0.50	9%
	十六酸	0.822	1.627	0.51	7%
	间羟基苯甲酸	0.437	0.826	0.53	5%
	4-甲基戊酸	0.014	0.027	0.53	7%

续表

类别	化合物	梗丝卷烟/(μg/mg 焦油)	叶丝卷烟/(μg/mg 焦油)	梗丝/叶丝	降低率/10%梗丝
梗丝烟气显著低	亚油酸	0.137	0.201	0.68	6%
	十八酸	0.192	0.282	0.68	6%
	甲酸	4.83	6.56	0.74	6%
梗丝烟气与叶丝烟气无显著差异	3-甲基戊酸	0.009	0.016	0.61	—
	苯甲酸	0.214	0.313	0.68	—
	2-异丙基-3-羰基-丁酸	2.476	3.505	0.71	—
	乙酸	7.92	9.96	0.80	—
	戊酸	0.030	0.032	0.93	—
	2-呋喃甲酸	0.955	1.018	0.94	—
	丙酸	0.767	0.707	1.08	—
	2-甲基-丙酸	0.200	0.176	1.14	—
	3-甲基-2-呋喃-甲酸	0.623	0.529	1.18	—
	油酸	0.242	0.191	1.27	—
	羟基乙酸	7.88	6.21	1.27	—
	乳酸	4.95	3.70	1.34	—
	己酸	0.042	0.031	1.36	—
	苹果酸	1.833	1.29	1.42	—
	2-羟基丁酸	0.280	0.185	1.51	—
	3-羟基丙酸	1.65	0.999	1.66	—
	2，3-二羟基丙酸	0.886	0.367	2.41	—

在31种羧酸类成分中，梗丝烟气中单位焦油释放量显著低于叶丝的有14种：亚麻酸、十四酸、二十酸、十六酸、亚油酸、十八酸等高级脂肪酸，2-甲基丁酸、3-甲基丁酸、2-戊烯酸、2-烯-丁酸、丙烯酸、4-甲基戊酸、甲酸等低分子羧酸，以及间羟基苯甲酸。高级脂肪酸香气特征不明显，但具有柔和烟气的作用。2-甲基丁酸在烟气中表现为和顺的、醇和的、奶香-黄油味、坚果香，3-甲基丁酸在烟气中表现为甜香、酒香、果香，可增加烟气丰满度。

（1）原型转移成分　在这些成分中，亚麻酸、十四酸、二十酸、十六酸等高级脂肪酸主要来自烟丝直接转移、高级脂肪酸甘油酯等的热裂解，而梗丝中这些成分均不足片烟的一半。如图 2-10 所示，烟丝中亚麻酸含量与烟气中单位焦油亚麻酸释放量具有一定的相关性。

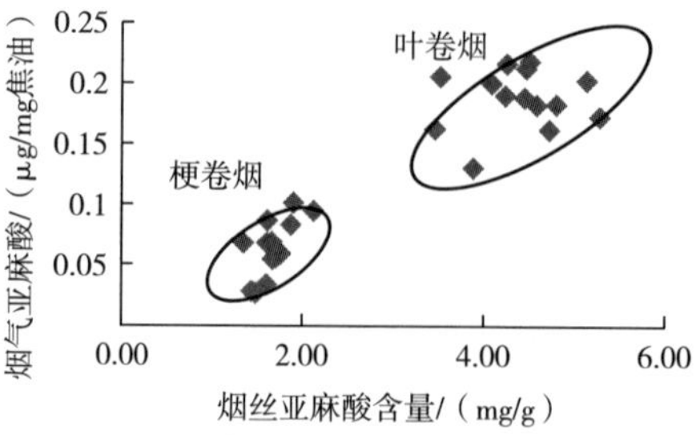

图 2-10　烟气亚麻酸释放量与烟丝亚麻酸含量

（2）热裂解和原型转移成分　低级脂肪酸如 2-甲基丁酸、3-甲基丁酸、4-甲基戊酸、甲酸等低分子羧酸在烟叶和烟梗中均有检出，这类化合物沸点较低，在卷烟燃吸时可以原型转移到烟气中。同时，烟草中糖酯类化合物热裂解研究显示这类成分也是糖酯类化合物的热裂解产物。

九、烃类成分

对卷烟烟气中烃类成分进行分析，梗丝烟气和叶丝烟气差异和梗丝掺配结果见表 2-26。

表 2-26　梗丝烟气与叶丝烟气中烃类成分差异（单位焦油释放量）

类别	化合物	梗丝卷烟/（μg/mg 焦油）	叶丝卷烟/（μg/mg 焦油）	梗丝/叶丝	降低率/10%梗丝
梗丝烟气显著低	2，6-二甲基-2，4，6-辛三烯	0.000	0.014	0.03	10%
	4-异丙基甲苯	0.002	0.031	0.07	9%
	新植二烯	0.114	1.548	0.07	10%
	3，3-二甲基-6-亚甲基环己烯	0.008	0.098	0.08	7%
	1-甲基-4-异丙基环己烯	0.002	0.028	0.08	10%
	柠檬烯	0.054	0.635	0.08	10%
	2，7-二甲基-1，6-辛二烯	0.010	0.114	0.09	9%
	3，7-二甲基-1，3，7-辛三烯	0.002	0.017	0.10	9%
	月桂烯	0.003	0.024	0.13	9%
	异戊二烯	1.52	10.1	0.15	9%

续表

类别	化合物	梗丝卷烟/（μg/mg 焦油）	叶丝卷烟/（μg/mg 焦油）	梗丝/叶丝	降低率/10%梗丝
梗丝烟气显著低	2，6-二甲基-2，6-辛二烯	0.016	0.081	0.19	9%
	2-甲基萘	0.009	0.044	0.21	7%
	3，3，6-三甲基-1，5-庚二烯	0.018	0.082	0.22	10%
	1-甲基-1，3-环己二烯	0.027	0.097	0.28	8%
	1，2-二氢萘	0.014	0.045	0.31	4%
	萘	0.031	0.099	0.32	6%
	2，3-二甲基-1-丁烯	0.124	0.386	0.32	7%
	3-甲基-1，4-戊二烯	0.025	0.055	0.45	6%
	1，2，3-三甲基苯	0.027	0.060	0.45	6%
	1-甲基-4（1-甲基乙烯基）苯	0.018	0.038	0.47	5%
	1-乙烯基-4-甲基-苯	0.028	0.054	0.53	6%
	4-甲基-1，3-戊二烯	0.099	0.180	0.55	5%
	1，4-环己二烯	0.314	0.564	0.56	5%
	菲	0.022	0.033	0.66	4%
	1-乙基-2，4-二甲基苯	0.012	0.019	0.66	5%
	2，4-己二烯	0.110	0.140	0.78	5%
梗丝烟气显著高	丁烷	1.67	0.776	2.16	-7%
	2-戊烯（*Z*）	0.569	0.282	2.02	-5%
	丙烯	4.35	2.44	1.79	-7%
梗丝烟气与叶丝烟气无显著差异	1，3，5-三甲基苯	0.012	0.046	0.26	—
	4-甲基-2-己烯	0.053	0.098	0.54	—
	3-甲基-2-戊烯（*Z*）	0.055	0.081	0.68	—
	茚	0.054	0.074	0.74	—
	1，3，5-庚三烯	0.045	0.057	0.78	—
	邻二甲苯	0.828	1.042	0.79	—
	3-甲基-2-戊烯（*E*）	0.090	0.098	0.92	—
	丙苯	0.103	0.107	0.96	—

续表

类别	化合物	梗丝卷烟/（μg/mg 焦油）	叶丝卷烟/（μg/mg 焦油）	梗丝/叶丝	降低率/10%梗丝
梗丝烟气与叶丝烟气无显著差异	辛烷	0.055	0.055	1.01	—
	2，4-二甲基-1，3-戊二烯	0.016	0.016	1.02	—
	1-甲基-1，4-环己二烯	0.009	0.008	1.03	—
	对二甲苯	0.242	0.232	1.04	—
	2-甲基-2 丁烯	1.18	1.06	1.11	—
	间二甲苯	0.294	0.262	1.12	—
	戊烯	0.478	0.423	1.13	—
	1，5-己二烯	0.040	0.033	1.19	—
	1，3-环戊二烯	2.10	1.73	1.21	—
	3-甲基-环戊烯	0.236	0.194	1.22	—
	乙苯	1.015	0.799	1.27	—
	甲苯	7.74	5.88	1.32	—
	苯乙烯	0.204	0.155	1.32	—
	苯	5.10	3.66	1.39	—
	甲基环戊烷	0.048	0.034	1.41	—
	2-甲基-1-丁烯	0.628	0.430	1.46	—
	1.3-戊二烯	0.477	0.325	1.47	—
	丙炔	0.699	0.462	1.51	—
	2-己烯（*E*）	0.064	0.041	1.56	—
	丁烯	2.80	1.79	1.56	—
	正己烷	0.158	0.096	1.64	—
	2-丁炔	0.112	0.068	1.65	—
	1-戊烯-3-炔	0.104	0.058	1.81	—
	2-戊炔	0.024	0.013	1.84	—
	3-甲基戊烷	0.045	0.021	2.17	—

在 62 种烃类成分中，梗丝烟气中单位焦油释放量显著低于叶丝烟气的有 26 种，高于叶丝烟气的有 3 种，主要差异的烃类成分如下。

1. 梗丝烟气中单位焦油释放量低于叶丝烟气的烃类成分

梗丝烟气中单位焦油释放量低于叶丝烟气的烃类成分包括：2，6-二甲基-2，4，6-辛三烯、4-异丙基甲苯、3，3-二甲基-6-亚甲基环己烯、1-甲基-4-异丙基环己烯、柠檬烯、2，7-二甲基-1，6-辛二烯、3，7-二甲基-1，3，7-辛三烯、月桂烯、异戊二烯、2，6-二甲基-2，6-辛二烯、3，3，6-三甲基-1，5-庚二烯、菲、萘及其衍生物、新植二烯等，主要为萜烯类化合物。而萜烯类化合物一般具有特殊的香气。其中，4-异丙基甲苯具有芳香气味，柠檬烯具有青酸带甜的新鲜的橘子-柠檬果香，月桂烯具有甜橘味和香脂气，3，7-二甲基-1，3，7-辛三烯具有强的甜味，新植二烯自身没有明显的香味但有增香增味作用。

下面根据烟气中烃类成分的来源分别对其物质基础进行讨论。

（1）原型转移成分　烟气中新植二烯来自烟丝新植二烯的直接转移，在烟气中的含量与在烟丝中的含量具有较好相关性，见图 2-11。

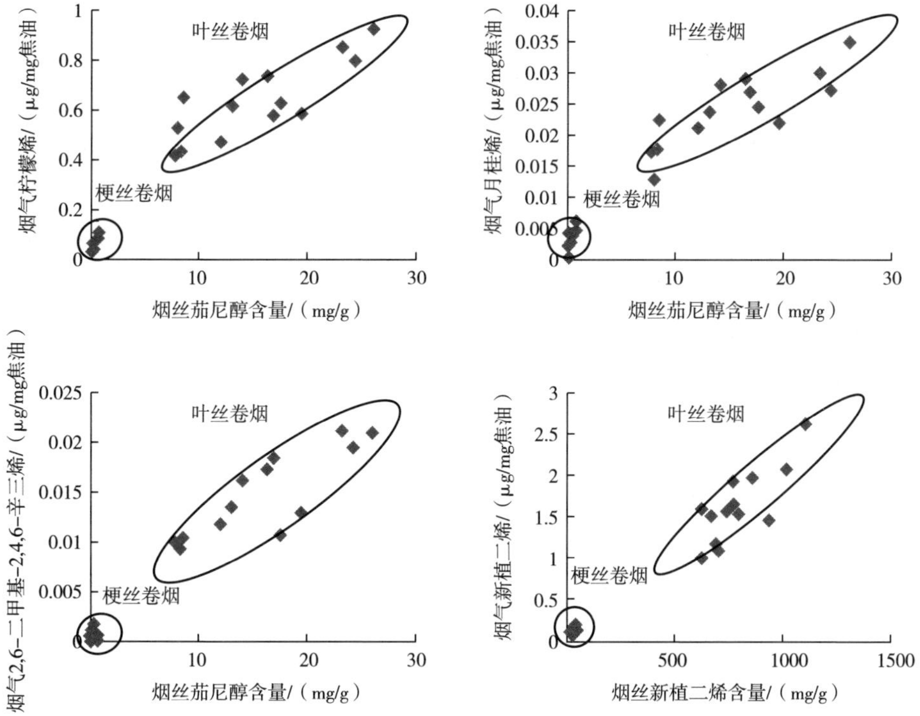

图 2-11　烟气中柠檬烯、月桂烯、2，6-二甲基-2，4，6-辛三烯、新植二烯单位焦油释放量与烟丝成分相关性

（2）前体物热裂解形成成分　萜烯类成分主要来自烟草中带有多异戊二

烯结构的化合物，如茄尼醇、新植二烯、茄色烯、色素等的热裂解。其中茄尼醇为烟草中含量最高的多异戊二烯结构化合物。图 2-11 中也显示柠檬烯、2，6-二甲基-2，4，6-辛三烯、月桂烯等萜烯类烟气成分与烟丝中茄尼醇含量有较好的相关关系。片烟中这类化合物含量远高于烟梗，所以梗丝烟气中这些化合物的释放量低于叶丝烟气。

2. 梗丝烟气中单位焦油释放量高于叶丝烟气的烃类成分

梗丝烟气中单位焦油释放量高于叶丝烟气的烃类成分有 3 种，包括：丁烷、2-戊烯（*Z*）、丙烯，这些小分子烷、烯对呼吸道有刺激性作用。

这些小分子烃类化合物沸点很低，在烟草中的含量极低，烟气中的这类成分应来自前体物高温热裂解。卷烟燃吸时，燃烧锥内部为高温还原性环境，产生这些小分子烃类。梗丝由于燃烧性好、温度梯度大，有利于小分子烃类成分形成。

十、其他成分

对卷烟烟气中 29 种其他成分进行分析，梗丝烟气和叶丝烟气差异和梗丝掺配结果见表 2 27。

表 2-27　梗丝烟气与叶丝烟气中其他成分差异（单位焦油释放量）

类别	化合物	梗丝卷烟/（μg/mg 焦油）	叶丝卷烟/（μg/mg 焦油）	梗丝/叶丝	降低率/10%梗丝
梗丝烟气显著低	苯并呋喃	0.132	0.995	0.13	9%
	2，3-二氢苯并呋喃	0.167	0.622	0.27	8%
	苯乙腈	0.004	0.012	0.32	4%
	异戊腈	0.007	0.021	0.33	4%
	2，4，6-三甲基苯腈	0.024	0.072	0.34	8%
	2，3-二甲基-马来酸酐	0.004	0.009	0.42	5%
	苯代丙腈	0.006	0.014	0.44	5%
	异戊酰胺	0.020	0.042	0.46	6%
	3-甲基丁酰胺	0.020	0.043	0.47	6%
	琥珀酰亚胺	0.118	0.200	0.59	4%
	邻苯二甲酰亚胺	0.012	0.020	0.61	4%
	1，4：3，6-双脱水甘露醇	0.049	0.069	0.71	4%

续表

类别	化合物	梗丝卷烟/（μg/mg 焦油）	叶丝卷烟/（μg/mg 焦油）	梗丝/叶丝	降低率/10%梗丝
梗丝烟气显著高	丙腈	0.565	0.390	1.45	-8%
梗丝烟气与叶丝烟气无显著差异	苯甲腈	0.011	0.025	0.42	—
	棕榈酰胺	0.047	0.053	0.89	—
	3-苯基呋喃	0.032	0.036	0.90	—
	葡聚糖	6.05	6.03	1.00	—
	硫化碳	0.378	0.367	1.03	—
	2-吡咯烷酮	0.203	0.189	1.07	—
	二硫化碳	0.127	0.109	1.16	—
	异戊基氰	0.106	0.088	1.21	—
	2-乙烯基呋喃	0.164	0.134	1.22	—
	异丁腈	0.164	0.127	1.29	—
	2-丙烯腈	0.348	0.265	1.31	—
	二甲氧氨基乙腈	0.050	0.038	1.32	—
	3-甲基呋喃	1.73	1.28	1.36	—
	2-乙基呋喃	0.232	0.164	1.42	—
	2，5-二甲基呋喃	2.106	1.361	1.55	—
	核糖	5.15	2.83	1.82	—

结合梗丝烟气和叶丝烟气差异以及梗丝掺配比例的影响，总结如下。

（1）梗丝烟气中单位焦油释放量较低的其他类成分有 13 种，包括：苯并呋喃、2，3-二氢苯并呋喃、苯乙腈、异戊腈、2，4，6-三甲基苯腈、2，3-二甲基-马来酸酐、苯代丙腈、异戊酰胺、3-甲基丁酰胺、琥珀酰亚胺、邻苯二甲酰亚胺、1，4：3，6-双脱水甘露醇等化合物。

（2）梗丝烟气中单位焦油释放量较高的其他类成分还有丙腈。

十一、"梗味"物质基础

如图 2-12 所示是许昌市、遵义市和曲靖市 3 个产地中部梗丝和叶丝感官质量评价结果。从图中可以看出梗丝各项指标得分均远低于叶丝。梗丝卷烟的杂气主要表现在木质气重；余味主要体现在滞舌，并且随着逐口抽吸滞舌有累积感；刺激性也存在积累现象。除此以外，评吸人员均感受到梗丝卷烟燃烧快、烟气灼烧感强。

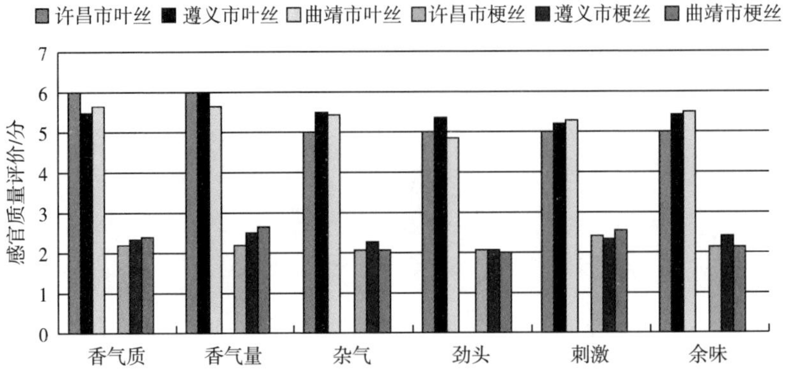

图 2-12　叶丝和梗丝的感官特点

从梗丝烟气成分特点出发，结合成分的感官作用，认为梗丝卷烟感官特征的烟气物质基础如下。

1. 香味成分释放量低

梗丝烟气香味成分释放量低表现在以下几个方面。

（1）烟丝直接转移香味成分低　巨豆三烯酮等类胡萝卜素和西柏烷类降解产物赋予烟气清甜、优雅的香气，是烟草最重要的香气成分，苯甲醇和苯乙醇具有花香气息。烟梗中这些成分含量远低于片烟，如烟梗中巨豆三烯酮含量不足片烟的1/10。

（2）焦糖化产物低　烟梗中水溶性糖含量低于片烟。同时，梗丝中不燃烧放热的无机物含量显著高，燃烧状态的差异对迁移率和转化率产生重要影响。两个方面的因素叠加，造成梗丝烟气甲基环戊烯醇酮、呋喃基羟甲基酮、6-乙基-5，6-二氢-2H-吡喃-2-酮、5，6-二氢-6-丙基-2H-吡喃-2-酮、呋喃酮、2-（5H）呋喃酮等焦甜香成分释放量低。

（3）美拉德反应产物有低有高　梗丝烟气麦芽酚、乙基麦芽酚释放量低，吡嗪类、吡啶类（部分来自美拉德反应）高低不一，是烟梗氨基酸组成比例与片烟明显不同的直接反映。

（4）热裂解源香味成分显著低　最突出的一项是来自烟碱和氨基酸热裂

解的氮杂环类物质，如3-甲基吡啶、4-甲基吡啶、3-乙基吡啶、4-乙烯基吡啶、3-吡啶甲醛、吡咯、2-吡咯甲醛、2-乙酰基吡咯、吲哚、4-甲基-1H-吲哚等；其次是来自茄尼醇、角鲨烯等萜类物质热裂解的烯烃类，如柠檬烯、月桂烯、2，6-二甲基-2，4，6-辛三烯、3，3-二甲基-6-亚甲基环己烯等。

（5）具有定香作用的物质低　新植二烯与高级脂肪酸及其酯，虽然没有特殊的香气或香气较弱，但具有定香、增香以及柔和烟气的作用。烟梗中这些成分低于片烟，如烟梗中新植二烯含量不足片烟的1/10，高级脂肪酸酯约为片烟的40%。

梗丝香味成分的严重不足，直接反映在其香气质和香气量低，应是其感官质量差的首要原因。同时，梗丝香味成分不足以掩盖杂气，是其木质杂气凸显的原因之一。

2. 烟气烟碱释放量低

烟气烟碱不但提供生理强度，对于卷烟烟气的烟感也至关重要。烟气烟碱来自烟丝烟碱的直接转移，烟梗烟碱只有片烟的20%，造成梗丝卷烟的单支烟气烟碱释放量非常低，单位焦油的烟气烟碱也仅为叶丝卷烟烟气的1/4。梗丝的烟碱含量低是其不良感官质量的重要原因。

3. 小分子醛酮释放量高

梗丝烟气中甲醛、乙醛、丙烯醛、丙酮、2-丁酮、2-戊酮、3-戊酮、3-己酮等小分子醛酮释放量均高于叶丝烟气。这些小分子醛酮在烟气中含量大，主要来自多糖（如纤维素）和单糖的热裂解，受前体成分含量和燃烧特性的综合影响。这些物质大多具有化学刺激性，是梗丝烟气刺激性和灼烧感的重要来源。

4. 吡啶类、酚类和环戊烯酮类成分比例不协调

烟气中吡啶类化合物、酚类化合物和环戊烯酮类化合物存在感官协同作用。甲基环戊烯醇酮等环戊烯酮类化合物，具有甜香和焦香，同时具有一定的烧灼感，从化学性质上说呈一定的酸性。吡啶类化合物大多具有坚果香气，有一定的碱性。文献报道显示，吡啶类化合物能够对环戊烯酮类化合物的烧灼感起到抑制作用，因此二者应该具有适当的比例关系。同时，环戊烯酮类化合物能够将酚类化合物的香气转化为烟熏香，赋予卷烟自然的烟熏感。梗丝烟气中这三类物质总量均低于叶丝烟气，但吡啶类物质显著低于其他两类成分，酚类中来自木质素热裂解的丁香醛、香兰素等甲氧基取代的酚类物质

释放量高于叶丝烟气。三类成分的相互比例不协调，应是梗丝卷烟感官质量差的重要原因。

参考文献

[1] 程向红，王培锋，彭玉富，等．烟梗主要化学成分特征及其与巴豆醛释放量的关系［J］．中国烟草科学，2018，39（01）：85-90.

[2] 高文花，陈克复，叶代启，等．废弃烟梗和烟末中主要化学组分的浸渍提取［J］．华南理工大学学报（自然科学版），2014，42（05）：41-47.

[3] 葛畅，蔡何青，常小红，等．烤烟烟梗与叶片热裂解产物致香成分对比分析［J］．广东化工，2020，47（03）：75-77.

[4] 韩富根．烟草化学［M］．北京：中国农业出版社，2003.

[5] 胡男君，罗思维．云南烟梗的品质概述［J］．广东化工，2003，40（14）：102.

[6] 冀唯妮．烟梗中香味物质的提取工艺研究［D］．广州：华南理工大学，2017.

[7] 李炎强，郝建辉，赵明月，等．烤烟烟梗和片烟中性香味成分的分析［J］．烟草科技，2002（11）：3-6.

[8] 李炎强，胡有持，王瘅，等．烤烟片烟与烟梗挥发性、半挥发性酸性成分的研究［J］．中国烟草学报，2001，7（1）：1-5.

[9] 李增华．烟草废弃物与烟草薄片化学成分比较研究［D］．开封：河南大学，2015.

[10] 刘少民，周桂园，方力，等．烟草中植物甾醇的形态及分布［J］．烟草科技，2009（01）：29-36+42.

[11] 刘宇欣．烟草中高级烷醇、植物甾醇及茄尼醇分析研究［D］．合肥：中国科学技术大学，2010.

[12] 彭国岗，王磊，白晓莉．烟梗常规化学成分测定及分析研究［J］．轻工科技，2015，31（11）：38-40.

[13] 彭黎明，闻质红，赵晓东．烤烟 C3F 片烟和烟梗中香味成分的对比分析［J］．烟草科技，2007（3）：43-45.

[14] 彭艳，周冀衡，杨虹琦，等．不同部位烟叶和烟梗中主要挥发性、半挥发性有机酸的分析研究［J］．湖南农业科学，2009（12）：43-46.

[15] 王月侠，葛善礼，贾涛，等．烟梗化学组成的分析［J］．烟草科技，1996（3）：16-17.

[16] 许燕娟．烟草中生物碱、甾醇和非挥发酸的气相色谱/质谱法分析［D］．南京：南京理工大学，2005.

[17] 杨威，欧阳文，任一鹏，等．云南烤烟烟梗化学成分分析及聚类评价 [J]. 甘肃农业大学学报，2014，49 (06)：87-90.

[18] 杨伟祖，谢刚，王保兴，等．烤烟烟叶和烟梗的热裂解产物的研究 [J]. 色谱，2006 (06)：606-610.

[19] Shigeo Ishiguro, Shiro Sugawara. Comparisons of *N*-containing compounds in the smoke of lamina and midrib cigarettes of flue-cured tobacco leaves [J], Agricultural and biological chemistry, 1977, 41 (2): 377-382.

[20] Shigeo Ishiguro, Shiro Sugawara. Comparisons of smoke components in the semivolatile phase from lamina and midrib cigarettes of flue-cured tobacco leaves [J], Agricultural and biological chemistry, 1978, 42 (8): 1527-1531.

[21] Shigeo Ishiguro, Shizuko Sato, Shiro Sugawara, et al. Comparisons of phenols in smokes of lamina and midrib of flue-cured tobacco [J], Agricultural and biological chemistry, 1976, 40 (5): 977-982.

第三章
典型烤烟生态区烟梗化学成分及梗丝烟气成分

不同产地的烟叶，受栽培措施、土壤条件、气候因素和调制方法等多方面的影响，其化学成分、感官质量和香气类型等方面也各不相同，产生的烟气化学组成也有较大的差异。

由于各烟叶产区的地质条件、地理环境及气候条件的差异性，导致各产区出产的烟叶品质存在明显差异，这种差异性在烤烟香气类型特点上表现尤为突出。例如云南烤烟主要以清香型号为主，香气量比较充足，燃烧性强；贵州烤烟以中间香型为主，烟味普遍较淡，燃烧性较强；河南烤烟以浓香型为主，烟香浓馥，燃烧性强；湖南烤烟以浓香型为主，烟气较浓，燃烧性较强；山东烤烟为典型的中间香型，燃烧性强；福建烤烟以清香型为主，香气量中，燃烧性中等。

而对不同部位烟叶的研究结果表明，不同部位的烟叶理化性质上存在较大差异，上部烟叶叶片较厚，颜色略深，烟叶组织较密，含梗率低，填充性居中，吸湿性低于中部烟叶，糖分及碳水化合物含量较高于下部烟叶，总氮含量较高，不溶性氮与其他挥发碱含量较高，pH 低，燃烧慢，油分低于中部烟叶，高于下部烟叶；中部烟叶身份厚薄适中，组织疏松，颜色多呈橘黄和正黄色，燃烧性介于下部烟叶和上部烟叶之间，填充力较小，油分多，糖分与碳水化合物含量高，烟碱含量适中，总氮、不溶性氮和挥发碱成分含量较低，吸湿性高于上部和下部烟叶，单位面积质量和含梗率居中；下部烟叶身份较薄，颜色浅淡，组织疏松，填充力高，油分较少，燃烧性好，单位面积质量低，含梗率高，烟叶含糖量低于中部烟叶，不溶性氮偏高，灰分与 pH 较高于中部烟叶。同时，烤烟的抽吸特性和烟气化学成分都随着叶片在主茎上的部位而变化。随着烟叶在主茎上的生长部位上移，卷烟的填充性、吸阻和静燃速率均逐渐降低，抽吸口数逐渐增加，烟气冷凝物的 pH 逐渐升高，烟气中总粒相物和烟碱释放量逐渐增加。对卷烟感官质量而言，中部烤烟叶片拥有最佳的内在质量，是适合于卷烟配方的主料烟叶，上部烟叶内含物质丰富，燃烧时烟气量较足，劲头较强，多作为调节配方烟气浓度和劲头之用，而下部烟叶则一般作为填充料使用。

本章选取我国主要典型生态区的 18 个取样点，每个取样点抽取 B2F、C3F 和 X2F 3 个样品，采用独立样本 t 检验以及配对样本 t 检验等统计方法比较了不同产地、不同部位烟梗化学成分的差异。不同产地、不同部位烟梗烟气化学成分研究所选用的样品为许昌市、遵义市和曲靖市三个产地不同烤次的纯梗丝卷烟样品。

第一节　不同部位烟梗化学成分差异

按部位将烟梗样品分为 3 组（B2F、C3F 和 X2F），每组样品均覆盖 18 个取样点；对不同部位烟梗样品化学成分做配对样本 t 检验。$P<0.01$ 表明两组样品在该成分含量上存在统计学意义的显著性差异，而 $P>0.01$ 表明两组样品在该成分含量上无显著性差异。依据配对样本 t 检验和均值比较结果，烟梗化学成分随部位的变化规律呈现三类趋势：①随着着生部位的上升含量呈现增大趋势；②随着着生部位的上升含量呈现降低趋势；③着生部位与含量无明显规律。

一、常规成分

不同部位烟梗常规成分含量见表 3-1。

表 3-1　　不同部位烟梗常规成分含量

趋势	指标	B2F	C3F	X2F	B2F/X2F
随着生部位上升	总植物碱/%	0.63	0.49	0.39	1.68
	二氯甲烷提取物/%	0.94	0.82	0.71	1.32
	总氮/%	1.59	1.40	1.42	1.12
	蛋白质/%	8.25	7.22	6.91	1.19
随着生部位下降	总糖/%	16.5	22.9	24.6	0.67
	还原糖/%	14.0	19.2	19.9	0.70
	糖碱比	27.9	49.2	68.6	0.41
	氮碱比	2.59	2.91	3.81	0.68
无明显趋势	淀粉/%	0.77	1.02	0.92	0.84
	pH	4.97	4.93	4.96	1.00
	还原糖/总糖	0.85	0.84	0.81	1.05

随着着生部位的上升，烟梗中总植物碱、二氯甲烷提取物、总氮、蛋白质等成分含量呈上升趋势，特别是总植物碱、二氯甲烷提取物在不同部位烟梗中含量规律显著，不同产地的趋势完全一致。上部烟梗总植物碱含量可达下部烟梗的 1.7 倍，烟碱、新烟碱、降烟碱、假木贼碱、麦斯明等植物碱含量随部位变化趋势与总植物碱一致（表 3-2）；二氯甲烷提取物，在上部烟梗中含量为下部烟梗的 1.3 倍。

表 3-2　　不同部位烟梗植物碱含量

趋势	指标	B2F	C3F	X2F	B2F/X2F
随着生部位上升	烟碱/(mg/g)	5.58	4.33	3.31	1.69
	新烟碱/(μg/g)	180	115	75.9	2.37
	降烟碱/(μg/g)	45.1	24.8	16.3	2.77
	假木贼碱/(μg/g)	19.0	12.6	8.29	2.29
	麦斯明/(μg/g)	1.62	1.04	0.82	1.98

如表 3-3 所示，随着烟梗着生部位的上升，烟梗中总糖、还原糖等含量呈下降趋势。例如，上部烟梗总糖含量仅为中部烟梗、下部烟梗的 60%～70%。果糖、葡萄糖、蔗糖等糖类化合物含量随部位变化趋势与总糖一致，随着生部位上升而含量降低。此外，糖碱比、氮碱比也随着生部位上升而降低。

表 3-3　　不同部位烟梗糖类化合物含量

趋势	指标	B2F	C3F	X2F	B2F/X2F
随着生部位下降	果糖/%	7.02	8.72	9.05	0.78
	葡萄糖/%	5.87	7.33	7.67	0.77
	蔗糖/%	0.566	0.602	0.615	0.92

二、细胞壁成分

不同部位烟梗的细胞壁成分含量见表 3-4。随着着生部位的上升，烟梗中的细胞壁成分（纤维素、半纤维素、木质素、果胶等）含量均呈上升趋势。

表 3-4 不同部位烟梗的常规成分和细胞壁成分含量

趋势	指标	B2F	C3F	X2F	B2F/X2F
随着生部位上升	细胞壁成分总量/%	35.4	32.2	29.8	1.19
	纤维素/%	22.0	20.4	19.1	1.15
	半纤维素/%	2.03	1.78	1.60	1.27
	木质素/%	1.90	1.73	1.55	1.23
	果胶/%	9.47	8.30	7.58	1.25

三、无机离子

不同部位烟梗无机离子含量见表 3-5。随着着生部位的上升，烟梗中氯、磷酸根、Mg、Ca 等无机离子含量呈上升趋势，其中上部烟梗氯离子含量高达下部烟梗的 1.4 倍。

钾离子含量及钾氯比呈降低趋势，上部烟梗钾离子含量仅为下部烟梗的 86%。卷烟燃吸时也发现，上部梗丝卷烟静燃慢，下部梗丝卷烟静燃快。

表 3-5 不同部位烟梗无机离子含量

趋势	离子种类	B2F	C3F	X2F	B2F/X2F
随着生部位上升	氯/%	2.03	1.50	1.43	1.42
	磷酸根/%	0.78	0.68	0.58	1.34
	Ca/(mg/g)	30.41	24.58	23.75	1.28
	Mg/(mg/g)	6.86	4.99	4.75	1.44
随着生部位下降	K/%	5.11	5.60	5.93	0.86
	钾氯比	2.90	4.31	5.20	0.56
无明显趋势	硫酸根/%	1.30	1.15	1.08	1.20
	硝酸根/%	0.51	0.33	0.42	1.21
	Na/(mg/g)	0.09	0.13	0.21	0.43
	Fe/(mg/g)	0.08	0.08	0.13	0.62

四、多元酸、高级脂肪酸和挥发酸

不同部位烟梗多元酸、挥发酸和高级脂肪酸含量列于表 3-6~表 3-8。

表 3-6 不同部位烟梗多元酸含量 单位：mg/g

趋势	指标	B2F	C3F	X2F	B2F/X2F
随着生部位上升	乙二酸	20.11	15.30	13.94	1.44
	丙二酸	0.38	0.29	0.26	1.46
随着生部位下降	苹果酸	81.12	90.78	99.83	0.81
无明显趋势	多元酸总量	106.33	110.42	118.33	0.90
	柠檬酸	3.93	3.20	3.42	1.15
	丁二酸	0.72	0.76	0.74	0.97
	反丁烯二酸	0.08	0.09	0.14	0.57

随着着生部位的上升，烟梗中乙二酸、丙二酸等成分含量呈上升趋势，而苹果酸呈下降趋势。苹果酸作为烟梗和片烟中含量最高的多元酸，在烟梗中含量高于片烟，上部烟梗含量较低，也反映上部烟梗成分靠近片烟。

表 3-7 不同部位烟梗高级脂肪酸含量 单位：mg/g

趋势	指标	B2F	C3F	X2F	B2F/X2F
随着生部位下降	高级脂肪酸总量	3.00	3.07	3.23	0.93
	亚麻酸	0.78	0.85	0.89	0.88
	油酸	0.44	0.47	0.52	0.85
随着生部位变化趋势不明显	十六酸	0.80	0.78	0.83	0.96
	亚油酸	0.73	0.73	0.73	1.00
	十八酸	0.18	0.18	0.18	1.00
	二十酸	0.04	0.04	0.04	1.00

随着烟梗着生部位的上升，烟梗中亚麻酸、油酸及高级脂肪酸总量呈下降趋势，但总量变化在10%以内。

表 3-8 不同部位烟梗挥发酸含量 单位：μg/g

趋势	指标	B2F	C3F	X2F	B2F/X2F
随着生部位上升	己酸	0.950	0.665	0.596	1.59
	戊酸	0.712	0.554	0.472	1.51

续表

趋势	指标	B2F	C3F	X2F	B2F/X2F
随着生部位下降	呋喃乙酸	9.85	12.85	13.86	0.71
无明显趋势	2-异丙基-3-羰基-丁酸	1695	2009	2154	0.79
	乙酸	1186	1213	1023	1.16
	甲酸	220	258	252	0.87
	乳酸	77.6	97.0	96.7	0.80
	3-羟基丙酸	78.0	93.3	94.7	0.82
	3-甲基-2-呋喃甲酸	21.7	24.1	18.6	1.17
	2-羟甲基-丁酸	8.18	7.74	8.14	1.00
	羟基乙酸	5.62	6.44	6.42	0.88
	苯甲酸	6.14	5.34	5.44	1.13
	呋喃甲酸	6.24	6.73	6.24	1.00
	丙酸	6.03	6.19	5.17	1.17
	2-烯-丁酸	1.52	1.42	1.33	1.14
	苯乙酸	4.43	4.21	4.64	0.95
	乙酰丙酸	1.43	1.52	1.50	0.95
	2-羰基丙酸	0.30	0.29	0.29	1.03
	2-甲基-2-烯-丁酸	0.60	0.63	0.79	0.76
	2-甲基-丁酸	0.66	0.68	0.67	0.99
	3-甲基丁酸	1.75	1.71	1.56	1.12
	3-甲基戊酸	0.07	0.07	0.07	1.00
	3-羟基-4-甲氧基苯甲酸	2.38	2.30	2.29	1.04

大多数挥发酸含量与着生部位没有明显关系，只有已酸、戊酸含量上升，呋喃乙酸含量下降。

五、氨基酸和氨

不同部位烟梗中的氨基酸和氨含量见表 3-9。从整体来看，上部烟梗中氨基酸总量明显高于中部和下部烟梗，上部含量为下部的 1.5 倍。不同氨基酸存在差异，烟梗中脯氨酸、谷酰胺、天冬酰胺等 14 种氨基酸含量随部位变化趋势与氨基酸总量一致，为上部高于中部和下部，整体呈现上升趋势；但缬氨酸、天冬氨酸等6种氨基酸含量则与着生部位无明显的关系。氨含量的趋势与氨基酸总量类似，上部烟梗含量明显高于中部烟梗和下部烟梗，上部烟梗含量约为下部烟梗的3倍。

表3-9　　不同部位烟梗氨基酸及氨含量　　单位：μg/g

趋势	指标	B2F	C3F	X2F	B2F/X2F
随着生部位上升	氨基酸总量	16489	11041	10965	1.50
	脯氨酸	8735	5985	5994	1.46
	谷酰胺	1312	727	621	2.11
	天冬酰胺	1399	527	469	2.98
	丙氨酸	661	342	340	1.94
	苯丙氨酸	303	185	216	1.40
	酪氨酸	219	149	168	1.30
	谷氨酸	210	118	128	1.64
	亮氨酸	149	97	99	1.51
	精氨酸	90	46	40	2.25
	异亮氨酸	62	44	49	1.27
	组氨酸	69	30	29	2.38
	甘氨酸	55	26	25	2.20
	赖氨酸	53	20	17	3.12
	色氨酸	21	5	6	3.50
	氨	559	192	180	3.11
无明显趋势	缬氨酸	1190	1082	1043	1.14
	天冬氨酸	667	568	625	1.07
	丝氨酸	556	445	440	1.26
	苏氨酸	514	402	424	1.21
	胱氨酸	178	200	186	0.96
	甲硫氨酸	47	44	46	1.02

六、萜类和多酚

不同部位烟梗的萜类和多酚含量见表3-10。相较于片烟，烟梗中萜类和多酚类含量很低，萜类（茄尼醇、茄色烯、维生素E、β-胡萝卜素、叶黄素、西柏三烯二醇、新植二烯）、多酚（绿原酸、新绿原酸、芸香苷、4-O-咖啡喹宁酸、莨菪亭）与着生部位无明显趋势性规律。

表 3-10　　不同部位烟梗萜类和多酚含量　　单位：mg/g

类别	趋势	指标	B2F	C3F	X2F	B2F/X2F
萜类	无明显趋势	萜类总量	0.086	0.096	0.102	0.84
		茄尼醇	未检出	未检出	未检出	—
		茄色烯	未检出	未检出	未检出	—
		维生素 E	0.034	0.040	0.042	0.81
		β-胡萝卜素	1.94	1.91	1.88	1.03
		叶黄素	2.96	3.12	3.16	0.94
		西柏三烯二醇总量	17.56	23.49	26.47	0.66
		新植二烯	29.97	28.08	29.01	1.03
多酚	无明显趋势	多酚总量	1.94	1.83	1.90	1.02
		绿原酸	0.79	0.78	0.78	1.01
		芸香苷	0.35	0.31	0.31	1.13
		新绿原酸	0.16	0.16	0.18	0.89
		4-*O*-咖啡喹宁酸	0.19	0.19	0.20	0.95
		莨菪亭	0.44	0.40	0.42	1.05

七、挥发性、半挥发性香味成分

1. 类胡萝卜素和西柏烷类降解产物

不同部位烟梗的类胡萝卜素和西柏烷类降解产物含量见表 3-11。

随着着生部位的上升，烟梗中大多数类胡萝卜素降解产物，如巨豆三烯酮总量和β-紫罗兰酮、二氢猕猴桃内酯等含量呈上升趋势，特别是 6-甲基-5-庚烯-2-酮、香叶基丙酮、法尼基丙酮、巨豆三烯酮等含量在上部烟梗中为中部烟梗、下部烟梗的 1.5 倍以上，表明上部烟梗的重要香味成分含量较高。

表 3-11　　不同部位烟梗类胡萝卜素和西柏烷类降解产物含量　　单位：μg/g

趋势	指标	B2F	C3F	X2F	B2F/X2F
随着生部位上升	6，7-脱氢-7，8-二氢-3-氧代α-紫罗兰醇	1.13	0.88	0.86	1.31
	二氢猕猴桃内酯	0.61	0.49	0.46	1.33
	地芰普内酯	0.59	0.48	0.46	1.28

续表

趋势	指标	B2F	C3F	X2F	B2F/X2F
随着生部位上升	巨豆三烯酮总量	0.45	0.29	0.23	1.96
	法尼基丙酮	0.40	0.23	0.18	2.22
	3-羟基-β-大马酮	0.19	0.18	0.16	1.19
	6-甲基-5-庚烯-2-酮	0.160	0.094	0.073	2.29
	异地芰普内酯	0.127	0.089	0.086	1.44
	β-紫罗兰酮	0.042	0.035	0.031	1.33
	香叶基丙酮	0.037	0.025	0.019	2.00
无明显趋势	3-氧代-α-紫罗兰醇	5.94	5.52	6.16	0.96
	降茄二酮	1.80	1.59	1.32	1.36
	茄酮	0.37	0.29	0.25	1.48
	3-氧代-7，8-二氢-α-紫罗兰醇	0.32	0.28	0.31	1.03
	β-环柠檬醛	0.009	0.009	0.008	1.10

2. 其他香味成分

如表3-12所示，随着烟梗着生部位的上升，烟梗中植醇、苯乙醇、丁香醛、香草醛、N-甲基吡咯烷酮、2-吡咯烷酮、1-甲基-1H-吡咯-2（5H）-酮、3-乙基-4-甲基-1H-吡咯-2，5-二酮等挥发性香味成分含量呈上升趋势；对羟苯基乙醇、2-脱氧-戊糖酸内酯等挥发性成分含量呈下降趋势。

表3-12　不同部位烟梗其他香味成分含量　单位：μg/g

趋势	指标	B2F	C3F	X2F	B2F/X2F
随着生部位上升	植醇	1.45	1.03	0.78	1.86
	苯乙醇	0.68	0.59	0.50	1.36
	丁香醛	0.76	0.64	0.57	1.33
	香草醛	1.10	0.93	0.84	1.31
	N-甲基吡咯烷酮	0.17	0.15	0.13	1.31
	2-吡咯烷酮	9.50	7.81	6.95	1.37
	1-甲基-1H-吡咯-2（5H）-酮	17.80	14.91	12.12	1.47
	3-乙基-4-甲基-1H-吡咯-2，5-二酮	0.25	0.20	0.19	1.32

续表

趋势	指标	B2F	C3F	X2F	B2F/X2F
随着生部位下降	对羟苯基乙醇	6.17	7.15	8.12	0.76
	2-羰基-丙二醇	2.90	3.87	4.12	0.70
	2-脱氧-戊糖酸内酯	198	312	329	0.60
无明显趋势	丙三醇	14.87	9.93	7.55	1.97
	2，3-丁二醇	155	185	141	1.11
	1，2-丙二醇	16.65	14.81	15.03	1.11
	糠醇	10.17	10.07	9.47	1.07
	苯甲醇	3.25	2.90	2.65	1.23
	芳樟醇	0.02	0.02	0.02	1.00
	戊醇	0.01	0.01	0.01	1.00
	5-羟甲基糠醛	2.79	3.57	3.06	0.91
	3，5-二甲氧基苯乙酮	1.08	0.93	0.92	1.17
	麦芽酚	2.53	2.48	2.28	1.11
	2-乙基苯甲醛	0.01	0.02	0.02	0.50
	3，4-二甲基-2，5-呋喃二酮	0.04	0.04	0.03	1.33
	苯甲醛	0.06	0.06	0.05	1.20
	β-环柠檬醛	0.01	0.01	0.01	1.00
	5-脱氧-2，3-二羟基-1，4-戊糖酸内酯	34.5	34.3	29.4	1.17
	泛解酸内酯	1.95	1.81	1.78	1.10
	γ-丁内酯	1.90	1.86	1.74	1.09
	苏糖酸内酯	76.6	74.6	64.0	1.20
	十六酸甲酯	2.20	2.22	1.96	1.12
	亚麻酸甲酯	0.81	0.94	0.90	0.90
	亚油酸甲酯	0.71	0.73	0.70	1.01
	苯甲酸乙酯	0.46	0.34	0.29	1.59
	十八酸甲酯	0.45	0.43	0.37	1.22
	2-甲基-3-羟基吡啶	3.36	3.35	3.35	1.00
	1-乙酰基-2-吡啶基-2，3，4，5-四氢吡咯	0.85	0.73	0.62	1.37

续表

趋势	指标	B2F	C3F	X2F	B2F/X2F
无明显趋势	烟酰胺	未检出	未检出	未检出	—
	乙酰吡咯	3.59	3.87	3.53	1.02
	5，6-二甲基-2-苯并咪唑啉酮	0.43	0.35	0.31	1.39
	9-十八烯酰胺	8.82	8.61	8.49	1.04
	13-二十二烯酰胺	9.39	9.43	9.04	1.04
	丁二酰亚胺	6.03	5.51	6.19	0.97
	对乙烯基愈创木酚	0.41	0.28	0.37	1.11
	2，5-二氢噻吩	未检出	未检出	未检出	—
	磷酸三乙酯	7.04	6.91	7.64	0.92
	叔丁基氢醌	0.86	0.81	0.85	1.01

八、甾醇

如表3-13所示，烟梗中的甾醇（谷甾醇、菜油甾醇、胆甾醇、豆甾醇）含量与生部位无明显趋势性规律。

表3-13　　不同部位烟梗的甾醇含量　　单位：mg/g

趋势	指标	B2F	C3F	X2F	B2F/X2F
无明显趋势	甾醇总量	0.32	0.30	0.30	1.07
	谷甾醇	0.04	0.03	0.03	1.33
	菜油甾醇	0.05	0.04	0.04	1.25
	胆甾醇	0.08	0.07	0.08	1.00
	豆甾醇	0.15	0.15	0.15	1.00

第二节　不同产地烟梗化学成分差异

针对烟梗特征成分，按照西南高原生态区、黔桂山地生态区、武陵秦巴生态区、黄淮平原生态区、南岭丘陵生态区、武夷山生态区、沂蒙丘陵生态区7个香型风格生态区（表3-14），将54个烟梗样品（18个产地，每个产地3个部位）按照产区分组，分别计算各生态区梗丝样品各组分含量均值，比较各产区烟梗化学成分之间的差异。

表 3-14　烟梗产区划分

产区	取样点	样品数量/个
西南高原生态区	云南省宜良县、云南省师宗县、云南省宁洱哈尼族彝族自治县、贵州省兴仁市、四川省会理县	15
武夷丘陵生态区	福建省永定县	3
黔桂山地生态区	贵州省黔西县、贵州省贵定县、贵州省德江县	9
武陵秦巴生态区	湖北省利川市、重庆市彭水县	6
沂蒙丘陵生态区	山东省蒙阴县	3
黄淮平原生态区	河南省宝丰县	3
南岭丘陵生态区	广东省南雄县、安徽省宣州县、湖南省桂阳县、湖南省江华县、江西省信丰县	15

表 3-15 中给出了不同生态区烟梗主要化学成分含量情况。从产区间变异系数来看，氯、淀粉、半纤维素、氨基酸总量、钾、蛋白质变异系数超过 20%，果胶、无机阴离子、总植物碱、萜类总量、总糖、多酚总量等变异系数超过 15%，说明上述成分在各产区存在较大差异，总氮和多元酸变异系数在 10%～15%，产区间存在一定差异。高级脂肪酸总量、二氯甲烷提取物、纤维素、甾醇总量、无机阳离子、木质素含量变异系数在 10%以内，产区间差异较小。

一、常规成分

1. 总糖

烟梗总糖含量在各产区间变异系数为 15.4%，存在较大差异。黔桂山地生态区烟梗总糖含量最高，达 26.1%，明显高于其他产区，已接近片烟总糖含量；而武夷丘陵生态区烟梗总糖含量最低，仅为 16.1%，明显低于其他产区。

2. 总氮

烟梗总氮含量在各产区间变异系数为 12.9%，存在一定差异。武夷丘陵生态区烟梗总氮含量最高，达 1.69%，接近片烟总氮含量；而黔桂山地生态区烟梗总氮含量最低，为 1.26%。

3. 总植物碱

烟梗总植物碱含量在各产区间变异系数为 18.5%，存在较大差异。武夷丘陵生态区烟梗总植物碱含量最高，达 0.71%，但仍远低于片烟含量（2.23%）；而黄淮平原生态区烟梗总氮含量最低，仅为 0.42%。

表 3-15　各产区烟梗化学成分含量

化学成分	西南高原生态区	武夷丘陵生态区	黔桂山地生态区	武陵秦巴生态区	沂蒙丘陵生态区	黄淮平原生态区	南岭丘陵生态区	变异系数	烟梗	片烟	烟梗/片烟
总糖/%	22.1	16.1	26.1	21.3	23.0	19.2	18.8	15.4%	21.3	27.9	0.77
总氮/%	1.66	1.69	1.26	1.64	1.29	1.58	1.31	12.9%	1.47	1.83	0.80
总植物碱/%	0.51	0.71	0.45	0.51	0.43	0.42	0.51	18.5%	0.50	2.23	0.23
氯/%	2.17	1.69	1.35	1.27	1.07	2.90	1.33	38.2%	1.65	0.33	5.06
钾/%	5.1	7.4	5.6	5.3	3.9	3.8	6.4	23.4%	5.5	2.2	2.56
淀粉/%	0.98	1.02	1.24	0.80	0.50	0.40	0.82	36.1%	0.90	4.22	0.21
蛋白质/%	8.1	8.9	6.5	8.2	7.0	8.2	6.8	21.4%	7.5	8.0	0.93
二氯甲烷提取物/%	0.92	0.94	0.81	0.83	0.89	0.83	0.70	9.3%	0.83	5.07	0.16
无机阴离子/%	4.5	4.7	3.2	3.5	3.8	5.2	3.6	18.7%	3.9	1.8	2.22
无机阳离子/%	8.3	9.3	8.2	8.9	7.9	8.7	9.5	6.6%	8.7	5.0	1.74
纤维素/%	20.5	22.4	17.7	18.9	—	22.2	21.2	9.1%	20.5	8.9	2.30
木质素/%	1.81	1.73	1.75	1.52	—	1.73	1.82	6.3%	1.73	1.34	1.29
半纤维素/%	2.55	1.82	1.98	1.92	—	1.55	1.01	28.2%	1.80	3.12	0.58
果胶/%	10.3	10.3	7.1	6.9	—	9.0	7.1	19.4%	8.4	8.2	1.03
萜类总量/(mg/g)	0.086	0.098	0.106	0.111	0.097	0.062	0.098	17.1%	0.095	1.492	0.06
多酚总量/%	0.22	0.22	0.19	0.17	0.19	0.23	0.15	15.2%	0.19	6.42	0.03
多元酸总量/%	9.5	10.3	10.3	12.6	11.2	10.9	13.0	11.5%	11.2	8.8	1.27
高级脂肪酸总量/%	0.31	0.37	0.31	0.30	0.31	0.27	0.31	9.5%	0.31	0.72	0.43
氨基酸总量/%	1.67	1.08	1.07	1.66	1.00	1.59	0.91	26.6%	1.28	1.13	1.13
甾醇总量/(mg/g)	0.32	0.33	0.29	0.28	0.31	0.34	0.29	7.7%	0.30	0.64	0.47

4. 钾

烟梗钾含量在各产区间变异系数为 23. 4%，存在较大差异。武夷丘陵生态区烟梗钾含量最高，达 7. 4%；而黄淮平原生态区烟梗钾含量最低，含量为 3. 8%，但仍远高于片烟钾含量（2. 2%）。

5. 氯

烟梗氯含量在各产区间变异系数为 38. 2%，存在较大差异。黄淮平原生态区烟梗氯含量最高，达 2. 90%；而沂蒙丘陵生态区烟梗氯含量最低，含量为 1. 07%，但仍远高于片烟氯含量。

6. 二氯甲烷提取物

烟梗二氯甲烷提取物含量在各产区间变异系数为 9. 3%，差异较小。武夷丘陵生态区烟梗二氯甲烷提取物含量最高，为 0. 94%，仍远低于片烟含量；而南岭丘陵生态区烟梗二氯甲烷提取物含量最低，为 0. 70%。

7. 蛋白质

烟梗蛋白质含量在各产区间变异系数为 21. 4%，存在较大差异。武夷丘陵生态区烟梗蛋白质含量最高，达 8. 9%，超过片烟蛋白质含量；而黔桂山地生态区烟梗蛋白质含量最低，为 6. 5%。

8. 淀粉

烟梗淀粉含量在各产区间变异系数为 36. 1%，存在较大差异。黔桂山地生态区烟梗淀粉含量最高，达 1. 24%，仍远低于片烟淀粉含量；而黄淮平原生态区烟梗淀粉含量最低，为 0. 40%。

二、无机离子

1. 无机阳离子

烟梗无机阳离子含量在各产区间变异系数为 6. 6%，差异较小。南岭丘陵生态区烟梗无机阴离子含量最高，达 9. 5%；而沂蒙丘陵生态区烟梗无机阳离子含量最低，为 7. 9%。

2. 无机阴离子

烟梗无机阴离子含量在各产区间变异系数为 18. 7%，差异较大。黄淮平原生态区烟梗无机阴离子含量最高，达 5. 2%；而黔桂山地生态区烟梗无机阴离子含量最低，为 3. 2%。

三、细胞壁成分

1. 纤维素

烟梗纤维素含量在各产区间变异系数为9.1%，差异较小。武夷丘陵生态区烟梗纤维素含量最高，达22.4%；而黔桂山地生态区烟梗纤维素含量最低，含量为17.7%。

2. 木质素

烟梗木质素含量在各产区间变异系数为6.3%，差异较小。南岭丘陵生态区烟梗木质素最高，为1.82%；而武陵秦巴生态区烟梗木质素含量最低，含量为1.52%。

3. 半纤维素

烟梗半纤维素含量在各产区间变异系数为28.2%，存在较大差异。西南高原生态区烟梗半纤维素含量最高，达2.55%；而南岭丘陵生态区烟梗半纤维素含量最低，含量为1.01%。

4. 果胶

烟梗果胶含量在各产区间变异系数为19.4%，存在较大差异。武夷丘陵生态区和西南高原生态区烟梗果胶含量最高，达10.3%；武陵秦巴生态区烟梗果胶素含量最低，含量为6.9%。

四、多酚

烟梗多酚含量在各产区间变异系数为15.2%，存在较大差异。黄淮平原生态区烟梗多酚含量最高，均值为0.23%，但仍远远低于片烟中多酚含量（约6.4%）；南岭丘陵生态区烟梗多酚含量最低，仅为0.15%。

五、多元酸

烟梗多元酸含量在各产区间变异系数为11.5%，存在一定差异。南岭丘陵生态区烟梗多元酸含量最高，高达13.0%；西南高原生态区烟梗多元酸含量最低，含量为9.5%，接近片烟含量水平（8.8%）。

六、高级脂肪酸

烟梗高级脂肪酸含量在各产区间变异系数为9.5%，存在一定差异。武夷丘陵生态区烟梗高级脂肪酸含量最高，为0.37%，仍远低于片烟含量（0.72%）；黄淮平原生态区烟梗高级脂肪酸含量最低，为0.27%。

七、氨基酸

烟梗氨基酸含量在各产区间变异系数为26.6%，存在较大差异。西南高原生态区烟梗氨基酸含量最高，为 1.67%；南岭丘陵生态区烟梗氨基酸含量最低，为 0.91%。

八、萜类

烟梗萜类含量在各产区间变异系数为 17.1%，存在较大差异。武陵秦巴生态区烟梗萜类含量最高，为 0.111mg/g，约为片烟含量的 1/10；黄淮平原生态区烟梗萜类含量最低，为 0.062mg/g。

九、甾醇

烟梗甾醇含量在各产区间变异系数为 7.7%，差异较小。黄淮平原生态区烟梗甾醇含量最高，为 0.34mg/g；武陵秦巴生态区烟梗甾醇含量最低，为 0.28mg/g。

十、不同生态区烟梗成分特点

对各产区烟梗化学成分含量进行归一化处理（表 3-16），对比 7 个生态区梗丝化学组成均值相对大小，确定不同生态区烟梗成分特点，具体分析如下。

表 3-16　对各产区烟梗化学成分含量归一化处理后的相对含量

化合物	西南高原生态区	武夷丘陵生态区	黔桂山地生态区	武陵秦巴生态区	沂蒙丘陵生态区	黄淮平原生态区	南岭丘陵生态区
总糖	1.04	0.76	1.22	1.00	1.08	0.90	0.88
总氮	1.13	1.15	0.86	1.11	0.88	1.08	0.89
总植物碱	1.00	1.42	0.90	1.01	0.95	0.84	1.01
氯	1.31	1.02	0.82	0.77	0.65	1.75	0.80
钾	0.92	1.33	1.01	0.96	0.71	0.69	1.15
淀粉	1.09	1.13	1.37	0.88	0.55	0.44	0.91
蛋白质	1.08	1.19	0.86	1.10	0.94	1.10	0.91
二氯甲烷提取物	1.12	1.13	0.98	1.00	1.07	1.01	0.85
无机阴离子	1.15	1.21	0.81	0.89	0.96	1.33	0.91
无机阳离子	0.95	1.06	0.94	1.02	0.91	0.99	1.09
萜类	0.90	1.03	1.11	1.17	1.01	0.65	1.03
多酚	1.17	1.17	0.99	0.90	1.00	1.21	0.79
多元酸	0.85	0.92	0.92	1.13	1.00	0.97	1.16

续表

化合物	西南高原生态区	武夷丘陵生态区	黔桂山地生态区	武陵秦巴生态区	沂蒙丘陵生态区	黄淮平原生态区	南岭丘陵生态区
高级脂肪酸	1.00	1.20	0.99	0.96	1.00	0.88	1.01
氨基酸	1.30	0.84	0.84	1.30	0.78	1.24	0.71
甾醇	1.05	1.10	0.96	0.91	1.02	1.12	0.96

1. 西南高原生态区

如图 3-1 所示，西南高原生态区烟梗氯、氨基酸、多酚含量较高，高于全国均值 15%以上；多元酸含量则较低，比全国均值低 15%以上。对比西南高原生态区烟叶和烟梗特点，可以看出，西南高原生态区烟梗特点与片烟存在一定差异。西南高原生态区片烟萜类和多元酸较高，但该产区烟梗萜类和多元酸含量却较低。

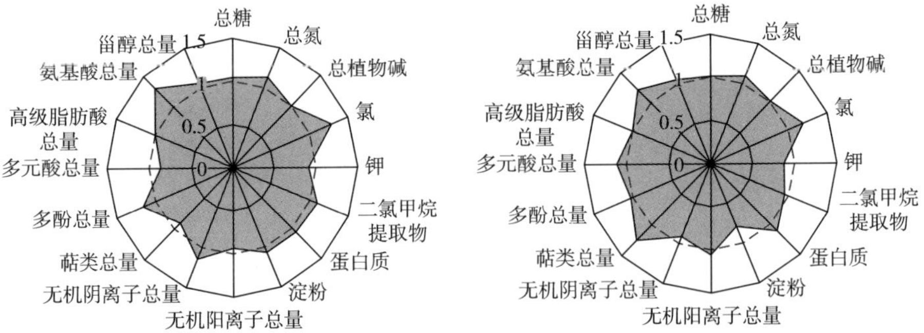

（1）西南高原生态区烟梗化学成分含量与全国烟梗该成分含量（均值）之比

（2）西南高原生态区烟叶化学成分含量与全国烟叶该成分含量（均值）之比

图 3-1　西南高原生态区烟梗和烟叶化学成分特点

2. 武夷丘陵生态区

如图 3-2 所示，武夷丘陵生态区烟梗总氮、总植物碱、钾、蛋白质、多酚、高级脂肪酸含量较高，高于全国均值 15%以上；总糖、氨基酸含量则较低，比全国均值低 15%以上。对比武夷丘陵生态区烟叶和烟梗特点，可以看出，武夷丘陵生态区烟梗特点与烟叶也存在一定差异。武夷丘陵生态区烟梗总糖含量较低，总植物碱含量较高，而烟叶总糖、总植物碱则与全国均值持平。

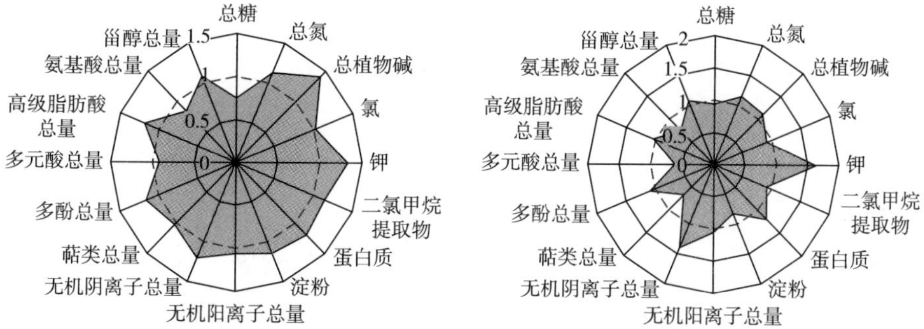

（1）武夷丘陵生态区烟梗化学成分含量与全国烟梗该成分含量（均值）之比

（2）武夷丘陵生态区烟叶化学成分含量与全国烟叶该成分含量（均值）之比

图 3-2　武夷丘陵生态区烟梗和烟叶化学成分特点

3. 黔桂山地生态区

如图 3-3 所示，黔桂山地生态区烟梗总糖、淀粉含量较高，高于全国均值 15%以上；氨基酸、氯含量较低，比全国均值低 15%以上。对比黔桂山地生态区烟叶和烟梗化学成分特点，可以看出，黔桂山地生态区烟梗化学成分特点与烟叶基本一致。

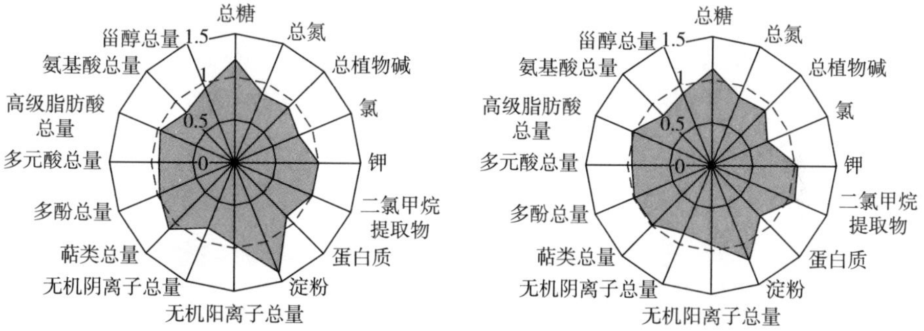

（1）黔桂山地生态区烟梗化学成分含量与全国烟梗该成分含量（均值）之比

（2）黔桂山地生态区烟叶化学成分含量与全国烟叶该成分含量（均值）之比

图 3-3　黔桂山地生态区烟梗和烟叶化学成分特点

4. 武陵秦巴生态区

如图 3-4 所示，武陵秦巴生态区氨基酸、萜类含量较高；氯含量则较低。对比武陵秦巴生态区烟梗和烟叶化学成分特点，可以看出，黔桂山地生态区烟梗化学成分特点与烟叶存在一定差异，黔桂山地生态区烟叶萜类物质含量较低，但烟梗萜类物质含量则高于全国均值。

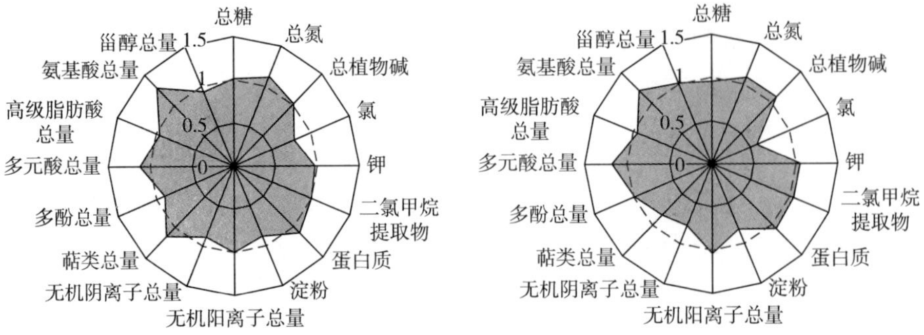

（1）武陵秦巴生态区烟梗化学成分含量与全国烟梗该成分含量（均值）之比

（2）武陵秦巴生态区烟叶化学成分含量与全国烟叶该成分含量（均值）之比

图 3-4　武陵秦巴生态区烟梗和烟叶化学成分特点

5. 沂蒙丘陵生态区

如图 3-5 所示，沂蒙丘陵生态区淀粉、氯、钾、氨基酸含量较低，比全国均值低 20%以上。对比沂蒙丘陵生态区烟梗和烟叶化学成分特点，可以看出，沂蒙丘陵生态区烟梗化学成分特点与烟叶存在一定差异。沂蒙丘陵生态区烟叶萜类物质含量显著高于全国均值，但烟梗萜类物质含量则基本与全国均值持平；烟叶氨基酸含量略高于全国均值，但烟梗氨基酸含量则低于全国均值。

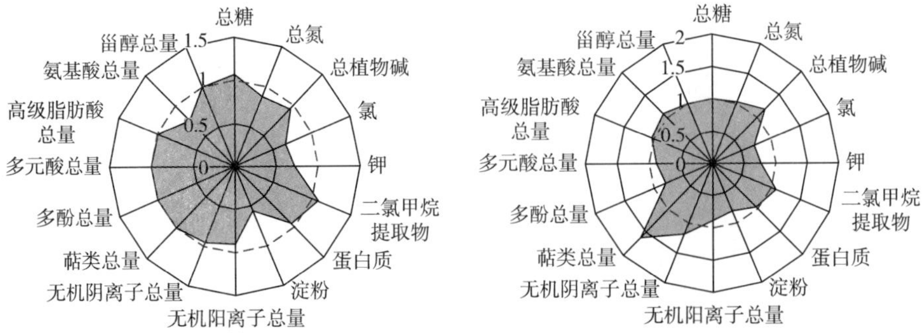

（1）沂蒙丘陵生态区烟梗化学成分含量与全国烟梗该成分含量（均值）之比

（2）沂蒙丘陵生态区烟叶化学成分含量与全国烟叶该成分含量（均值）之比

图 3-5　沂蒙丘陵生态区烟梗和烟叶化学成分特点

6. 黄淮平原生态区

如图 3-6 所示，黄淮平原生态区烟梗中氯、氨基酸、多酚含量较高，高于全国均值 15%以上；而总植物碱、钾、淀粉、萜类则明显偏低，比全国均值低

15%以上。对比黄淮平原生态区烟叶和烟梗化学成分特点，可以看出，黄淮平原生态区烟梗化学成分特点与烟叶存在一定差异，黄淮平原生态区烟叶萜类物质含量显著高于全国均值，但烟梗萜类物质含量明显低于全国均值。

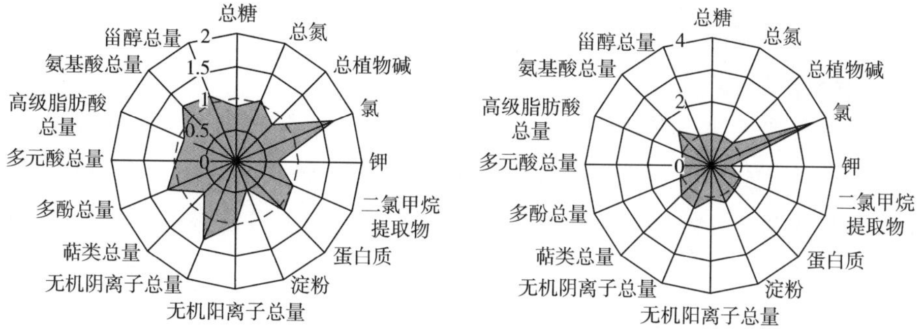

（1）黄淮平原生态区烟梗化学成分含量与全国烟梗该成分含量（均值）之比

（2）黄淮平原生态区烟叶化学成分含量与全国烟叶该成分含量（均值）之比

图 3-6　黄淮平原生态区烟梗和烟叶化学成分特点

7. 南岭丘陵生态区

如图 3-7 所示，南岭丘陵生态区烟梗多元酸、钾含量较高，高于全国均值 15%以上；二氯甲烷提取物、氯、多酚、氨基酸含量则较低，比全国均值低 15%以上。对比南岭丘陵生态区烟叶和烟梗化学成分特点，可以看出，南岭丘陵生态区烟梗化学成分特点与烟叶存在一定差异，南岭丘陵生态区烟叶萜类物质含量显著低于全国均值，但烟梗萜类物质含量则与全国均值持平；烟梗多酚低于全国均值，而烟叶则与全国均值持平。

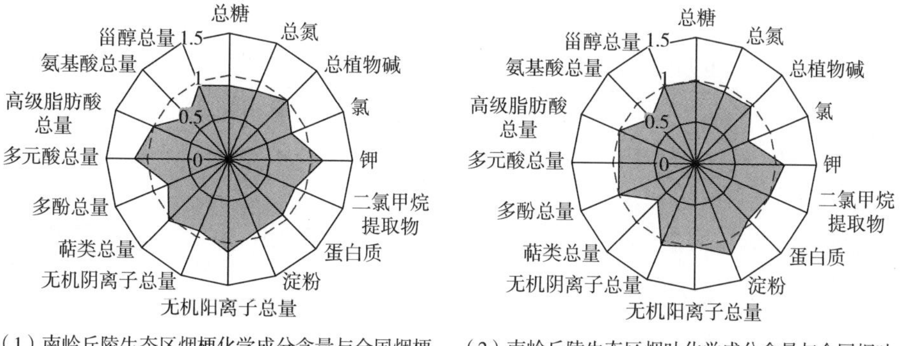

（1）南岭丘陵生态区烟梗化学成分含量与全国烟梗该成分含量（均值）之比

（2）南岭丘陵生态区烟叶化学成分含量与全国烟叶该成分含量（均值）之比

图 3-7　南岭丘陵生态区烟梗和烟叶化学成分特点

第三节 不同部位梗丝烟气成分差异

本节选择许昌市、遵义市和曲靖市三个典型香型产区，每个产区选择 1 个试验点，每试验点 7 亩*，按照当地烤烟生产技术规范种植和烘烤样品。收集不同烤次把烟样品，其中曲靖市为 6 烤次、遵义市为 7 烤次、许昌市为 7 烤次，具体样品信息见表 3-17。把烟样品经分级人员挑选，剔除副组把烟，经人工梗叶分离处理，得到烟梗样品和对应片烟样品各 20 个。采用独立样本 t 检验和相关性分析的方法研究了不同产地、不同部位烟梗烟气成分的差异。对单位焦油各梗丝烟气成分随部位变化规律采用如下方法进行研究：以烤次为 X，以成分的单位焦油含量为 Y，分产地对各烟气成分单位焦油释放量与烤次进行线性回归，得到各成分与烤次的相关方程和相关系数 R，以 $|R|\geqslant 0.7$ 为限，判断各成分释放量随部位是否呈现规律性变化。

表 3-17　　不同烤次把烟样品

产地	云南省曲靖市沾益县	贵州省遵义市遵义县	河南省许昌市襄城县
品种	云烟 100	K326	豫烟 10 号
烤次样品叶位（第 1 次）	第 4～第 6 片	第 4～第 5 片	第 4～第 6 片
烤次样品叶位（第 2 次）	第 7～第 9 片	第 6～第 7 片	第 7～第 9 片
烤次样品叶位（第 3 次）	第 10～第 12 片	第 8～第 10 片	第 10～第 12 片
烤次样品叶位（第 4 次）	第 13～第 15 片	第 11～第 13 片	第 13～第 15 片
烤次样品叶位（第 5 次）	第 16～第 17 片	第 14～第 15 片	第 16～第 18 片
烤次样品叶位（第 6 次）	第 18～第 19 片	第 16～第 17 片	第 19～第 20 片
烤次样品叶位（第 7 次）	—	第 18～第 19 片	第 21～第 24 片

一、烟气常规指标

如表 3-18 所示，是梗丝烟气常规指标随部位变化的数据。其中 R 为三个产地的相关系数均值，上部/下部为三个产地最上部烟梗与最下部烟梗比值的均值（本节中其他表格皆同）。

* 1 亩 = 666.67m^2。

表 3-18　　梗丝烟气常规指标随部位变化的数据

成分	*R*	上部/下部
焦油/(mg/支)	-0.23	0.92
水分/(mg/支)	0.41	1.32
烟气烟碱/(mg/支)	0.66	1.14
CO/%	-0.54	0.92
抽吸口数	-0.34	0.91
烟气 pH	-0.45	0.97
烟气烟碱/(mg/mg 焦油)	0.58	1.25
水分/(mg/mg 焦油)	0.52	1.45
CO/(mg/mg 焦油)	0.02	1.01

综合三个产地不同部位（烤次）烟梗样品，无论从单支释放量还是单位焦油释放量角度看，梗丝烟气中焦油、烟气烟碱、CO、水分、抽吸口数、烟气 pH 等指标与部位没有较好的相关性，即其随部位的趋势性变化规律性较差。从上部/下部可以看出，上部烟梗的水分、烟气烟碱相对较高。与下部烟梗相比，上部烟梗烟气烟碱高，在一定程度上能够弥补梗丝烟气的烟碱缺乏。

二、随着生部位升高而增加的烟气成分

随烟叶着生部位升高，有 17 种梗丝烟气成分呈现增加趋势（表 3-19）。主要为 4-乙烯基吡啶、3-氰基吡啶、2-甲基-1H 吲哚等氮杂环类化合物和新植二烯、2，6-二甲基-2，6-辛二烯、异戊二烯、1-甲基-1，3-环己二烯、4-异丙基甲苯等萜烯类成分。这些随着生部位升高呈增加趋势的烟气成分均为梗丝烟气所缺乏的成分。

表 3-19　　上部烟梗释放量较高的烟气成分

成分	*R*	上部/下部
3-羟基苯甲酸甲酯	0.81	3.49
呋喃酮	0.77	3.45
4-乙烯基吡啶	0.80	3.27
新植二烯	0.88	2.86
2，6-二甲基-2，6-辛二烯	0.93	2.51
苯并呋喃	0.96	2.19

续表

成分	*R*	上部/下部
3-氰基吡啶	0.71	2.07
2，4，6-三甲基苯腈	0.77	1.98
2-甲基-1H 吲哚	0.74	1.95
3-甲基丁酸	0.73	1.84
2，3-联吡啶	0.74	1.75
2-戊烯酸	0.72	1.71
4-异丙基甲苯	0.95	1.63
对甲基苯酚	0.68	1.61
异戊二烯	0.98	1.60
1-甲基-1，3-环己二烯	0.96	1.53

三、随着生部位升高而降低的烟气成分

随着生部位升高，仅有 4 种梗丝烟气成分呈现降低趋势（表 3-20），分别是 3-乙酰氧基吡啶、2-甲基四氢呋喃-3-酮、丙炔、2-丁炔。

表 3-20　　上部烟梗释放量较低的烟气成分

成分	*R*	上部/下部
3-乙酰氧基吡啶	-0.87	0.71
2-甲基四氢呋喃-3-酮	-0.88	0.53
丙炔	-0.91	0.52
2-丁炔	-0.90	0.33

四、不同部位梗丝的感官质量

以三个产地不同烤次烟叶所对应的烟梗，制成梗丝卷烟后，评价不同烤次烟梗的感官质量，见图 3-8。

与烟叶感官质量相比，由于烟梗总体质量较差，不同部位的烟梗感官作用虽有一定差异，但其差异程度较不同部位烟叶差异要小。从图中可以看出，不同部位的烟梗存在一定差异。其中，下部烟梗的香气质、香气量、杂气、劲头、刺激性得分均较低，但其余味相对较好，以中、上部烟梗感官质量评价总体得分较高、质量较好。

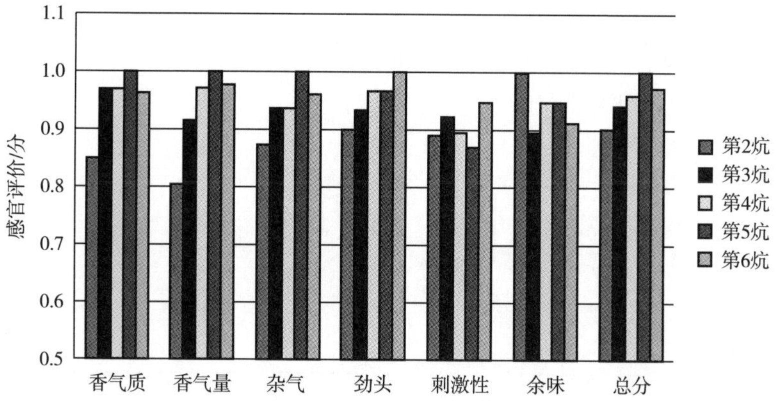

图 3-8 不同部位烟梗的感官质量

这与化学成分分析结果是一致的。因为随烟叶着生部位升高，烟梗缺乏的总植物碱、二氯甲烷提取物、巨豆三烯酮等类胡萝卜素降解产物、茄酮等西柏烷类降解产物、苯甲醇、苯乙醇和半纤维素均增加。随着生部位升高，梗丝烟气中香气物质也相应增加。

第四节 不同产地梗丝烟气成分差异

本节研究了许昌市（浓香型代表）、遵义市（中间香型代表）、曲靖市（清香型代表）三个典型香型产地梗丝烟气的差异。分别将三个产地的不同部位所有样品作为整体，采用独立样本 t 检验方法确定一个产地与其他两个产地间有显著性差异的指标，以 $P<0.01$ 为判别差异是否显著的标准。

一、曲靖市梗丝烟气成分

如表 3-21 所示为曲靖市梗丝烟气常规成分及 pH 与其他两个产地均值的比较。其中，“曲靖（遵义/许昌）均值”为曲靖市（遵义市/许昌市）各烤次烟梗卷烟样品的均值，“其他均值”为其余两个产地各烤次烟梗卷烟样品的均值，“曲靖/其他（遵义/其他、许昌/其他）”为曲靖均值（遵义均值、许昌均值）与其他均值的比值（本节中其他表格皆同）。

表 3-21　曲靖市及其他产地梗丝烟气常规成分及 pH

成分	曲靖均值	其他均值	曲靖/其他
焦油/(mg/支)	5.71	3.60	1.58
烟气烟碱/(mg/支)	0.18	0.20	0.92

续表

成分	曲靖均值	其他均值	曲靖/其他
水分/(mg/支)	1.16	0.72	1.61
CO/%	8.72	7.04	1.24
抽吸口数	4.54	3.41	1.33
烟气 pH	5.62	5.85	0.96
烟气烟碱/(mg/mg 焦油)	0.03	0.06	0.57
水分/(mg/mg 焦油)	0.20	0.20	1.02
CO/(mg/mg 焦油)	1.53	1.97	0.78

曲靖市梗丝烟气的焦油、水分、CO 以及抽吸口数显著高于其他两个产地样品，烟气烟碱、pH 与其他两个产地样品接近。从单位焦油看，曲靖市梗丝烟气中烟气烟碱、CO 含量较低，水分与其他两个产地样品接近。

与许昌市样品和遵义市样品相比，曲靖市梗丝烟气高的成分有 22 种（表 3-22）。

醛酮类：2-羰基-1，3-丙二醇、羟基麦芽酚、2-甲基四氢呋喃-3-酮、2-乙酰基-5-甲基呋喃、苯乙醛、甲基乙烯基酮。

含氮杂环类成分：1-甲基-1H-吡咯、2，4，6-三甲基吡啶、2，3-二甲基-1H 吲哚。

羧酸类成分：2-异丙基-3-羰基-丁酸、羟基乙酸、2，3-二羟基丙酸、2-呋喃甲酸。

内酯类成分：呋喃酮、2-脱氧-戊糖酸内酯、木糖酸内酯。

烃类成分：2-己烯（*E*）、1-甲基-1，3-环己二烯、正己烷。

表 3-22　曲靖梗丝烟气释放量较高的成分（单位焦油释放量）

成分	曲靖均值/(μg/mg 焦油)	其他均值/(μg/mg 焦油)	曲靖/其他
2-己烯（*E*）	0.13	0.03	5.07
2-异丙基-3-羰基-丁酸	4.18	1.53	2.73
2-羰基-1，3-丙二醇	6.31	2.53	2.49
1-甲基-1H-吡咯	0.13	0.06	2.34
呋喃酮	0.16	0.07	2.31
羟基麦芽酚	1.84	0.83	2.23
1-甲基-1，3-环己二烯	0.041	0.019	2.16
2-脱氧-戊糖酸内酯	3.30	1.70	1.94

续表

成分	曲靖均值/（μg/mg 焦油）	其他均值/（μg/mg 焦油）	曲靖/其他
2-甲基四氢呋喃-3-酮	0.003	0.001	1.84
羟基乙酸	11.0	6.13	1.80
2，4，6-三甲基吡啶	0.015	0.009	1.72
2-乙酰基-5-甲基呋喃	0.014	0.008	1.70
2，3-二羟基丙酸	1.20	0.71	1.68
正己烷	0.21	0.13	1.67
苯乙醛	0.10	0.06	1.67
甲基乙烯基酮	1.29	0.78	1.66
2，5-二甲基呋喃	2.82	1.71	1.65
2，3-二甲基-1H 吲哚	0.021	0.013	1.63
1，2，3-苯三酚	1.23	0.80	1.53
环戊酮	0.067	0.045	1.50
木糖酸内酯	0.94	0.65	1.44
2-呋喃甲酸	1.16	0.84	1.38

与许昌市样品和遵义市样品相比，曲靖市梗丝烟气低的成分有 7 种（表 3-23）。

含氮杂环类：3-吡啶甲醛、4-乙烯基吡啶、可替宁。

烃类：柠檬烯、苯。

其他：丁香醛、丙酸甲酯。

表 3-23　曲靖市梗丝烟气释放量较低的成分（单位焦油释放量）

成分	曲靖均值/（μg/mg 焦油）	其他均值/（μg/mg 焦油）	曲靖/其他
3-吡啶甲醛	0.002	0.004	0.51
4-乙烯基吡啶	0.021	0.039	0.53
柠檬烯	0.036	0.064	0.57
可替宁	0.014	0.023	0.59
丁香醛	0.025	0.038	0.66
丙酸甲酯	0.058	0.082	0.70
苯	4.41	5.48	0.81

二、遵义市梗丝烟气成分

遵义市梗丝烟气烟碱略高于其他两个产地，水分较低，CO 和 pH 与其他两个产地样品接近。单位焦油烟气烟碱、水分和 CO 也与其他两个产地样品无显著差异，见表 3-24。

表 3-24　　遵义市梗丝烟气常规成分及 pH

成分	遵义均值	其他均值	遵义/其他
焦油/(mg/支)	3.85	4.63	0.83
烟气烟碱/(mg/支)	0.21	0.19	1.12
水分/(mg/支)	0.67	0.99	0.67
CO/%	7.66	7.63	1.00
抽吸口数	3.72	3.87	0.96
烟气 pH	5.93	5.68	1.04
烟气烟碱/(mg/mg 焦油)	0.05	0.04	1.23
水分/(mg/mg 焦油)	0.17	0.22	0.78
CO/(mg/mg 焦油)	2.00	1.71	1.17

与许昌市样品和曲靖市样品相比，遵义市梗丝烟气中释放量较高的成分有 9 种（表 3-25）。

羧酸类成分：2-羟基丁酸、十八酸、乙酸。

含氮杂环类成分：4-羟基吡啶、可替宁、麦思明。

酯类成分：十六酸乙酯、硬脂酸甲酯。

其他成分：乙二醇。

表 3-25　　遵义市梗丝烟气释放量较高的成分（单位焦油释放量）

成分	遵义均值/(μg/mg 焦油)	其他均值/(μg/mg 焦油)	遵义/其他
十六酸乙酯	0.020	0.006	3.09
4-羟基吡啶	0.037	0.018	2.07
可替宁	0.027	0.015	1.80
麦思明	0.026	0.015	1.75
硬脂酸甲酯	0.008	0.004	1.72
2-羟基丁酸	0.38	0.23	1.65

续表

成分	遵义均值/（μg/mg 焦油）	其他均值/（μg/mg 焦油）	遵义/其他
十八酸	0.25	0.16	1.56
乙二醇	0.22	0.15	1.50
乙酸	9.50	7.04	1.35

与许昌市样品和曲靖市样品相比，遵义市梗丝烟气中含量低的成分仅有 1 种，为 2，5-二甲基呋喃（未列于表中）。

三、许昌市梗丝烟气成分

许昌市梗丝烟气中焦油、CO 低于其他两个产地样品，水分、烟气烟碱和 pH 与其他两个产地样品接近。单位焦油烟气烟碱、水分和 CO 也与其他两个产地样品无显著差异，见表 3-26。

表 3-26　　许昌市梗丝烟气常规成分和 pH

成分	许昌均值	其他均值	许昌/其他
焦油/（mg/支）	3.29	4.78	0.69
烟气烟碱/（mg/支）	0.19	0.20	0.97
水分/（mg/支）	0.78	0.91	0.85
CO/%	6.28	8.19	0.77
抽吸口数	3.03	4.13	0.73
烟气 pH	5.74	5.78	0.99
烟气烟碱/（mg/mg 焦油）	0.06	0.04	1.37
水分/（mg/mg 焦油）	0.24	0.19	1.27
CO/（mg/mg 焦油）	1.93	1.77	1.09

与遵义市样品和曲靖市样品相比，许昌市梗丝烟气中含量较高的成分仅有 3，7-二甲基-1，3，7-辛三烯 1 种（未列于表中）。许昌市梗丝烟气中含量较低的成分较多，有 79 种（表 3-27）。其中，低于其他两个产地均值一半的成分有 42 种（如下所列）。

醛酮类：1-乙酰氧基-2-丁酮、4，4-二甲基-2-环己烯-1-酮、3-甲基苯乙酮、3，5-庚二烯-2-酮、苯乙醛、1，2-环己二酮、苯乙酮、2-乙酰基呋喃、4-甲基苯甲醛、环戊酮、3，4-二甲基-环戊烯-1-酮、环己酮。

含氮杂环类：1-甲基-1H-吡咯、吲哚、吡嗪、2，3-二甲基-1H 吲哚、

9H-吡啶［3，4-b］并吲哚、2-甲基-1H吲哚、麦思明、4-甲基-1H吲哚、3-苯基吡啶。

烃类：1，4-环已二烯、1，3，5-庚三烯、1-甲基-1，3-环已二烯、1，3，5-三甲基苯、正已烷、2，4-二甲基-1，3-戊二烯、3-甲基戊烷、2-甲基萘、1，2-二氢萘、3-甲基-2-戊烯（*E*）、1-乙基-2，4-二甲基苯、4-甲基-2-已烯、3-甲基-2-戊烯（*Z*）、苯乙烯、2-戊烯（*Z*）。

羧酸类：3-羟基丙酸、2-异丙基-3-羰基-丁酸、2-甲基丁酸、羟基乙酸、苯甲酸、2-戊烯酸、亚麻酸、2-羟基丁酸、乳酸、2-烯-丁酸、十六酸、2，3-二羟基丙酸、亚油酸、3-甲基丁酸、4-甲基戊酸、二十酸、间羟基苯甲酸、十八酸、2-呋喃甲酸、乙酸。

酚类：对苯二酚、4-乙酰氧基苯酚、4-乙基-3-甲基苯酚、邻甲基苯酚、2-乙基苯酚、1，2，3-苯三酚、4-乙基苯酚、2-甲氧基-5-甲基苯酚、对甲基苯酚、苯酚、邻苯二酚。

酯类：十六酸乙酯、十六酸甲酯、硬脂酸甲酯、3-羟基苯甲酸甲酯。

表 3-27　　许昌市梗丝烟气中含量较低的成分（单位焦油释放量）

成分	许昌均值/（μg/mg 焦油）	其他均值/（μg/mg 焦油）	许昌/其他
1-甲基-1H-吡咯	0.017	0.108	0.16
1，4-环已二烯	0.083	0.406	0.20
吲哚	0.025	0.111	0.22
1，3，5-庚三烯	0.013	0.058	0.23
3-羟基丙酸	0.49	2.12	0.23
1-甲基-1，3-环已二烯	0.009	0.034	0.26
2-异丙基-3-羰基-丁酸	0.86	3.12	0.28
对苯二酚	3.29	11.86	0.28
4-乙酰氧基苯酚	0.086	0.291	0.30
吡嗪	0.032	0.095	0.34
十六酸乙酯	0.005	0.014	0.35
2-甲基丁酸	0.014	0.037	0.37
2，3-二甲基-1H 吲哚	0.007	0.019	0.39
1-乙酰氧基-2-丁酮	0.005	0.013	0.39
2，4，6-三甲基苯腈	0.012	0.029	0.40

续表

成分	许昌均值/（μg/mg 焦油）	其他均值/（μg/mg 焦油）	许昌/其他
羟基乙酸	3.84	9.49	0.40
苯甲酸	0.11	0.26	0.41
4-乙基-3-甲基苯酚	0.038	0.090	0.42
4，4-二甲基-2-环己烯-1-酮	0.020	0.048	0.42
邻甲基苯酚	0.061	0.135	0.45
2-戊烯酸	0.009	0.019	0.47
2-乙基苯酚	0.025	0.053	0.47
亚麻酸	0.035	0.075	0.47
1，2，3-苯三酚	0.53	1.13	0.47
9H-吡啶［3，4-b］并吲哚	0.10	0.20	0.47
2-羟基丁酸	0.16	0.33	0.48
1，3，5-三甲基苯	0.007	0.014	0.48
2-呋喃甲醇	0.090	0.188	0.48
3-甲基苯乙酮	0.003	0.005	0.48
3，5-庚二烯-2-酮	0.049	0.099	0.49
4-乙基苯酚	0.10	0.20	0.49
乳酸	2.91	5.76	0.51
2-烯-丁酸	0.060	0.118	0.51
正己烷	0.094	0.184	0.51
2-甲氧基-5-甲基苯酚	0.017	0.033	0.51
十六酸甲酯	0.011	0.022	0.52
2-甲基-1H 吲哚	0.056	0.107	0.53
十六酸	0.50	0.95	0.53
硬脂酸甲酯	0.003	0.007	0.53
2，4-二甲基-1，3-戊二烯	0.010	0.019	0.53
3-甲基戊烷	0.028	0.052	0.54
对甲基苯酚	0.18	0.33	0.54
2，3-二羟基丙酸	0.55	1.02	0.54
古洛糖酸内酯	3.77	6.93	0.54
苯乙醛	0.047	0.086	0.55

续表

成分	许昌均值/（μg/mg 焦油）	其他均值/（μg/mg 焦油）	许昌/其他
亚油酸	0.087	0.157	0.55
异戊腈	0.004	0.008	0.56
1，2-环己二酮	0.006	0.011	0.56
麦思明	0.012	0.022	0.56
苯酚	0.094	0.167	0.56
3-甲基丁酸	0.029	0.050	0.57
邻苯二酚	1.47	2.58	0.57
4-甲基戊酸	0.009	0.016	0.57
苯乙酮	0.013	0.022	0.59
4-甲基-1H 吲哚	0.071	0.120	0.59
2-甲基萘	0.006	0.010	0.59
对羟基苯乙醇	0.11	0.18	0.59
二十酸	0.015	0.025	0.59
间羟基苯甲酸	0.29	0.49	0.60
3-羟基苯甲酸甲酯	0.010	0.017	0.60
2-羟甲基-3-甲基-二噁丁烷	0.30	0.48	0.62
十八酸	0.13	0.22	0.62
1，2-二氢萘	0.010	0.016	0.62
2-呋喃甲酸	0.67	1.07	0.63
3-苯基吡啶	0.022	0.034	0.63
2-乙酰基呋喃	0.015	0.022	0.66
4-甲基苯甲醛	0.005	0.007	0.66
3-甲基-2-戊烯（*E*）	0.067	0.099	0.67
苯代丙腈	0.005	0.007	0.68
环戊酮	0.039	0.058	0.68
1-乙基-2，4-二甲基苯	0.009	0.013	0.69
4-甲基-2-己烯	0.041	0.058	0.71
3，4-二甲基-环戊烯-1-酮	0.030	0.042	0.71
3-甲基-2-戊烯（*Z*）	0.043	0.060	0.71
苯乙烯	0.16	0.22	0.74

续表

成分	许昌均值/（μg/mg 焦油）	其他均值/（μg/mg 焦油）	许昌/其他
环己酮	0.002	0.003	0.74
2-戊烯（*Z*）	0.46	0.61	0.74
乙酸	6.43	8.51	0.76
2-乙烯基呋喃	0.14	0.18	0.77

四、三个产地梗丝的感官质量差异

以三个产地中上部烟梗，制成梗丝卷烟后，评价三个典型香型产地烟梗的感官质量，见图 3-9。

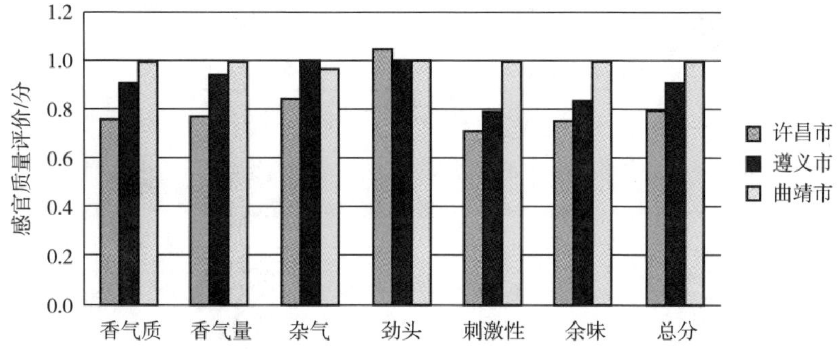

图 3-9　不同产地烟梗的感官质量

从图中可以看出，许昌市烟梗除了劲头得分略高外，其他各项分值均较低；曲靖市烟梗在香气、杂气、刺激性、余味方面的得分均较高。从总分看，对于研究选定的样品，曲靖市烟梗的感官质量优于遵义市烟梗，许昌市烟梗的感官质量相对较差。

三产地烟梗感官质量的差异与其烟气成分差异是一致的。曲靖市梗丝烟气中焦油释放量较高，且烟气中羟基麦芽酚、1-甲基-1（H）-吡咯、2，4，6-三甲基吡啶、2，3-二甲基-1（H）吲哚、呋喃酮等香气成分相对较高；遵义市梗丝烟气中，2-甲基丁酸、十八酸、可替宁、麦思明、十六酸乙酯、硬脂酸甲酯等相对较高；许昌市梗丝烟气中仅有 3，7-二甲基-1，3，7-辛三烯较高，多种香味成分较低。

参考文献

[1] 程向红，王培锋，彭玉富，等．烟梗主要化学成分特征及其与巴豆醛释放量的关系［J］．中国烟草科学，2018，39（01）：85-90.

[2] 程向红，周浩，王培锋，等．不同部位、不同产地梗丝与叶丝主流烟气成分的对比分析［J］．农学学报，2014，4（05）：74-77.

[3] 范忠，刘鸿，陈志燕，等．烤烟梗丝与叶丝卷烟主流烟气香味成分的差异性分析［J］．江西农业学报，2018，30（01）：95-100.

[4] 黄志，陶立奇，沙云菲，等．梗丝掺配对卷烟主流烟气粒相物中香味成分的影响［J］．河南师范大学学报（自然科学版），2019，47（02）：55-60.

[5] 李强，张一扬，高卫锴．区域烤烟品质特征及主要影响因素研究［M］．长春：吉林大学出版社，2018.

[6] 廖晓祥，张建华，牟定荣，等．梗丝形态对细支卷烟主流烟气及燃烧特性影响［J］．化学研究与应用，2020，32（04）：537-550.

[7] 刘国顺．烟草栽培学［M］．北京：中国农业出版社，2003.

[8] 刘继辉，高辉，王玉真，等．初烤烟叶主脉化学成分的变化趋势［J］．云南农业大学学报（自然科学），2019，34（02）：277-283.

[9] 刘宇欣．烟草中高级烷醇、植物甾醇及茄尼醇分析研究［D］．合肥：中国科学技术大学，2010.

[10] 彭国岗，王磊，白晓莉．烟梗常规化学成分测定及分析研究［J］．轻工科技，2015，31（11）：38-40.

[11] 彭艳，周冀衡，杨虹琦，等．不同部位烟叶和烟梗中主要挥发性、半挥发性有机酸的分析研究［J］．湖南农业科学，2009（12）：43-46.

[12] 秦亚琼，刘舒畅，罗诚，等．卷烟叶丝和梗丝主流烟气中挥发性及半挥发性成分差异分析［J］．烟草科技，2019，52（09）：80-90.

[13] 许燕娟．烟草中生物碱、甾醇和非挥发酸的气相色谱/质谱法分析［D］．南京：南京理工大学，2005.

[14] 杨威，欧阳文，任一鹏，等．云南烤烟烟梗化学成分分析及聚类评价［J］．甘肃农业大学学报，2014，49（06）：87-90.

第四章
梗丝加工工艺

绝大多数烟梗产品，都要将烟梗或梗丝进行膨胀处理，膨胀可以使梗丝组织变得疏松、填充值增加、燃烧性能增加，易于后续在卷烟中掺配利用。因此，梗丝有时又称为膨胀梗丝。

膨胀主要是借助水、蒸汽、微波、超声波等高温、高压、高湿环境提高烟梗和梗丝的耐加工性或改变其微观结构及理化性质，改善梗丝的感官质量，增加其适用性。目前烟梗和梗丝膨胀技术大致分为：常规高温高湿技术、微波处理技术、蒸汽爆破技术和超声波处理技术，应用较多的为常规高温高湿技术。无论采用哪种技术或技术组合，烟梗预处理工艺设备、工艺方法、工艺条件等均会对烟梗后续梗丝加工效果带来较大影响。

第一节　烟梗加工工艺

目前，打叶复烤时烟梗生产工艺主要为：烟叶经过打叶使梗叶分离后，筛除碎梗及梗拐头后的烟梗直接进入烤梗机，把烟梗含水率烤至 10.0%～13.0%，然后进行包装仓贮。复烤后烟梗包装、仓贮、醇化方式主要为：麻包包装、叠加垛放、自然醇化。烟梗加工工艺流程见图 4-1。

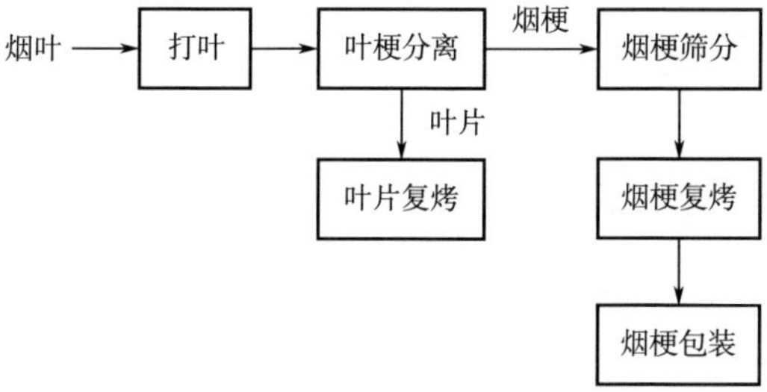

图 4-1　烟梗加工工艺流程图

烟梗包装前应将烟梗筛分为长梗（长度>20mm）和短梗（长度≤20mm）

两种规格（或根据企业自定要求），同时将烟梗中的细梗和梗拐筛除。各阶段烟梗质量指标要求见表 4-1、表 4-2 和表 4-3。

表 4-1　　叶梗分离后烟梗质量指标要求

指标	单位	要求
烟梗结构		
>20mm	%	≥85.0
<6mm	%	<5.0
梗含叶率	%	≤1.0

表 4-2　　复烤后烟梗质量指标要求

指标	单位	要求
含水率	%	10.0~13.0
含杂率		
一类杂物	%	0
其他类杂物	%	<0.00665

表 4-3　　包装后烟梗质量指标要求

指标	单位	要求
含水率	%	10.0~13.0
烟梗结构		
>20mm	%	≥85.0
<6mm	%	<5.0
杂物		
一类杂物	%	0
其他类杂物	%	<0.00665

第二节　烟梗制梗丝工艺技术要求

将烟梗制成梗丝的加工过程主要为：将不同产地、不同部位、不同年份的打叶复烤后烟梗以设定比例混合在一起，混合烟梗经备料、筛分与除杂、烟梗回潮、贮梗、烟梗增湿、压梗、切梗丝、梗丝加料、梗丝膨胀干燥、梗丝风选、梗丝加香和贮梗丝等工序，制成卷烟烟支所用的变体原料。其工艺流程见图 4-2。

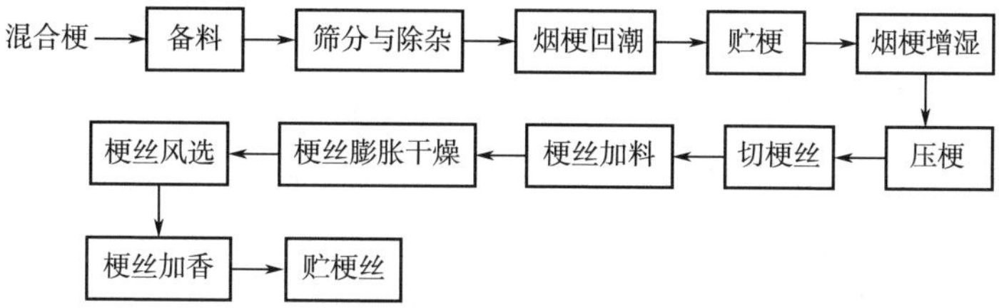

图 4-2　烟梗制梗丝工艺流程图

一、备料

1. 备料的目的和作用

备料的主要任务是准备烟梗原料，核查质量与数量，确保投入的烟梗符合产品设计要求。传统梗线多采用人工投梗的方法，即由抱车先将梗包送到倒料平台上，再由工人用刀割开麻袋或拆开麻绳后，将麻袋中的烟梗倒出。此种投料方式导致工人的劳动强度较大，而且过程中的扬尘导致了对现场环境的污染、空气粉尘浓度较高、投料现场漏梗较多、工人的工作环境较差，同时开包过程中切断的麻绳和产生的麻毛会跟随物料进入下道工序。

随着智能制造水平的提升，出现了烟梗自动开包机，可以完成梗包的自动抓取、切割开口、倒料、出空包动作，并且整个过程在一个密闭的负压箱体内完成。动力滚筒线替代了原有系统中的承重皮带机，形成了托盘码放梗包、叉车运送梗包托盘、动力滚筒线备料、机械手抓包、开包机开包倒料送料至喂料机、动力滚筒线码放托盘、叉车运回空托盘的生产流程。

使用烟梗自动开包机配合动力滚筒线使用的优点是可使梗线投料端工人劳动强度大幅下降、现场环境状况大幅改善、生产线自动化程度大幅提高和工作流程更加有序。由于开包过程是在一个密闭的负压箱体内完成，烟梗里的麻毛和烟梗里面的粉尘在倒料过程中被充分扬起，然后被除尘风抽走，同时用割刀进行直线切断也避免了麻绳产生的麻毛污染，烟梗里的杂质减少，从而使得梗丝的品质有了一定程度的提高。如将动力滚筒线加长，此种投料生产方式可使自动化程度更大地增加，也有条件和可能去建造梗线的自动化立体仓库，更容易实现烟梗的批次管理，增加物流系统在制丝车间梗线上的应用。

2. 备料的工艺技术要求

（1）工艺任务　准备烟梗原料，核查质量与数量，确保投入烟梗符合产品设计要求。

（2）来料标准　含水率宜为9.0%~15.0%。烟梗包装应完整，标识明显，年份、产地、数量等符合产品配方规定和生产要求。烟梗形态结构均匀，无霉变、碳化、污染和虫情等现象，无金属、石块、包装材料等杂物。

（3）技术要点　烟梗应按生产批次有序堆放，做好标识，各生产批次堆放区域之间应有明显的间隔。烟梗按投料要求准确计量。备料场所应清洁，无杂物，远离污染源。

二、筛分与除杂

1. 筛分与除杂的目的与作用

烟梗的外包装是麻袋或麻绳，因此在开包过程中会混入麻毛。工艺技术的改进使得其开包过程在一个密闭的负压箱体内完成，烟梗里的麻毛和烟梗里面的粉尘在倒料过程中被充分扬起，然后被除尘风抽走，尺寸较小的碎梗也被抽走。同时，为了保证烟梗质量的均匀性，在生产线上还设置有烟梗分离风选设备，主要包括负压抽风除杂装置、二级振筛筛分装置和碎梗风选装置，通过以上装置，烟梗里的杂质被除去，较大或较小的烟梗也被剔除。

2. 筛分与除杂的工艺技术要求

（1）工艺任务　筛除烟梗中梗楞和长度小于10mm、直径小于2.5mm的碎梗，剔除烟梗中非烟草物质。

（2）来料标准　来料流量均匀稳定。

（3）质量要求　烟梗结构分布均匀，无梗楞、碎梗，无一类杂物，其他类杂物含量<0.00665%。

（4）设备性能　除杂设备的除尘装置完好。风选除杂设备风量、风速可调。

（5）技术要点　来料流量不应超过设备工艺制造能力。投料过程应防止粉尘污染。筛分设备网孔应定期清理，不能堵塞。除杂设备应定期维护保养，防止误剔、漏剔。

三、烟梗回潮

1. 烟梗回潮的目的和作用

通常情况下，当烟梗含水率为30%左右，温度达到80℃以上时，烟梗的可塑性最强。由于复烤烟梗的含水率较低，且烟梗形状为圆柱状，水分从表面渗透到内部所需的时间长，仅采用一次水洗梗很难满足后续加工工序的要求，因此预处理工序多采用二次回潮加贮梗的形式。同时，烟草工作者对烟梗回潮设备及其组合形式进行了大量的研究，普遍采用的设备是流化床润梗机、螺旋蒸梗机和洗梗机，其中水洗梗主要应用于第一次回潮。

在梗丝生产过程中，含水率对梗丝加工质量有重要影响，烟梗预处理工段的质量决定了后续加工工序中烟梗的含水率及水分稳定性。不同产区、不同年份的烟梗处理参数不同，不同增湿处理设备对烟梗的加工质量影响也不同。因此，根据预处理工序设备组成形式对烟梗原料进行分组加工，可以提高制梗丝线物料水分稳定性和梗丝加工质量。

2. 烟梗回潮的工艺技术要求

（1）工艺任务　增加烟梗的含水率和温度，提高烟梗的耐加工性，去除烟梗表面的灰尘，沉淀出烟梗中的金属和非金属重杂物。

（2）来料标准　来料流量均匀稳定。

（3）质量要求　回潮后烟梗质量应符合要求，见表 4-4。

表 4-4　　　　回潮后烟梗质量指标要求

含水率指标/%	温度/℃	
	指标	允许差值
28.0~38.0	35.0~85.0	±3.0

（4）设备性能　回潮设备增湿能力应满足要求，并在一定范围内可调。其中：①水槽式回潮设备水温可调可控，水流速度、滤网运行速度等可调；②振槽式回潮设备加水流量可调可控，蒸汽压力可调；③刮板式回潮设备加水流量可调可控，刮板转速、蒸汽压力等可调；④滚筒式回潮设备加水流量可调可控，蒸汽压力、热风风速、筒体转速、排潮风门开度等可调，回风温度在 50.0~80.0℃可调可控，排潮装置完好，无蒸汽外溢。

（5）技术要点　来料流量不应超过设备工艺制造能力。蒸汽、水、压缩空气工作压力或流量均应符合设备及工艺设计要求，蒸汽、水流量计量准确。蒸汽、水施加系统管道和喷嘴畅通，喷嘴雾化适度。水槽式烟梗回潮设备工艺用水应定期更换。

四、贮梗

1. 贮梗的目的和作用

在梗丝生产加工中，烟梗回透率对切梗跑瓣及造碎、梗丝加工品质有重要影响。烟梗预处理工序各工艺参数决定了切梗工序的烟梗含水率及水分稳定性。近年来对于烟梗预处理过程烟梗含水率的研究较多，结果表明，不同产区、不同年份的烟梗处理参数不同，不同增湿处理设备对烟梗加工质量的影响也不同，但对不同等级的烟梗预处理工艺对梗丝加工品质的不同影响鲜有报道。根据预处理工序设备组成形式，对烟梗原料进行分类加工，可能是提高烟梗水分稳定性和梗丝加工品质的重要途径之一。

2. 贮梗的工艺技术要求

（1）工艺任务　使烟梗内外部的含水率趋于一致，平衡缓冲前后工序的加工时间和生产能力。

（2）质量要求　贮后烟梗柔软，含水率均匀，表面无水渍。贮梗后烟梗含水率应符合要求，见表4-5。

表4-5　　贮梗后烟梗含水率质量要求

指标/%	允许差值/%
28.0~38.0	±1.5

（3）设备性能　具有与投料量相适应的贮存能力，具有对烟梗进料、出料及贮存量的监控功能。出料底带速度可调，出料均匀、完全。

（4）技术要点　出料流量应均匀，出料完全，底带不得有残留。不同生产批次的烟梗应具有明显标识。定期对贮梗柜进行清理，防止烟梗霉变。保持适宜的贮存时间，确保烟梗达到质量要求。

五、烟梗增温

1. 烟梗增温的目的和作用

增温可提高烟梗的柔韧性及耐加工性，为后续压梗、切梗丝工艺奠定基础，提高切丝质量。

2. 烟梗增温的工艺技术要求

（1）工艺任务　增加烟梗的温度，提高烟梗的柔韧性及耐加工性。

（2）来料标准　来料流量应均匀稳定。

（3）质量要求　增温后烟梗质量应符合要求，见表4-6。

表4-6　　增温后烟梗质量指标要求

含水率增加/%	温度/℃
≤2.0	≥60.0

（4）设备性能　蒸汽压力可调，烟梗温度可增加至90℃以上，蒸汽喷嘴或喷孔畅通，排潮装置完好，无蒸汽外溢。

（5）技术要点　来料流量不应超过设备工艺制造能力，蒸汽、水、压缩空气工作压力均符合工艺设计要求，蒸汽喷嘴或喷孔畅通，喷蒸汽时不带水滴。

六、压梗

1. 压梗的目的和作用

近年来，为了充分发挥梗丝高填充性对降低消耗和生产成本的作用，烟梗加工多采用“厚压薄切”“热压冷切”的工艺，采用“厚压”和“热压”的目的是防止烟梗纤维组织细胞结构在压梗过程中受到破坏，影响梗丝质量和出丝率。采用“薄切”和“冷切”工艺是为了保证切丝的质量和具有较好的膨胀效果。

2. 压梗的工艺技术要求

（1）工艺任务　挤压烟梗，疏松烟梗组织结构，使烟梗呈片状，便于烟梗经切丝后呈丝状。

（2）来料标准　来料流量均匀稳定，烟梗温度不小于55.0℃，无金属等硬物。

（3）质量要求　压梗后烟梗无碎损，烟梗表面无水渍，烟梗含水率增加量不超过1.5%。

（4）设备性能　金属探测器状态良好，可有效监测并剔除物料中的铁磁性杂物，压辊间隙在0.4~2.5mm可调，压辊表面应光洁平滑，压辊凸度不大于0.15mm，两压辊的直径差不大于1.0mm，配备压辊表面积垢清理装置，具有压辊自动保护功能，可卸荷和排除硬物，具备压辊降温冷却功能。

（5）技术要点　烟梗流量不应超过设备工艺制造能力。烟梗在压辊轴向分布均匀，防止烟梗重叠挤压。压辊间隙宜设定在0.6~1.2mm。两压辊轴线应平行，间隙均匀一致。压辊表面应不沾梗，无积垢。

七、切梗丝

1. 切丝的目的和作用

切丝是制丝工艺中的一个重要生产环节，其任务是改变烟叶形状，把经过打叶、润叶、贮叶后的叶片切割成合格的叶丝，或将浸梗、压梗处理后的烟梗切割成合格的梗丝，并进一步掺和均匀，使其体积膨胀而松散，单位容积质量降低，填充能力增加，燃烧性增强。因此切丝工艺能提高卷烟质量，节约原料消耗量。

2. 切丝工艺

（1）烟丝宽度与填充力的关系　各级烟叶品质不同，切后烟丝的填充能力也是不一致的。同一等级的烟叶在一定宽度范围内切丝，烟丝宽度与烟丝的填充能力成正比，但过宽或过细的烟丝，填充能力都要下降。

高级烟叶品质优良，油分充足，韧性强，可根据产品的外观质量适当切得细些，其宽度在 0.5~0.6mm 时，填充能力最大；低级烟叶品质较差，油分较少，韧性不足，烟丝应切得宽些，其宽度在 0.7~1.0mm 时填充能力最大。熄火严重的烟叶切丝要细些，最好切成 0.6mm，以增加燃烧性能。

（2）烟丝宽度与烟支质量的关系　在烟丝水分和温度正常的情况下，烟丝宽度适中，卷成的烟支就比较饱满，松紧适宜，切口平齐。如烟丝过宽，烟支切口不平齐，容易产生空头烟，影响烟支外观和质量；宽度适中的烟丝，能增进烟的燃烧性，烟丝燃烧完全，烟灰较白，吸味适中；如烟丝过细烟支内烟丝密度大，燃烧时空气透过量小，不易抽吸。

烟丝宽度与燃烧速度的关系测定为：烟丝宽度为 1.0mm 时，卷成烟支的阴燃速度为 15~21mm/min；烟丝宽度为 1.5mm 时，卷成烟支的阴燃速度为 25~32mm/min。

烟丝宽度在 0.8~1.0mm，梗丝宽度为 0.2~0.3mm 时，烟叶的出丝率高，灰损率低，可节约单箱原料用量。

（3）烟丝宽度对烟气化学成分的影响　烟丝宽度不同，烟气的酸碱度（pH）也不同。烟丝的宽度为 0.4mm 时，其 pH 为 5.5~6.0；烟丝的宽度为 1.0mm 时，pH 为 6.2，酸性降低，接近中性。

主流烟气中的焦油，随着烟丝宽度增加而增加，但烟丝的宽度在 0.8~1.5mm 时相差不大，超过 1.5mm 时，因燃烧不充分，导致焦油含量增加。

3. 切梗丝工艺技术要求

（1）工艺任务　将烟梗按设定要求切成厚度均匀的梗丝。

（2）来料标准　烟梗温度不高于 45.0℃。烟梗柔软，含水率均匀。烟梗流量均匀稳定。

（3）质量要求　切后梗丝厚度均匀。梗丝松散，不粘连结块。

（4）设备性能　具有保持均匀进给烟梗的功能。具有切梗厚度自动控制功能，切梗丝厚度在 0.10~0.50mm 可调。刀门与刀片之间的间隙可调。

烟梗压紧系统完好，刀门压力稳定，可调可控，刀门高度在一定范围内可根据进料量自动调整。刀片进给系统和磨削系统运行稳定、可靠，进刀和磨削距离一致。应具备除尘系统，除尘效果良好。整机应运行协调、平稳、可靠。

（5）技术要点　切梗丝前应将烟梗温度降低至45.0℃以下，烟梗表面无水渍。烟梗铺料均匀，进给均衡，不脱节，刀门四角不得空松。刀门高度适当，压力调整适宜，烟梗压紧适度。刀门应平整，并与刀片平行，刀门与刀片之间的间隙调整适当。切削过程刀口应保持锋利，不卷刀，不缺口。切梗丝厚度宜设定在0.10~0.18mm。切梗丝流量调整适宜，避免切梗丝机频繁启停。

八、梗丝加料

1. 加料的目的和作用

加料是为了减轻烟草的刺激性，使烟气和顺，改进吸味，同时也增加烟丝物理性能（如保润性、燃烧性、柔韧性等），减少烟丝在制丝过程中的造碎。加料的物质按其效果可以分为调味剂、增香剂、保润剂、防腐剂、助燃剂五大类。

（1）调味剂　白糖、红糖、蜂蜜、葡萄糖等甜味物质，具有不同程度的调味作用，对降低吸味强度、减轻刺激性和苦味、改善吸味有显著效果。这类物质可作为烟草制品的调味剂，特别是对那些含糖量低而氮化合物、碱含量高的烟草和烟气pH偏高的烟草更为适用，例如白肋烟草、晒烟草刺激性气味较重，余味使人不舒适，甚至滞舌苦涩，加入适量糖料后，可达到某些化学成分的平衡，改善烟气品质。上等烟草的含糖量较高，不宜多加糖料，否则会扰乱烟气化学成分的平衡，造成烟味平淡，香气短少。对品质差、含糖量低的低等烟草，适当多加糖料是有利的。结晶的白糖、红糖是双糖，不可直接加入烟草中，需先用柠檬酸或乳酸转化为单糖后再使用，一般烤烟型卷烟用糖量为投料质量的0.5%~1%，混合型卷烟用糖量为投料质量的1%~3%。

（2）增香剂　各种酊剂和浸膏一般都具有香气稳定、不易挥发的特点，有固香作用，加入烟草制品中，不仅起调味作用，还有增香的效果。常用的增香剂有红枣香精（或枣酊）、枫槭浸膏、甘草浸膏、可可壳酊等。

（3）保润剂　通常用甘油作保润剂，增强烟草的持水性和柔软性。甘油用量不宜过多，过多会产生刺激性。烤烟型卷烟用量以投料质量的0.5%～1.0%为宜，混合型、雪茄型卷烟用量可为投料质量的1%～3%，梅雨季节用量要适当减少。

（4）防霉剂　在烟草制品中加入苯甲酸钠等对抑制霉菌生长有一定效果，其用量为投料质量的0.3%，即可起防霉作用。

（5）助燃剂　助燃剂是增强烟丝燃烧性的物质。如果烟丝燃烧性不好，首先要从烟叶水分、松紧度等方面查找原因，并采取相应措施。只有在不得已的情况下，才考虑使用助燃剂，因为助燃剂虽然能增强烟丝燃烧性，但不能彻底解决问题，且价格昂贵，用量小了无效果，用量大了成本高，且使用助燃剂较麻烦。通常使用的助燃剂有硝酸钾、碳酸钾等。

2. 料液的配比

料液由物料和溶剂配制而成。要求使用的物料必须符合食品卫生要求，本身无毒，燃烧后的产物也应无毒。对物料的选择，应视产品类型、风格的不同而有所区别，但都不得掩盖或取代烟草配方品质（特殊风味产品和低档产品除外）物料用量必须经过反复试验后再确定，力求使用最小的量，取得最好的效果。

3. 加料方法

（1）喷料法　喷料法大都是在润叶时进行的，先把去梗后的叶片加热，然后喷料。高温时料液容易被吸收。烟叶喷料后应贮存8h以上，以改善品质。喷料必须均匀一致，否则一部分烟叶因加料不足，达不到改善作用，而另一部分烟叶因加料过多，烘丝时不易干燥。若烟叶喷料不匀，最后卷制的烟支在烘焙后会出现黄斑，成为废次品。

（2）浸料法　浸料法仅在混合型、雪茄型烟草中使用。浸料的目的是使料液浸透烟叶内部，以改善烟叶的品质，并使烟叶转换颜色。这种方法由于另需设备，操作困难，消耗较大，目前很少使用。

4. 梗丝加料工艺技术要求

（1）工艺任务　按比例准确、均匀地对切后梗丝施加料液，适当提高梗丝的温度和含水率。

（2）来料标准　梗丝流量均匀稳定，流量变异系数不大于0.15%。料液符合产品配方要求，无沉淀、无杂质。

（3）质量要求　加料后梗丝质量应符合要求，见表4-7。

表 4-7　　加料后梗丝质量指标要求

含水率/%		温度/℃		总体加料精度指标/%	瞬时加料比例变异系数指标/%
指标	允许差值	指标	允许差值		
30.0~40.0	±1.0	40.0~70.0	±3.0	≤1.0	≤1.0

（4）设备性能　设备的喷嘴雾化效果、喷射角度、喷射区域可调，具有使梗丝含水率增加 10%、温度达 70.0℃以上的能力，盛料桶具有搅拌、过滤及温度可控功能，料液温度在 45~70℃可调可控，具有加料、加温加湿、排潮、冷凝水排放、筒体清洗及加料系统清洗功能，料液流量可自控，加料流量计计量精度符合要求。滚筒式加料回潮机的筒体转速可调，排潮风量可调。喂料系统由喂料机、定量管、皮带秤所组成，流量控制精度高，具有联锁、防错、报警功能。

（5）技术要点　梗丝流量不应超过设备的工艺制造能力。料液施加量与物料流量同步，施加均匀，加料后梗丝中的料液含量符合产品设计需要。加料系统应清洁畅通，喷料正常，料液雾化适度，喷射角度合适，计量准确。料液温度应恒定，宜设定为 45~60℃，盛料容器应标识准确。蒸汽、水、压缩空气工作压力均应符合工艺设计要求，加温、加湿和加料控制系统工作正常。排气罩应完好清洁，滤网清洁畅通，完好无损。各种仪器工作正常，数字显示准确无误。不同生产批次或每班生产后应使用温水清洗加料系统，并定期对加料系统进行深度清洁，加料管道清洗水应进行污水处理。

九、梗丝膨胀与干燥

1. 梗丝膨胀目的和作用

植物性的物质都具有吸水膨胀和脱水收缩的特性。在烟梗的组织结构中，约有 20%的毛细管和细胞，而木质支撑部分只占 30%左右。从田间采收的烟叶，其细胞和毛细管含有大量水分，所占体积较大，经过调制后作为原料使用时，其所含的水分大部分被干燥挥发，烟梗也因脱水而收缩，收缩率一般在 40%~50%。

所谓梗丝膨胀，就是使梗丝吸收较多的水分，并在短时高温的作用下增高细胞内的蒸汽压力使梗丝组织膨胀，膨胀后梗丝的组织内蒸汽压力远大于干燥介质的水蒸气压力，并使这一压力差大于梗丝的干燥收缩应力，这样能达到去除梗丝内多余水分，使膨胀的体积固定下来的目的。

梗丝的膨胀分为两步：第一步是大幅度提高梗丝含水率（一般达到 40%左右）并加温使体积膨胀；第二步是快速烘干梗丝的水分使膨胀的体积来不及收缩而固定下来。膨化后的梗丝松软柔韧、填充率高、燃烧性好，与叶丝混合后使用不但能降低卷烟成本，而且可以改善烟支的内在品质，提高烟支的安全性。

对梗丝膨胀技术的研究开始于 20 世纪 60 年代，一些发达国家在 20 世纪 70 年代时已经普遍将其应用于生产中。我国在 20 世纪 70 年代末开始研究，1983 年郑州烟草研究院设计出了国内第一条梗丝膨胀生产线。此后通过设备技术的引进、消化和吸收，我国逐渐采用了较为先进的梗丝膨胀系统。目前，我国梗丝膨胀工艺设备形式很多，有 HAUNA 隧道式、COMAS 滚筒式和 DICKINSON 闪蒸式，梗丝干燥的形式有 HAUNA 滚筒式、COMAS 膨化塔及 DICKINSON 隧道式，因此梗丝膨胀与干燥的组合形式比较复杂。采用不同的膨胀与干燥方式使梗丝的加工质量不同，设备的参数设置对干燥后梗丝的综合质量也会产生影响。因此，根据企业现状及梗丝加工目标要求，选择合适的设备及组合形式、合理的参数设置是提高梗丝的加工质量、卷烟产品品质及烟梗利用率的重要手段。

2. 梗丝膨胀与干燥工艺技术要求

（1）工艺任务　去除梗丝中部分水分，提高梗丝的弹性、填充能力和燃烧性。

（2）来料标准　梗丝流量变异系数≤0. 15%。

（3）质量要求　膨胀干燥后梗丝质量应符合要求，见表 4-8，梗丝柔软、松散，无结团、无湿团。

表 4-8　膨胀干燥后梗丝质量指标要求

含水率/%			温度/℃		填充值/(cm^3/g)		碎丝率
指标	允许差值	标准偏差	指标	允许差值	指标	允许差值	指标/%
12. 0~18. 5	±0. 50	≤0. 17	50. 0~70. 0	±3. 0	≥5. 5	±0. 5	≤2. 0

（4）设备性能　膨胀设备应配有施加水或蒸汽的自动控制装置。文氏管式、旋转蒸汽喷射式、蒸汽隧道式等膨胀设备，具有较大的蒸汽喷射压力或流量调节范围，并且可调可控。文氏管式膨胀设备喷嘴蒸汽压力为 0. 2~0. 7MPa。可自动闭环调节干燥过程的相关参数。梗丝干燥工艺气体风量可调，

温度可调可控。气流式干燥机工艺气体温度可达到240℃，隧道振槽式热风区工艺气体温度可达到180℃。滚筒式干燥设备筒壁蒸汽压力可调可控，排潮风量和筒体转速可调，筒壁温度可达到170℃，热风温度可达到140℃。气流式干燥机具有烟火探测、排潮或防止废气外溢、报警和自动处理功能，还具有排潮或防止废气外溢的功能。

（5）技术要点　进料生产前，设备应预热至设定温度值。梗丝流量不应超过设备的工艺制造能力。蒸汽、水和压缩空气工作压力均符合工艺设计要求，蒸汽、水流量计量准确。热交换系统、蒸汽管路、物料输送系统运行正常。蒸汽管道及喷孔畅通，无阻塞，并定期进行清理。各类显示仪表正常，在线监测准确，反馈及时，设备自控系统灵敏、可靠。梗丝干燥速率适宜，以减少膨胀后梗丝体积收缩。隧道振槽式干燥机物料出口水平方向梗丝含水率应一致。

十、梗丝风选

1. 梗丝风选的目的和作用

梗丝风选的目的在于提高梗丝纯净度，平衡加工工段之间的加工时间，平衡水分。风选后的输送风速越高，梗丝的造碎率越大；烘后梗丝含水率越高，梗丝造碎率越低；在实际生产中，烘后梗丝含水率宜控制在13.5%左右；风选后的输送风速应在保证风分箱风选效果良好的前提下尽量调低。由于梗丝在风送过程中造碎率较大，现有加工工艺多采用梗丝就地风选不风送。

2. 梗丝风选的工艺技术要求

（1）工艺任务　分离梗丝中梗签、梗块及杂物，提高梗丝的纯净度。

（2）来料标准　梗丝流量应均匀稳定。

（3）质量要求　风选后梗丝质量应符合要求，见表4-9。

表4-9　风选后梗丝质量指标要求

含水率/%		整丝率降低指标/%	纯净度指标/%
指标	允许差值		
12.0~13.5	±0.5	≤3.0	≥99

（4）设备性能　可将梗丝与梗签、梗块、杂物分离，风分效率达95%以上，断面风速应均匀，且可调，抛料速度可调。

（5）技术要点　梗丝流量不应超过设备的工艺制造能力，梗丝风选的网孔保持清洁畅通，抛料速度和风量适宜，排出物中可含适量合格梗丝。

十一、梗丝加香

1. 加香的作用和目的

卷烟的降焦减害在增加烟草安全性的同时，也使吸烟者感到烟草味变淡，降低了香气。因此随着降焦减害工作的推进，通过增香保润补充和改善香味，成为烟草行业的一项重大课题。卷烟所用的烟叶，经过发酵、醇化等加工工艺后，各种烟叶的香味就协调起来，从而形成不同风味的卷烟产品。由于烟叶发酵程度不一或因烟叶某些缺点未得到完全改善，会产生烟气中仍含有一些青杂气等现象，使产品质量不能完全达到配方的预期吸味，这就需要通过加香来弥补，尤其在品质高、香气好的上等原料短缺时，加香就更具有实际意义。

卷烟通过加香可以补充优美香气、遮盖不良杂气和改进吸味。加香更重要的作用是能把各种类型的烟草香味协调起来，燃烧后产生更协调的混合烟香味，并使香味浓郁。

卷烟的香气有闻香和吸香两个方面，闻香是开包时所闻到的香气，优美的闻香首先给用户以好感。吸香是指卷烟燃吸时产生的混合烟草香味，消费者对此的要求是很高的，不论是闻香还是吸香，都必须使烟草本来的香气与加香的香气互相协调。除某些特殊香型的卷烟外，加香的香气通常不宜过分显露。

由于各等级烟叶品质差别很大，加香的目的也有区别，如烤烟型卷烟、优质卷烟原料有良好的芳香和烟草味，其加香主要是衬托香气，不能掩盖原有的烟香，加香的香气应为甜香、酒香和清香，并与烟草的香气协调起来，香气以清淡优雅纯正为好。稍逊一级卷烟也有较好的香气和烟草味，但有杂气，加香既要衬托原有的烟香，又要掩盖杂气，加香的香气要求比优质卷烟的稍浓。差一些的卷烟原料香气不足，杂气较重，需增加类似烟香的香气，掩盖杂气和刺激性，改进吸味等，要求加香的香气浓郁。低档卷烟原料香气很少，杂气很重，吸味很差，加香以改善刺激性和吸味为主要目的，要求添加的香气更浓些。混合型卷烟加香时香料用量一般要大，香气较浓，加香方法是采用高沸点香料和加料相结合的办法，其目的是使香料渗入叶内组织，保持留香长久，提高卷烟品质。特殊香型加香时应保持其自身特点。

2. 香精的调配

烟草香精由各种天然植物香料、单体香料和合成香料调配而成。按功能分，香精的主要成分如下。

（1）顶香剂　顶香剂是比较容易挥发的香料，其作用是使主香显露出来。

（2）主香剂　主香剂是决定香精香型的成分，代表香精的真正格调。

（3）定香型　定香型是调和香精中最基本、最重要的成分之一，其作用是使香精中各种成分挥发均匀。

（4）辅助剂　辅助剂可使香精中香气清新优雅，丰厚而不单调。

（5）稀释剂　常用的稀释剂是乙醇。

国产烟草用香精主要有烤烟草型香精、混合型香精、雪茄型香精等几类，每类又有多种型号，由于各地烟草风格不同，对烟草用香精的调配要求也就不同。

3. 加香的注意事项

香精配方中，有些香料沸点很低，要避免其因高温挥发而影响香精的应用效果，因此烟丝温度较低的情况下，用压缩空气喷香较为适宜。香精喷射必须均匀，喷射过程中要严格控制流量。香精用量以投料的质量分数来计，一般烤烟型卷烟为 0.2%～0.3%，混合型为 0.5%～1.0%，雪茄型卷烟为 0.5%～1.0%。香精应贮藏在阴凉地方，装香精的容器不宜为铁器，所用容器最好专用，以免香气混杂变质，要尽量避免香精与人体接触。

4. 梗丝加香工艺技术要求

（1）工艺任务　对梗丝按比例准确、均匀施加香液。

（2）来料标准　梗丝流量变异系数≤0.15%。

（3）质量要求　加香后梗丝质量应符合要求，见表 4-10。

表 4-10　加香后梗丝质量指标要求

含水率/%			总体加香精度指标/%	瞬时加香比例变异系数指标/%
指标	允许差值	标准偏差		
12.0～13.5	±0.5	≤0.17	≤0.5	≤0.5

（4）设备性能　加香比例可调可控。喷嘴雾化效果、喷射角度、喷射区域可调。具备香精流量与烟丝流量联锁自控功能，确保香精无外溢现象，具有加香系统异常现象报警功能，具有清洗加香罐及管道功能。

（5）技术要点　采用压缩空气喷射香精时，工作压力应符合工艺设计要求，香精雾化适度。应定期清洗加香滚筒，并定期对加香系统进行深度清洗，应定期校正加香计量泵的流量，合理设置喷嘴角度，应定期对加香量精度进行校验，盛香精的容器上应注明批次、数量、日期和班次等标识。

十二、贮梗丝

（1）工艺任务　平衡梗丝的含水率，促进香液充分吸收。平衡制梗丝与制叶丝工段之间的加工时间。

（2）质量要求　贮后梗丝松散，无结块、无霉变现象。贮后梗丝结构均匀。

（3）设备性能　可采用纵横往复式布料带进行布料。出料拨料辊转速适宜，耙钉间隔适宜，减少造碎。底带速度可调可控，出料均匀、彻底。

（4）技术要点　贮梗丝高度小于900mm。

第三节　梗丝加工新技术

一、烟梗预处理技术

1. 微波技术

湖北中烟工业有限责任公司技术研发中心和徐州众凯机电设备制造有限公司利用微波技术，设计了一种新型的烟梗预处理设备——微波润梗机。与常规两润两贮烟梗处理工艺相比，采用微波技术预处理烟梗，可以减少生产场地占用，缩短生产时间，增加润梗含水均匀性，增加烟梗回潮效果；切后梗丝含水率标准偏差降低0.07%，填充值提高0.4cm^3/g，成品梗丝整丝率、碎丝率与常规两润两贮工艺处理者相比无显著差别。

2. 高压润梗技术

2014年6月，由智思控股集团有限公司、安徽中烟工业有限责任公司和郑州烟草研究院共同承担的中国烟草总公司重大科技专项项目“烟梗预处理工艺研究及装备研制”通过了鉴定。该项目主要利用蒸汽增压环境对烟梗进行快速回潮，通过增压回潮环境的湿度、压力和温度等工艺参数的组合，实现烟梗水分的快速均匀渗透，回潮后的烟梗不需要贮存，即可满足压梗和切梗丝的工艺要求。该项目的实施可以取代常规梗处理工艺中至少一次的蒸梗等工序。与国内外同类技术比较，烟梗预处理工艺研究及装备研制项目不仅简化了烟梗回潮的工艺路径，极大地缩短了烟梗回潮的时间，同时蒸汽增压回潮处理时烟梗中糖、果胶、木质素等大分子的降解也有利于改善梗丝的化学指标，提高烟梗增压回潮的品质，实现烟梗高润透率与工艺流程简洁性的高度统一。谭海风、金勇等的研究也表明，将烟梗在自制蒸汽仓中汽蒸软化后再切丝，烟梗中的果胶、单宁等含量下降，总纤维素、木质素含量增加，更有利于切丝，切后梗丝形态较好，弯曲较少。

3. 浸梗技术

2008 年 2 月，王训明公布了一种烟梗浸泡回潮的方法。该方法是将除杂后烟梗在循环水中浸泡 30~90s，使含水率为 30%~37%，沥干烟梗表面水分后再进行水分平衡，使烟梗含水率均匀。其设备由计量设备、输运连接设备、浸梗设备、出梗设备等组成，可以一次性完成烟梗回潮。该方法工艺流程简单，大大缩短了烟梗的生产周期，且能耗少，成本低，目前该设备（又称浸梗机）在我国多家卷烟企业进行了应用，效果优于传统的洗梗机。2014 年 4 月河南中烟工业有限责任公司公布了一种浸梗机的烟梗浸梗时间控制装置，通过 PLC 控制刹车电机、接近开关、启动按钮、位置按钮，调节烟梗在刮板输送装置中的行程来扩大烟梗浸泡时间的控制范围，从而满足烟梗加湿要求。陈伟等利用正交试验的方法对浸梗机参数进行了优化，确定了最佳浸梗工艺参数。刘洪盛等对浸梗机水温加热系统进行了改进，将盘管加热改为直接喷射蒸汽加热，保证了物料加工过程中水温的恒定。

二、烟梗成丝技术

梗丝通常作为卷烟的填充材料使用，其功能主要是降低卷烟单支质量，减少消耗。同时梗丝燃烧性好，在卷烟中适当添加梗丝，可以改善卷烟的燃烧性能。一般梗丝多以片状形式存在，由于片状梗丝与叶丝在形态结构上有较大差别，影响卷烟配方的均匀性和卷烟质量，因此，近年来丝状梗丝加工成为烟梗加工的一项主要研究内容。目前烟梗成丝主要采取薄压切丝成丝技术、复切成丝技术、盘磨成丝技术和梗丝再造技术四种方法。

1. 薄压切丝成丝技术

薄压切丝成丝技术的关键是用压梗机将烟梗压薄成“梗片”，然后将“梗片”进行排列整理，使梗片的长度方向平行于切丝机的刀门。郑州烟草研究院于 2011 年 9 月公布了一种烟梗成丝工艺和设备，其工艺是将预处理后的烟梗利用烟梗排列装置，使烟梗长度方向垂直于压梗机的压辊轴向，然后利用压梗机进行压梗，压辊间隙为 0.6~0.8mm，压梗后的梗片通过烟梗排列装置再次进行排列，使梗片的长度方向与切丝刀门平行，切丝机切丝厚度 0.1~0.2mm，切丝后的梗丝进行加料干燥后即成为丝状梗丝。该方法可以降低烟梗加工过程中的造碎，提高烟梗的成丝效果。刘德强等研究了烟梗成丝的最佳工艺参数及梗丝在高档烟中的应用情况。研究结果表明烟梗压梗厚度为0. 8mm，切梗厚度为0. 10mm时，比较有利于烟梗成丝；在高档烟中，掺配一定比例的丝状梗丝，可以增强卷烟香气的透发性，改善余味，降低刺激性。2014年6月江苏智思机械集团有限公司公布了一种烟梗切丝前理梗装置和梗拐剔除装置，该理梗装置是利用振动板和导向板间隙，保持烟梗的有序排列，使烟梗在切丝时保持长度方向与切丝机刀口平行，提高烟梗在切丝过程中的成丝效果。

2. 复切成丝技术

复切成丝是先将贮后烟梗在切梗丝机上切至一定的厚度，再用切叶丝机将其切至一定的宽度，然后进行干燥膨胀成“丝状”或者“条状”梗丝的方法。云南烟草科学研究院于2013年9月公布了一种烟梗丝状成型加工工艺，其方法是将烟梗微波膨胀后进行水洗、贮梗，然后将梗条切成厚度为0. 15~0. 50mm的梗片；梗片加料贮存后再将梗片切成宽度为0. 8~1. 2mm的梗丝，经定型干燥后成为丝状梗丝。利用该方法加工的梗丝品质一致性好，物理特性更加接近叶丝，感官质量和填充值高，与叶丝掺配的均匀性、稳定性及掺配比例提高。2013年5月四川宏翔益生微波科技有限公司公布了一种卷烟膨胀梗条丝的制备工艺，将膨胀度在150%以上的烟梗在回潮至含水率为15%~30%后切成厚度为0. 2~1. 8mm的膨胀梗片；经过贮存后将膨胀梗片切成宽度为0. 2~1. 8mm、长度为5~20mm的梗条丝；梗条丝在微波加热设备中干燥至含水率为3%~10%；最后将梗条丝在回潮加香设备中进行回潮及加香，得到含水率为12%±1%的膨胀梗条丝成品。该方法制备的膨胀梗条丝成品对香精、香料有良好的吸附性能，且木质气、杂气少，同时，还具有香气明显及耐加工性较好等优点，添加于烟支中分布均匀，不影响吸味，填充值可达6~11cm^3/g。

3. 盘磨成丝技术

湖南中烟工业有限责任公司于2013年9月公布了一种盘磨成丝方法，该方法是将烟梗加湿后经压磨或盘磨处理，再膨化或干燥，制得盘磨梗丝，再将盘磨梗丝添加在卷烟中应用。该制备方法简单、流程短、效率高，制得的盘磨梗丝能有效地选择性降低卷烟烟气中的氢氰酸释放量，且不影响卷烟口感。金勇等研究了盘磨梗丝对卷烟烟气成分和烟支性能的影响，考察了不同形态梗丝（膨胀梗丝和盘磨梗丝）及其添加量、盘磨梗丝干燥方式及其长度对卷烟烟气化学成分和烟支物理性能的影响，结果表明：与膨胀梗丝相比，在卷烟中添加盘磨梗丝，可以有效降低卷烟烟气中 CO 和 HCN 释放量；提高焦油、烟碱和苯酚释放量；降低卷烟吸阻和通风率，增加卷烟硬度。膨胀盘磨梗丝长度的增加对卷烟焦油和烟碱释放量影响不明显，但卷烟 CO 释放量、吸阻、通风率和端部落丝量下降。

4. 梗丝再造技术

梗丝再造技术是通过溶剂将梗丝中的水溶性物质萃取出来，再通过回填加料装置将回填料液加入萃取后的梗丝中。再造梗丝组织结构疏松，呈柔软的丝条状，具有较高的填充能力；颜色橘黄至棕黄，近似于叶丝，掺配使用后烟丝色泽均匀性较好；再造梗丝的感官质量明显优于常规梗丝。李元实等公开了一种再造梗丝回填料液的处理方法。通过对再造梗丝回填料液依次进行水解反应和非酶棕色化反应，得到处理的再造梗丝回填料液，制成再造梗丝。实验结果表明，采用该再造梗丝卷制的卷烟香气质有明显提升，香气细腻而丰富，木质类杂气减少，同时在外观的光泽性方面有较明显改善，感官质量整体提升效果较明显。

三、烟梗膨胀技术

烟梗膨胀是改善梗丝物理及感官质量、提高可用性的重要工艺，烟梗膨胀技术主要有以水、蒸汽为介质的在线高温高湿膨胀方法，以微波作为新能源的微波膨胀方法以及以干冰等为介质的离线膨胀方法等。

1. 高温高湿膨胀技术

高温高湿膨胀技术是以水、汽为膨胀介质，在高温（温度>100℃）、高湿（含水率在 34%~40%）的条件下，烟梗内部的水蒸气压力快速升高，烟草的细胞组织膨胀，梗丝体积增加，再经过干燥工序进行干燥定型，使梗丝的膨胀状态固定下来，达到梗丝膨胀的目的。传统的高温高湿处理方法主要有 HAUNI 式的 HT 或 SIROX+滚筒梗丝膨胀、HDT 气流膨胀；COMAS 式的膨化塔膨胀、HT+CTD 气流膨胀以及 Dickinson-Legg 闪蒸式（STS）+隧道振槽（FBD）梗丝膨胀。近年来，国内外卷烟企业对高温高湿膨胀技术也进行了一系列的改进与优化。常州智思机械制造有限公司公布了一种梗丝闪蒸膨化设备，该设备主要由加热箱、汽室及压缩管、扩展管及分离器组成，而设置在加热箱内的气锁叶轮在主轴的带动下把梗丝带入加热腔内，装在汽室上的喷嘴喷出高温蒸汽将腔内梗丝瞬间加热至150℃左右，高温梗丝被蒸汽吹至压缩管段时，空间压力突然下降，梗丝水分瞬间蒸发，梗丝组织细胞快速膨胀，从而获得较好的膨胀效果。该套设备结构因简单紧凑、布置灵活、成本低等特点，一度成为我国卷烟企业主要的梗丝加工设备。

秦皇岛烟草机械有限责任公司设计了一种 SH9611 型燃油（气）管道式烘丝机，该烘丝机可以使叶丝或梗丝产生较高的膨胀效果。其设备原理是利用过热蒸汽在低氧条件下对叶丝或梗丝进行快速膨胀及干燥定型。该设备干燥管道采用管塔结合式，大大降低了设备高度；通过提高蒸汽比例和增加干燥管道长度，降低烘丝干燥温度。长沙卷烟厂对梗丝闪蒸设备进行合理化改造，将原设备余汽由侧面排放改为顶部排放，由单管口排放改为双管口排放，增大了余汽排放风量和风速，消除了梗丝闪蒸过程中易产生水渍梗丝团的问题。安徽中烟工业公司在梗丝处理闪蒸设备中增加了加热去水装置，充分利用干燥系统在工作中释放的热能，将该部分多余的热能引入附加热交换器中，使闪蒸出料口内壁凝结的冷凝水汽化排出，避免冷凝水落入被干燥的梗丝中。2003 年，江苏智思机械制造有限公司公布了一种新型梗丝膨化塔，该膨化塔采用全封闭的进出料系统，能够有效地对蒸汽进行隔离，因此能够在蒸汽压力不高或品质不好的情况下，使梗丝达到较好的膨胀效果。河南中烟工业有限责任公司研究开发了一种闪蒸式梗丝膨化进料装置，该装置由闪蒸式梗丝膨化进料管和冷却水循环装置组成，能够明显降低闪蒸式梗丝膨化进料管外壁温度，从而解决因进料管外壁高温导致的梗丝粘结问题。

2. 微波膨胀技术

微波具有加热效率高、加热内容可选、加热过程易控等特点，目前被广泛应用于纸张、木材等的干燥，以及医学和食品工业中的杀菌等。微波技术在烟草行业主要应用于烟草化学成分分析、烟草安全性处理、梗丝膨胀、烟草薄片加工、烟丝膨胀、防霉杀虫等方面。用微波膨胀处理烟梗技术由美国的 Roger 等于 1968 年提出，该技术采用 8%~16%含水率的烟梗，并用水或蒸汽将烟梗表皮浸湿 5~60s，在不低于 100℃及一定压力下进行膨胀处理，微波膨胀技术使烟梗发生不可逆的外形膨胀变化，同时对烟梗细胞壁与表皮组织的分离具有一定的作用，膨胀后的烟梗用于卷烟，于贮存过程中烟梗结构稳定，不易收缩变形。一定工艺条件下，烟梗膨胀率可达

261%。其工艺流程见图 4-3。

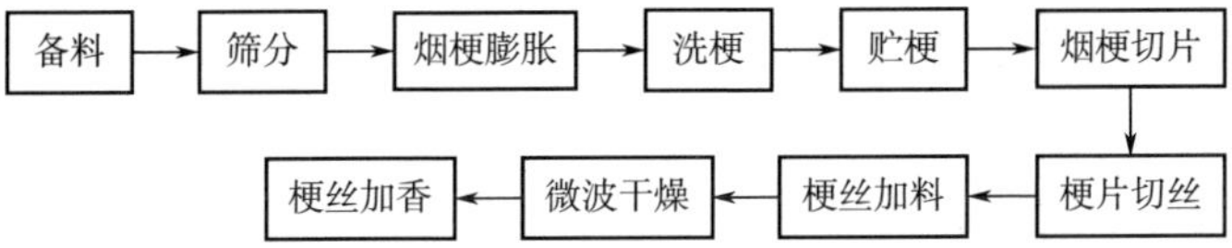

图 4-3 微波膨胀梗丝加工工艺流程图

（1）微波膨胀烟梗的设备　目前，烟梗膨胀技术主要有两种，即汽爆技术和微波技术，前者对设备条件要求较高，而后者可以在极短时间内提高物料温度，在相同温度下加快反应速度，因而可以缩短加热时间，加快升温速度，有利于烟梗的膨胀。2004 年，冯春堂等设计了一种多波源多馈口微波膨胀烟梗装置，包括微波磁控管、驱动电源、加热箱体、进出料口上的抑制段等，该装置加热速度快，膨胀效果较好。2006 年，汤马斯·亨利·怀特利用高温蒸汽和文氏管的原理使烟梗膨胀，所制备的梗丝有较高的填充值。2011 年，梁贵安等在研究 84kW 微波烟梗膨胀生产试验装置控制系统时，采用微波对烟梗进行膨胀处理并进行了工业化试验。2012 年，许琨敏等发明了一种滚筒式烟梗连续微波膨胀设备，但是该设备不能有效控制膨胀后烟梗中的水分，功率密度低且不均匀，膨胀效果差。现有的微波膨胀设备波源比较单一、过程控制能力较差，影响烟梗的膨胀效果和后续加工质量，其改进方向应该是在满足烟梗膨胀效果的同时，保证烟梗膨胀的均匀性。

（2）微波膨胀烟梗的影响因素　烟梗经微波处理后，理化性质发生较大变化，膨胀率作为其膨胀特性的具体体现受许多因素的影响，如微波参数、烟梗原料、微波介质、制梗丝前处理条件、陈化条件等。

①微波参数：高锐等研究微波膨胀对烟梗品质的改善作用，确定了烟梗微波膨胀的最佳条件为膨胀时间 45s，烟梗含水率 20%，微波功率 630W。陈晶铃等通过对烟梗进行微波膨胀，确定了烟梗微波膨化的影响因素。结果表明，膨化效果最佳条件为烟梗含水率 18%~21%，膨化时间为 70~80s，膨化烟梗无碳化现象。W. H. Zi 等采用响应面法，优化微波膨胀烟梗制备生物质材料，结果表明，响应面法适合表征膨胀率与自变量之间的关系；优化参数为蒸汽压 0. 35MPa，微波功率 6kW，搅拌频率 15Hz，最大膨胀率 261%，所建模型相对误差为 3. 45%。李晓等研究了微波膨胀功率对烟梗质量的影

响，对比分析了烟梗膨胀率、化学成分和微观结构的差异，当微波功率为30~33kW时，膨胀烟梗综合质量较好。综合来看，烟梗微波膨胀的最佳条件为烟梗含水率18%~21%，膨化时间45~80s，微波功率需要根据实际情况进行设定。

②烟梗原料：资文华等对云南典型烟区主栽品种烟的烟梗原料进行了微波膨胀特性测试，探讨了烟梗原料的膨胀特性差异，结果表明烟梗膨胀特性在不同产地、不同品种、不同部位间表现出不同规律。杨威等分析了微波膨胀处理对3个烤烟品种（K326，云烟87，红大）烟梗化学成分、主要致香成分含量和显微结构的影响。结果表明，微波处理使不同品种烟梗中的细胞壁成分、全纤维素、总糖、还原糖含量降低，主要致香成分含量增加，微观变化明显。廖晓祥等研究了不同来源烟梗原料经相同微波膨胀工艺处理后的品质差异，结果表明，不同产地烟梗经过微波膨胀所制得的梗丝常规化学成分、致香成分、主流烟气存在差异；不同年份烟梗经过微波膨胀所制得的梗丝感官质量差异不明显；不同产地、不同品种、不同部位烟梗所制得的样品的感官质量存在差异。

③微波介质：烟梗具有致密的孔隙结构和完整的纤维气室，其强度和韧性均较高且含有极性水分子，具有强烈吸收微波的介电特性。因此，可以通过高压和高热等技术对烟梗进行膨胀，进而获得膨胀率较高的烟梗。

周川等分别使用微波低损耗固体介质颗粒和气体作为热媒，制得膨胀烟梗产品。马铁兵等设计了一种使用饱和蒸汽或过热蒸汽连续进行烟梗膨胀处理的设备，通过在线膨胀设备于切丝前预先处理烟梗，避免了对筛分的短梗进行再切，减少了工序环节。李军等将烟梗分别在氮气和空气中进行微波膨胀，对制得颗粒的质量进行了对比分析，两种处理方式对所制样品理化性质的影响不大，但对其挥发性致香成分的影响较大，氮气环境下所制得的绝大部分样品挥发性致香成分含量和感官质量均高于空气环境。

④制梗丝前处理条件：一般情况下，在烟梗膨胀之前需先对其进行回潮处理，使烟梗获得必要的水分以保持烟梗良好的均匀性和柔性，这直接关系着膨胀烟梗的质量。卓卫民先将烟梗洗梗或浸梗，利用微波加热使烟梗外部的表面明水完全进入烟梗内部，然后将烟梗送入贮梗设备贮存。赵云川等提出，通过原料准备、定量喂料、烟梗增温后再进行微波膨胀，能够满足专业化、大型化和连续化的微波膨胀烟梗加工需求。满鸣等先将烟梗进行分级，

再浸渍回潮，在真空条件下微波加热膨胀烟梗，并进一步在真空条件下采用两种以上连续的不同微波输出功率进行微波加热膨胀。赵云川等首先将烟梗进行微波膨胀，然后采用风选设备剔除膨胀率较低、密度较高的烟梗，提高了梗丝填充值和密度均匀性，降低了卷烟烟气焦油释放量的批内波动，卷烟燃烧性较好。

⑤陈化条件：对于微波膨胀烟梗，必须贮存一段时间，使膨胀的组织结构达到稳定状态，再经人工补水回潮后，才能满足后续卷烟工艺需要。然而，膨胀烟梗在贮存过程中受外界环境的影响易导致膨胀效果变差，进而影响烟梗后续加工中的关键物理特性。小川高志等在研究烟丝膨胀的过程中发现：膨胀烟丝在自然条件下陈化回潮 7d 后填充值较高。武怡等也提到膨胀烟梗冷却至 25℃以下，置于阴凉、通风的环境中贮存 1~3 个月后，才能进行回潮后续加工。李军等研究了陈化时间对微波膨胀烟梗关键物理特性的影响。结果表明，随着陈化时间的增加，膨胀烟梗体积呈现先降低，再于 7d 后趋于稳定的趋势，陈化时间对其成品颗粒的填充值具有一定的影响，而对成品得率的变化影响较小。之后，李军等利用高压脉冲电场和将微波膨胀烟梗处理后分别陈化不同时间的方法，探讨了高压脉冲电场和陈化时间对微波膨胀烟梗萎缩的影响。结果表明，经高压脉冲电场处理的样品陈化 8d 后，含水率和萎缩率基本稳定。从以上研究可以看出，微波处理后，膨胀烟梗的物理性质、显微结构、化学成分、感官质量均得到一定的改变和提升。但不同烟梗原料微波膨胀的系统性研究较为缺乏，而建立和完善不同原料的微波膨胀体系，将有助于提高烟梗的利用率。

（3）微波膨胀烟梗加工工艺　微波膨胀烟梗的加工工艺主要是造粒和制丝。

①造粒工艺：烟梗膨胀造粒技术是近年来在国外出现的烟草加工新技术，指的是以烟梗、细梗、梗签、梗块为原料，经膨胀、回潮、造粒、定型等一系列工艺处理后，最终形成不规则颗粒状烟梗材料的技术。对于微波膨胀烟梗，多将其加工制备成颗粒状或丝状，其加工方式和过程对其质量有一定影响。资文华等研究了不同造粒方式对烟梗颗粒产品质量的影响，结果表明：不同造粒方式对生产过程的物料损耗率、生产能力、耗电量、合格颗粒得率和成品填充值的影响较大，但对产品的内在感官质量影响较小，且锤片式造粒方式较好。此外，正交试验结果表明，物料含水率 16%左右、造粒次数 2~

3 次比较合理。杨涛等采用 3 种不同工艺制备膨胀梗粒，结果表明，膨胀后烟梗结构中的片状、层状结构消失，长度变化不显著，宽度和厚度显著增加；总糖、还原糖含量明显减少，烟碱、总氮、氯和钾含量没有显著变化；部分挥发性成分（主要为呋喃类）的相对含量有显著变化。

②制丝工艺：何炬等比较了采用微波膨胀烟梗方法制成的梗丝与常规方法制成的梗丝之间的差异，表明微波膨胀烟梗方法可以改善吸味品质，增加烟香，与李涛等研究结论相似；此外，还可以提高填充值和成丝率，对协调叶组配方有明显效果。邹泉等通过均匀试验设计分析了二次切丝工艺参数对梗丝质量的影响，整丝率、填充值与切片厚度、切丝宽度呈极显著正相关，碎丝率与切片厚度、切丝宽度为极显著负相关；切片厚度 0.75~0.85mm，切丝宽度 0.30~0.35mm 时，微波膨胀梗丝的综合品质最优。董高峰等以某品牌卷烟的烟梗配方模块为对象，对微波膨胀烟梗制丝工艺的 7 种关键工艺进行均匀试验设计，建立了微波膨胀烟梗工艺参数的 BP 神经网络模型，对 3 个部位模块的工艺参数进行仿真、优化，最终挑选出不同部位烟梗的最佳工艺参数组合和不同部位烟梗的混配比例。邹泉等为提高微波膨胀烟梗所制梗丝的品质和纯净度，在切片与切丝之间设置风选工序，先将不合格样品分离出来，再进行切片，既降低了膨胀烟梗被切成梗片的消耗，又避免了剔除梗片设备的设置，且最终获得的膨胀梗丝纯净度较高。由此可知，采用微波膨胀烟梗方法制成的梗丝与常规方法制成的梗丝相比，致香成分增加，吸味得到改善。但对于制丝关键加工工序的工艺参数和设备研究较少，且与主要工艺品质指标之间相关性分析的研究需要加强。

（4）微波膨胀烟梗在卷烟中的应用效果　目前烟梗加工后应用于卷烟配方时主要有 3 种方法，即传统的高温高湿形成丝状片状的材料、ESS 梗屑膨胀技术、叶丝微波膨胀与干燥技术。3 种方法制备的梗丝与颗粒均具有较高的填充性，但前两者的后续耐加工性和对烟梗固有杂气的去除效果不甚理想。近年来，卷烟企业为降低烟丝消耗和烟气焦油量，膨胀梗丝在卷烟配方中掺兑的占比越来越高。但由于膨胀梗丝存在颜色发白、燃吸时香气淡薄和杂气木质气较重、刺激性较大等缺陷，在一定程度上限制了其在卷烟中的用量。王慧等将微波膨胀烟梗制备成颗粒添加到卷烟中，顺利通过卷烟生产线。只是，随着颗粒在其中占比的增加，卷烟质量呈下降趋势：百支卷烟糖碱比和氮碱比逐渐升高，烟气化学成分含量降低，当其占比为 6%~15%时，卷烟感官质量、吸食风格无明显变化；当其占比达20%时，感官质量和吸食风格均有一定变化。

尧珍玉等将膨胀烟梗颗粒添加到卷烟滤嘴中，降低了卷烟焦油和卷烟主流烟气中的苯并［a］芘含量，提升了卷烟香气浓度，减少了刺激性。金哲等采用均匀设计研究不同梗丝、不同掺配比例对卷烟质量的影响，结果表明，适当增加颗粒状梗丝和丝状梗丝以替代片状梗丝可在一定程度上提高卷烟综合品质。赵莉等采用蒸汽-微波协同膨胀技术制备复合膨胀烟梗，掺配不同量的梗丝进行感官评吸，结果表明其杂气较轻、干净程度和回味较好，当掺配比例为15%时感官质量最好。丁美宙等对微波膨胀条状梗丝的理化性质进行了检测分析，结果表明随着微波膨胀条状梗丝掺配比例的增大，卷烟的单支质量降低，其他物理指标增加，卷烟烟气成分减少，烟支自由燃烧特性改善。相同掺配比例梗丝与对照样（掺配传统梗丝）相比，掺配微波膨胀条状梗丝的烟支物理质量稍差，吸阻标准偏差较大，烟支抽吸口数较少，烟气成分含量均较低，烟支自由燃烧速率较快，热塌陷值较小，包灰性能较好，可显著改善卷烟口感特性。

由此可以看出，由掺配微波膨胀烟梗制得的梗丝，卷烟的安全性得到提高，但仅限于在中低档卷烟中的应用，如何在保证卷烟综合品质不变或者提高的前提下，增加梗丝在中高档卷烟中的掺配比例，将是今后的研究方向之一。

（5）微波加工烟梗的展望　微波膨胀处理技术受微波设备功率限制，在线单机生产规模较小，且设备和过程工艺控制缺乏精确性，能量控制不当就会导致部分烟梗加热过度，发生碳化，进而影响梗丝产品质量。

近年来，对于微波膨胀烟梗的研究多集中于制备工艺和膨胀特性方面，关于微波膨胀烟梗加工工艺和在卷烟中的应用方面的研究较少。因此，对于微波膨胀烟梗，今后的研究主要应从以下几个方面进行：

①微波膨胀烟梗关键加工工序的系统性研究。分析各工序工艺参数对微波膨胀烟梗制得梗丝的外观、理化性质、微观结构等综合质量的影响，建立相关工艺参数与质量指标的关系模型，确定适宜的微波膨胀烟梗加工工艺参数。

②微波膨胀烟梗制得梗丝的感官质量研究。通过生化处理和加香技术，提高梗丝的感官质量。

③微波膨胀烟梗综合应用研究。可将其作为制备生物质的材料，经物理方法或生化方法提取有用物质，提高微波膨胀烟梗的利用价值。

④同其他卷烟辅助材料结合，研究在卷烟应用中微波膨胀烟梗制得梗丝对卷烟理化性质、有害成分的影响，为卷烟减害降焦提供理论依据。

⑤完善自身技术方法，研发生产与工业应用化相匹配的烟梗微波膨胀设备，满足生产需要。

总之，随着科技进步和研究的深入，微波膨胀烟梗技术将不断发展和完善。通过对微波膨胀烟梗技术的深入研究，不仅可以提高烟梗利用率和梗丝加工品质，还节约成本，缓解原料对高档卷烟品牌发展的制约，对卷烟减害降焦等也具有十分重要的意义。

3. 蒸汽爆破膨胀技术

蒸汽爆破是对生物质原料进行处理的一种方法，可以有效地破坏植株的木质纤维素结构，最早由美国的 Mason W. H. 在 1928 年提出，其过程主要是先将物料加入到密闭容器中，然后通入汽爆介质（主要是水蒸气），维持一定的温度和压力一段时间（从几秒到几十分钟），然后在极短的时间（$<0.01s$）内使系统降至常压。采用蒸汽爆破技术，可以破坏秸秆（主要成分是纤维素、半纤维素和木质素）中木质素对纤维素、半纤维素的包裹结构，使纤维素酶、半纤维素酶易于将纤维素、半纤维素转化为糖，然后经进一步发酵转化为乙醇，或者在厌氧发酵中使纤维素和半纤维素更容易被特定的微生物降解转化为甲烷。蒸汽爆破技术在木质纤维原料制备燃料乙醇、秸秆的厌氧发酵生产沼气等方面已获得一些应用，也是生物能源方面研究的一个热点。

蒸汽爆破处理烟梗技术由美国的 Josefsson 等提出，它可以将植物木质化纤维分离成纤维素、木质素、半纤维素等。高压蒸梗可以促进烟梗中糖、果胶、木质素等大分子物质降解，产生更多的中性香味成分，提升烟梗感官质量及使用率，高温、高压环境有利于烟梗发生非酶促棕色化反应，致使烟梗热水、乙醇可溶物含量提升，产品感官质量得到改善，处理后烟梗结构更为疏松，增大烟梗与反应试剂的接触面积，提升后续反应效率。

烟梗汽爆膨胀过程对膨胀效果产生明显影响的条件有三个：膨胀温度、膨胀压力与增温增压时间。膨胀温度与增温增压时间不但能影响烟梗的膨胀效果，同时也会对内在质量产生明显的影响，膨胀温度过高增温增压时间过长，会使烟梗内部成分发生化学变化，部分有机物质会产生碳化现象，颜色也会变暗、变黑。由于膨胀所用温度降低会使过热蒸汽变为饱和蒸汽，也有可能产生冷凝水，导致膨胀失败，饱和蒸汽温度为179.4℃，接近这一温度时就可能使膨胀试验无法进行。增温指烟梗充压至压力释放的时间，增温增压时间短过热蒸汽不能完全渗透至烟梗内部，难以形成真正的汽爆；时间过长时，烟梗长时间处于高温高压的环境中，会对内在品质产生不良的影响。其他需要涉及工艺条件为工序中其他必要的处理设备及辅联设备的工作参数，如回潮的含水率控制，旋转落料器风速控制，筛网控制条件，对烟梗加工的膨胀效果及内在质量影响较小。

蒸汽爆破时，烟梗或梗丝经高温、高压处理后瞬间泄压（<0.01s），并在很短的时间内降温，使烟梗中的很多成分受到不同程度的破坏，或发生降解和转化，如发生了美拉德反应，因而可导致蒸汽爆破后梗丝中的一些香味物质含量增加，甚至产生一些新的香味成分。

蒸汽爆破处理使烟梗或梗丝中的还原糖、总糖含量分别降低21.63%、23.46%；苯乙醛、糠醇、5-甲基糠醛、2-乙酰基呋喃和糠醛等香味成分含量分别增加34.25%、102.97%、380.49%、76.24%和139.39%，烟梗组织结构疏松，细胞壁呈现不规则撕裂或明显断裂。烟梗中的木质素和纤维素还是卷烟主流烟气中部分香味物质的前体物，蒸汽爆破后烟梗或梗丝中的纤维素、半纤维素和木质素含量同原烟梗相比均显著降低。烟梗经蒸汽爆破处理后，半纤维素含量降幅最大可达49.5%，纤维素和木质素含量最大降幅也分别达26.5%和26.0%。

蒸汽爆破梗丝燃吸后，主流烟气中的氨含量明显降低。烟气中对感觉起刺激作用的主要是一些呈碱性的物质，这些物质大都是含氮化合物高温分解的产物，其中最简单的分解产物是氨。烟气中如果含有较多的氨类物质就会产生强烈的刺激气味，另外，烟气中的碱性物质有70%~80%来自氨及其衍生物。因此，烟丝中含有能在高温分解时产生氨的物质越多，烟气的碱性就会越大，刺激性也越强。

烟梗及梗丝的形态和爆破压力对蒸汽爆破的效果均有影响，蒸汽爆破时的压力越高，对烟梗或梗丝的木质纤维素结构破坏越严重，烟梗或梗丝中的纤维素、半纤维素和木质素含量降幅也越大。

四、梗粒制造技术

烟梗膨胀制粒技术是近十几年开始在国内外出现的一种新的烟梗处理技

术，该技术是利用高温高压蒸汽或微波，对短梗和梗签等废料进行膨胀，再将膨胀后的烟梗制成一定尺寸的烟梗颗粒，用于卷烟生产。膨胀梗粒的膨胀率远远大于目前国内广泛采用的流化床膨胀梗丝、梗丝膨化塔等装置加工的膨胀梗丝的膨胀率，并且采用膨胀梗粒制备卷烟能够提高卷烟燃烧性，降低木质气味，降低卷烟烟气中的焦油、烟碱和 CO 释放量，提高卷烟的安全性，具有非常可观的经济效益和社会效益。

颗粒状梗丝膨胀技术（ESS）是在高温高压蒸汽（12×10^5Pa、300℃左右）作用下对烟梗进行膨胀加工，该技术可以对任何烟梗（包括正常的烟梗、低值的短梗、风选分离梗、分离出的碎梗等），不采用任何化学膨胀介质，利用高温高压气体，让梗丝在膨胀线上爆破膨胀（就像爆米花一样），然后通过湿度控制把胀开的梗丝恢复到理想的体积。在某种意义上，颗粒状梗丝膨胀技术（ESS）也是蒸汽爆破处理技术的应用，其膨胀率远远大于目前国内广泛采用的普通高温高湿法流化床、膨化塔等装置加工的膨胀梗丝。ESS 颗粒梗填充性能较高，可达到 9.4cm^3/g，和膨胀梗丝的填充值相比，填充能力提高了约 56.67%，和膨胀梗丝比较，总糖含量降低了 3.4%，总植物碱含量降低 0.53%，总氮含量持平。但 ESS 梗丝和烟丝的形状差别较大。

在膨胀梗粒制造过程中，影响梗粒色泽的主要因素是膨胀温度和膨胀时间。膨胀温度越高、膨胀时间越长，梗粒的光泽就越差，具体见表 4-11。

表 4-11　　不同加工参数梗粒的色泽差异

序号	膨胀温度/℃	膨胀时间/s	色泽
1	360	25	碳化较严重，接近黑色
2	270	25	颜色较深，光泽暗淡
3	225	25	颜色略深，略油润
4	230	15	颜色为深黄色，略有光泽
5	230	12	同上
6	220	25	基本同 3 号
7	220	15	同 4 号
8	220	12	同上

由于使用过热蒸汽按照爆米花方式进行膨胀，烟梗内部纤维素和细胞被破坏，无法再回收到原始状态，因此形成了蓬松的多孔颗粒。汽爆法形成的

颗粒相对密度较小，因而具备了较高的填充能力。

梗粒的填充能力提高，搀兑到烟丝中就提高了混合丝的填充值，在同样的卷制条件下，每支卷烟所使用的烟丝质量就有所降低，烟支硬度有所提高，硬度的提高使烟支吸阻略有增大，每支卷烟使用的原料减少，不考虑梗丝与梗粒化学成分含量的不同，则应当导致烟气指标（焦油、CO、烟碱）均有所下降。事实上烟气 CO、焦油含量降幅较大时，烟气烟碱量变化并不十分明显，这说明梗粒并不仅仅因为填充能力增加导致烟气有害物质的含量降低。究其原因，烟气 CO 与焦油的释放量均与烟丝的燃烧程度有关，由于梗粒疏松多孔，使得烟丝燃烧时能更充分地与空气接触，因此烟气焦油量与 CO 量有相对明显幅度的降低，而烟碱并非烟丝燃烧后生成的物质，而是烟丝本身固有的游离烟碱在燃烧时挥发出来，因此变化幅度不大。

使用梗粒代替传统梗丝对卷烟吸味的影响可能有以下几种原因。一是梗粒增强了烟丝的燃烧性使得卷烟吸味有了较为明显的变化，但是是正向影响还是负向影响目前还不可知。二是烟梗本身的化学成分决定了梗丝燃烧后会产生一系列对卷烟感官质量不利的气味，诸如木质气、烧纸味以及喉部的毛刺感、刺激性增强。传统梗丝处理过程只是把烟梗变成了梗丝，对其内部成分影响不大，而汽爆法生成的颗粒梗，由于在高温高压的环境下进行，促使烟梗中一些不利的化学成分被挥发或破坏掉，这样在卷烟配方中使用就可以降低杂气与刺激性，提高烟气的柔和性、协调性，当然对吸味有利的物质也会损失，但是作为填充料，人们并不追求烟梗能够为提高卷烟吸味作出多大贡献，只要能降低副作用就可以了，由于高温高压汽爆加入梗粒的卷烟感官评吸时会产生焦煳味（这是梗粒带来的副作用），现使用加工温度稍低的梗粒并加香加料予以处理，基本能够去除该不利影响。

综上所述，ESS 梗丝对卷烟产品综合效应的影响利弊并存。从降低成本的角度考虑，ESS 梗丝施加量与卷烟的工艺技术参数呈线性关系，施加量越大越好，如混合烟丝的填充值提高、单箱耗丝降低，而端部落丝并没有太大的变化；立足卷烟内在品质和烟气质量稳定性角度考虑，ESS 梗丝施加量与烟气各项指标均呈负相关关系，如焦油量、烟气烟碱量降幅较大、香气和口感指标也相应有较大降幅。因此，要综合考虑 ESS 梗丝对卷烟各方面的影响程度。将 ESS 梗丝的施加应控制在一定范围内，一要满足烟气指标的稳定；

二要减少对烟气感官质量的影响程度；三要达到降本增效的目的，实现企业经济效益的增加。

五、磨制梗丝加工工艺

磨制梗丝是将烟梗加湿后投入高速运转的盘磨机或压磨机中挤压撕裂，再膨化或干燥后得到的梗丝，烟梗经过搓磨或盘磨成丝后其外观成丝状，与烟丝的匹配性好。烟梗磨制成丝的工艺在国内外已有研究人员做过探索性研究，但尚未在卷烟生产中应用，其工艺如下。

（1）将长度为2.5~15cm的烟梗在15~90℃的温水中预处理，使其水分含量在30%~60%，最好是50%~60%。

（2）经搓磨得到粗磨梗丝和梗皮的混合物，所得的混合物经挤压脱水、打散处理后，分离出长度不大于30mm的短粗磨梗丝。

（3）将余下的梗皮和粗磨梗丝加湿至含水率为40%~45%后，通过盘磨或压磨制得精磨丝。

（4）将短粗磨梗丝和精磨丝混合，经过膨化或干燥处理直到含水率为11%~13%，即得磨制烟梗丝。

磨制是在常温常压下进行的，盘磨机的转速为200~600r/min，磨齿槽深8mm，槽宽2.5~3.5mm，相邻磨槽间距4~6mm，磨盘间隙0.3~0.5mm。

磨制烟梗丝长为5~30mm，宽度为0.6~1.0mm，含水率为11%~13%。

盘磨梗丝和切梗梗丝在物质组成方面无明显差异，但两者的形态和内部微观结构存在明显差异，盘磨梗丝微观结构特征以小孔为主，切梗梗丝则以大孔为主。根据快速燃烧分析结果，盘磨梗丝燃烧在初期明显滞后于切梗梗丝，燃烧释放热量、CO_2和CO少，烟气多，CO生成量与烟气生成量的比值低。但在整个燃烧过程中释放更多的热量、CO_2和CO，以及更少的烟气。磨制梗丝卷烟比切梗梗丝卷烟具有更低的CO释放量和CO/焦油值。磨制烟梗丝的制备工艺流程见图4-4。

六、其他梗丝加工工艺

1. 超声波处理工艺

超声波作为一种重要的处理方法已广泛用于有机合成、生物化学和石油化工等领域，超声波处理可以改变木质素大分子的结构，将超声技术应用于碱木素的活化，可以提高木质素的反应活性。超声波用于烟梗处理方面的研究吸引了广大科研工作者的热切关注，但单纯采用超声波处理烟梗

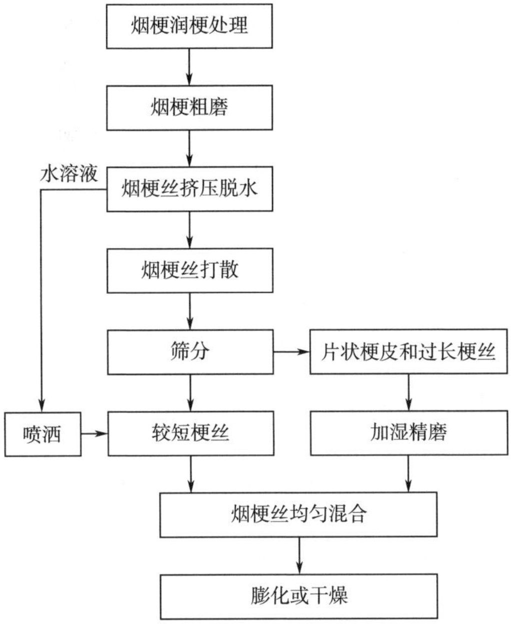

图 4-4　磨制烟梗丝的制备工艺流程图

的技术还较少，超声波处理法一般与物理、化学、生物酶等方法结合用于烟梗的处理。

2. 梗丝再造处理工艺

梗丝再造技术是以提高梗丝感官质量为出发点，在梗丝中有针对性地补充烟叶致香成分，将梗丝制成具有叶丝某些特性的改性梗丝，实现梗丝内在成分的重组，从而减少梗丝燃吸后香气不足、杂气过重、刺激性较大等不良影响。再造梗丝对感官质量的影响优于普通梗丝，但其降焦减害效果弱于普通梗丝。再造梗丝生产过程中，根据不同卷烟烟香风格的需要，可以通过烟梗洗涤工序的工艺参数、料液回填、料液成分的灵活设定调节实现对梗丝感官质量的有效调控。梗丝再造处理工艺较为复杂，其梗丝产品多用于具有某种特定需求的卷烟产品。

微波膨胀处理技术、蒸汽爆破处理技术、超声波处理技术以及梗丝再造处理技术，针对烟梗或梗丝存在的固有质量缺陷，在使烟梗组织结构疏松化、增加比表面积、改善感官质量方面都有显著效果。微波膨胀处理和蒸汽爆破处理技术目前已在梗丝加工方面有工业化应用实例。无论哪种技术，都要根据卷烟产品的实际需要进行设备、工艺流程、工艺参数的设定，这些新型烟梗处理技术研究以及工业化生产设备、工艺性能的优化提升还存在较大空间。

参考文献

[1] 陈晶铃，陈明功，汪晓艳，等．烟梗微波膨化基本规律的研究［J］．安徽理工大学学报（自然科学版），2008，28（3）：61.

[2] 陈伟，王镇增，孙觅．正交试验法在浸梗机参数优化中的应用［J］．烟草科技，2008（7）：13-15.

[3] 丁美宙，熊安言，王海滨，等．微波膨胀条状梗丝应用效果评价［J］．烟草科技，2015，48（02）：79-84.

[4] 高锐，黄志强，王松峰，等．烟梗微波膨胀条件优化及其对烟梗化学成分和物理结构的影响［J］．河南农业科学，2013，42（11）：50.

[5] 蒋光伟．汽爆法烟梗膨胀制粒技术应用研究［D］．北京：中国农业科学院，2011.

[6] 金勇，徐永建，谭海风，等．不同预处理烟梗成丝工艺的实验室研究［J］．陕西科技大学学报（自然科学版），2014，32（06）：18-21.

[7] 金勇，徐永建，谭海风，等．钾碱预软化烟梗直接成丝工艺［J］．纸和造纸，2015，34（8）：45-48.

[8] 李晓，顾小燕，纪晓楠，等．超声水洗梗丝综合质量的影响研究［J］．湖北农业科学，2016，55（02）：377-380.

[9] 李晓，纪晓楠，姚二民，等．烟用梗丝加工工艺研究进展［J］．贵州农业科学，2013，41（08）：182-186.

[10] 李晓，景天，姚二民，等．微波膨胀功率对烟梗质量的研究［J］．江苏农业科学，2017，45（3）：141.

[11] 李彦伟，范爱军．烟草制丝设备与工艺［M］．武汉：华中科技大学出版社，2012.

[12] 梁贵安，彭金辉，苏四清，等．84kW 微波烟梗膨胀生产试验装置控制系统研究［J］．昆明理工大学学报（自然科学版），2011（8）：110.

[13] 刘洪盛，黄海松．浸梗机水温加热系统的改进［J］．烟草科技，2012（5）：20-23.

[14] 卢幼祥，舒俊生，徐迎波，等．微波膨胀梗丝理化指标及其应用于卷烟产品的效果［J］．湖南文理学院学报（自然科学版），2013，25（03）：89-93.

[15] 彭桂新，姚光明．节能型低风速梗丝气流干燥设备研发及生产应用［M］．郑州：

河南科学技术出版社，2013.

［16］苏福彬．新型烟梗预处理加工工艺及流程设计应用［J］．机械制造与自动化，2018，47（06）：82-84.

［17］谭海风，徐永建，金勇，等．钾盐预处理对烟梗成丝及烟气的影响［J］．纸和造纸，2015，34（9）：39-43.

［18］吴文强，朱列书，易克，等．梗丝在线膨胀技术与设备研究进展［J］．农产品加工学刊，2011（11）：105-108.

［19］许世民．梗丝生产线工艺技术改造及运行总结［J］．中国高新技术企业，2016（36）：38-39.

［20］许永明，朱明，龙明海，等．烟梗蒸汽增压回潮工艺参数优化［J］．烟草科技，2018，51（12）：85-92.

［21］杨威，张强，董高强．微波膨胀对烟梗品质及显微结构的影响［J］．江西农业科学，2014，6（3）：69.

［22］姚二民，周利军，李晓，等．微波膨胀烟梗技术及其应用研究进展［J］．轻工学报，2017，32（03）：43-50.

［23］姚光明，李春光，刘强，等．低速气流干燥工艺参数对梗丝加工质量的影响［J］．烟草科技，2013（09）：10-13+20.

［24］于建军．卷烟工艺学［M］．北京：中国农业出版社，2009.

［25］赵云川，邹泉，廖晓祥，等．微波膨胀梗丝加工工艺的选择及优化［J］．烟草科技，2016，49（12）：60-70.

［26］郑松锦，段海涛，刘柏松，等．滚筒式梗丝干燥加工参数的优化［J］．烟草科技，2015，48（01）：86-89.

［27］中国烟草总公司．卷烟工艺规范［M］．北京：中国轻工业出版社，1994.

［28］周雅宁．烟梗加工处理技术与设备研究进展［J］．中国烟草学报，2019，25（02）：121-129.

［29］朱俊召，张楚安，陈慧斌，等．浸梗和微波润梗技术在制丝工艺中的研究应用［J］．烟草科技，2010（5）：5-8.

［30］资文华，龙海明，陈琳，等．云南典型烟区烟梗原料的微波膨胀特性差异［J］．烟草科技，2013（7）：8.

［31］ZI W. H.，PENG J. H.，ZHANG X. L.，et al. Optimi-zation of waste tobacco stem expansion by microwave radiation for biomass material using response surface methodology［J］. Journal of the Taiwan Institute of Chemical Engineers，2013，44（4）：678.

第五章
烟梗工业可用性评价

近年来，随着降焦减害技术的深入发展，梗丝在卷烟配方中的使用比例逐步得到提高，梗丝已成为影响卷烟质量的重要组成部分。梗丝具有填充值高、燃烧性能好、焦油释放量低等特性，添加至卷烟中不仅能降低卷烟成本、节约原料，还可以改变烟气组分、降低焦油量。对烟梗和梗丝的系统研究对于合理利用烟梗，提高卷烟质量、降低烟气有害成分、降低卷烟生产成本具有重要的现实意义。

有学者指出，烟叶可用性是指工业上的使用价值，能够适应卷烟加工处理，消耗少、成本低、质量好，符合有关卫生安全要求。烟梗可用性着重体现在所制得梗丝的物理特性、感官质量和安全性方面。我国烟草原料科技人员对烟叶质量及可用性的研究比较细致深入，对实际卷烟生产起着积极的指导作用。目前，原料及卷烟配方技术人员对烟梗质量的判断主要依据相对应烟叶质量的优劣，主观上往往认为梗丝质量的高低与相应产出的烟叶质量的高低相一致。因此，卷烟工业企业需建立一套烟梗工业可用性的评价方法，指导烟梗原料的量化分级及配方原料选取。

第一节　烟梗工业可用性量化评价方法

本节从烟梗物理特性、化学成分、感官质量、安全性四个维度并结合不同档卷烟对烟梗原料的需求，建立了一套烟梗可用性评价方法——标准分评价法。可依据不同价类卷烟对烟梗的需求，赋予相应梗丝物理外观、感官质量、安全性不同权重，为卷烟梗丝配方的原料选取提供依据。

一、原理与方法

标准分是一种由原始分推导出来的相对地位量数，它是用来说明原始分在所属的那批分值中的相对位置的。以 $z=(x-\bar{x})/s$ 来表示，式中，x 为原始分，$\bar{x}$ 为原始分的平均数，s 为原始分的标准差。

z 分值是以一批分值的平均数作为参照点，以标准差作为表征原始分与参照点（均值）距离的质量单元。它由正负号和绝对数值两部分组成，正负号说明原始分是大于还是小于平均分值，绝对数值说明原始分距离平均分值的远近程度。z 分值准确地刻画了一个分值在一批分值中的相对位置，无论指标的评价尺度如何，无论整体原始分偏高或偏低，整体标准分值都没有什么变化。

使用标准分值的优势在于：单个标准分值能够反映某一样本在全体样本中的位置，而单个原始分则不能；不同指标的原始分不可比，而不同指标的标准分值是可比的，不同的指标，由于指标的评价尺度不同，各指标的分值价值也就不同，标准分值代表了原始分值在整体原始分值中的位置，因此是可比的；不同指标的原始分不可加，而不同指标的标准分值之间具有可加性。

1. 标准分值函数的建立和标准分值的计算

标准分值理论建立在因素指标期大分值基础上，原始分值越大，转化后的标准分值也越大。但影响烟梗可用性的因素指标有的量度为“分”，有的量度则为“值”，这些指标既有期大分值，又有期小分值和期间分值，因此需要在标准分值的基础上做进一步转换，将“标准分函数”转换为标准“分值”函数，转换后的标准分值函数的类型有期大分值函数、期小分值函数和期间分值函数，通式如下所列。

期大分值函数：

$$z = (x - \bar{x})/s \tag{5-1}$$

期小分值函数：

$$z = -(x - \bar{x})/s \tag{5-2}$$

期间分值函数：

$$z = \begin{cases} (b - x)/s - \bar{z}' & x > b \\ -\bar{z}' & a \leqslant x \leqslant b \\ (x - a)/s - \bar{z}' & x < a \end{cases} \tag{5-3}$$

其中

$$z' = \begin{cases} (b - x)/s & x > b \\ 0 & a \leqslant x \leqslant b \\ (x - a)/s & x < a \end{cases}$$

式中　z——标准分值

x——原始分

$\bar{x}$——原始分的平均分值

s——原始分的标准差

z'——修正前标准分值

$\bar{z}'$——修正前标准分值的平均分值

a、b——待评因素指标期望区间的下界点和上界点

根据每一因素指标的期望建立标准分值函数，据此在原始分的基础上可计算出各因素指标的标准分值。

2. 因素指标及其权重的确定

根据卷烟产品的实际情况，先确定配方烟梗所关注的因素指标，根据各指标的相对重要性大小赋予相应的权重值，对于较重要的指标赋予较大的权重来突出其重要性。

3. 综合标准分值的计算

根据各因素指标的标准分值和因素指标的权重值，利用加权和法即可求得综合标准分值，根据综合标准分值的排序先后，即可评判出待评样本的优劣。

$$z_j = \sum_{i}^{m} z_{ij} p_i (i = 1, 2, \cdots, m; j = 1, 2, \cdots, n) \tag{5-4}$$

式中 z_j——第 j 个待评样本的综合标准分值

z_{ij}——第 j 个待评样本第 i 个因素指标的标准分值

m——待评因素指标数

n——待评样本数

p_i——第 i 个评判指标的权重

二、实例分析

选取国内 6 个主要产地烤烟上部、中部和下部烟梗，共 18 个样本为研究对象，将各样本制成梗丝后，分析检测其光泽、填充值、感官质量、焦油释放量和以 CO 为代表的烟气综合危害指数（H）5 个因素指标分值（表 5-1）。针对某二类卷烟以上用配方梗丝的具体要求，应用标准分值评价法对表 5-1 中待选烟梗的可用性进行综合评价。

表 5-1　　各梗丝样本指标评测原始分值

样本	光泽/分	填充值 /(cm^3/g)	感官质量 /分	焦油释放量 /(mg/g)	H
楚雄 B	8	7.12	16.94	11.01	15.64
楚雄 C	10	6.96	16.70	9.65	14.12

续表

样本	光泽/分	填充值/(cm^3/g)	感官质量/分	焦油释放量/(mg/g)	H
楚雄 X	8	6.68	16.03	9.12	12.02
南平 B	6	7.90	17.00	9.42	12.41
南平 C	10	6.52	16.75	9.02	12.06
南平 X	8	6.45	15.91	9.36	11.02
郴州 B	4	7.79	16.86	11.02	11.96
郴州 C	6	7.35	16.07	10.78	11.84
郴州 X	4	6.56	15.69	9.26	11.02
重庆 B	6	7.32	16.29	10.98	14.35
重庆 C	8	6.43	16.17	10.03	13.91
重庆 X	4	5.93	15.84	10.32	13.89
毕节 B	8	7.91	17.16	10.06	13.01
毕节 C	10	7.80	16.86	9.45	12.90
毕节 X	8	7.16	16.30	9.28	11.92
平顶山 B	6	8.88	16.93	11.21	15.62
平顶山 C	8	7.26	16.90	10.23	13.69
平顶山 X	6	7.02	16.68	9.83	11.14
平均值	7.11	7.17	16.50	10.00	12.92
标准差	1.97	0.71	0.46	0.74	1.45

1. 标准分值函数的建立和标准分值的计算

梗丝光泽原始分值单位记录为分，可参照 GB 5606.4—2005 对成品卷烟光泽的要求进行打分，满分 5 分，也可设定为 10 分或 100 分，总分的设定不影响标准分值最终判定结果。光泽分值为望大值，数值越高越好。

感官质量的原始分值单位记录为分，可参照行业标准的方法进行打分，单项分可以为常用的 9 分制，也可根据各企业需要增减评测的单项指标数量，变动各单项分值以及总分值，其设定均不影响标准分值最终判定结果。感官质量分值为望大值，数值越高越好。

填充值原始分值为实际测量值，根据行业标准进行检测，单位为 cm^3/g。填充值在理论上应为望大值，数值越高越好，但在实际生产中，出于对卷烟烟支物理指标（如硬度、端部落丝、吸阻）稳定性的考虑，企业往往希望其为某一区间值。如果设定为望大值，数值越高越好；如果设定为区间值，则数值越靠近该区间越好。本例中设置为区间值，实际值越靠近区间越好。

焦油及 7 种代表性有害成分［一氧化碳（CO）、氰化氢（HCN）、氨（NH_3）、苯酚、巴豆醛、苯并［a］芘（BaP）、4-（*N*-甲基亚硝胺基）-1-（3-吡啶基）-1-丁酮（NNK）］释放量原始分值为实际测量值，可根据现行相应国家标准进行检测。危害指数计算方法为：危害指数（*H*）=（CO/14.2+NNK/5.5+BaP/10.9+巴豆醛/18.6+苯酚/17.4+氨/8.1+HCN/146.3）×10/7。焦油释放量单位可为每支释放量（mg/支），也可转换为单克梗丝释放量（mg/g），其设定不影响标准分值的最终判定结果。危害指数原始分值不具有单位。焦油释放量和危害指数均为望小值，数值越小越好。

本例中，光泽原始分值采用 5 分制，感官质量原始分值采用单项 5 分制、6 个单项（香气质、香气量、浓度、杂气、刺激性、余味）、总分 30 分制，焦油及 7 种代表性有害成分释放量原始分值采用单克梗丝释放量，危害指数为单克梗丝危害指数，填充值设定为期间值 7.0~7.5cm^3/g。各因素指标的标准分计算如下表 5-2。

表 5-2　各梗丝样本因素指标标准分值及综合标准分值

样本	光泽/分	填充值/(cm^3/g)	感官质量/分	焦油释放量/(mg/g)	*H*	综合标准分值	排序
楚雄 B	0.45	0.49	0.93	−1.37	−1.87	−0.06	11
楚雄 C	1.47	0.43	0.43	0.48	−0.82	0.52	4
楚雄 X	0.45	0.04	−1.03	1.20	0.62	0.10	9
南平 B	−0.56	−0.07	1.07	0.79	0.35	0.49	5
南平 C	1.47	−0.19	0.54	1.33	0.59	0.85	1
南平 X	0.45	−0.29	−1.27	0.87	1.31	−0.04	10
郴州 B	−1.58	0.08	0.76	−1.38	0.66	−0.32	13
郴州 C	−0.56	0.49	−0.93	−1.06	0.74	−0.58	16
郴州 X	−1.58	−0.13	−1.77	1.01	1.30	−0.57	15
重庆 B	−0.56	0.49	−0.46	−1.32	−0.98	−0.66	17
重庆 C	0.45	−0.31	−0.72	−0.04	−0.68	−0.27	12
重庆 X	−1.58	−1.02	−1.43	−0.43	−0.67	−1.09	18
毕节 B	0.45	−0.09	1.41	−0.08	−0.07	0.55	3
毕节 C	1.47	0.07	0.77	0.75	0.01	0.76	2
毕节 X	0.45	0.49	−0.44	0.98	0.69	0.30	7

续表

样本	光泽/分	填充值/(cm³/g)	感官质量/分	焦油释放量/(mg/g)	H	综合标准分值	排序
平顶山 B	-0.56	-1.45	0.92	-1.64	-1.86	-0.53	14
平顶山 C	0.45	0.49	0.85	-0.31	-0.53	0.31	6
平顶山 X	-0.56	0.49	0.38	0.23	1.22	0.25	8

2. 因素指标及其权重的确定

根据某公司二类以上卷烟梗丝的要求，针对其可用性研究 5 个方面的指标，各指标的权重赋值情况如下：光泽 0.2 分、填充值 0.1cm³/g、感官质量 0.35 分、焦油释放量 0.25mg/g、H 为 0.1。

3. 综合标准分值的计算

将各因素指标的标准分值计算的结果代入公式（5-4），即可求得各样本综合可用性标准分值，并可按其大小进行排序（表 6-2）。从表 6-2 可知，该公司二类以上卷烟烟梗配方中烟梗原料的综合可用性最大的为南平 C、毕节 C、毕节 B。在实际生产使用时，应优先选用综合可用性排名较前的烟梗原料。

标准分评价法不仅能够准确反映单个梗丝样本某一指标在全体样本中的位置，又能消除梗丝不同指标之间评价量度的不同，使不同指标之间具有可比性，同时也能使不同指标之间具有加权可加性。应用标准分评价法对烟梗可用性的评价结果具有较强的针对性，梗丝评价指标及其权重的确定是标准分评价法恰当地表述烟梗综合可用性的关键。同一批烟梗样本，进入不同价类卷烟烟梗配方时，由于考察的因素指标及指标权重不同，其综合可用性排名也会不同。

第二节　典型烤烟生态区烟梗的工业可用性

不同产地及同一产地不同部位的烟梗质量均有一定差异，找出部位和产地对烟梗可用性的影响规律，可使烟梗资源在卷烟配方中得到优化配置，充分发挥烟梗资源的潜质。本节分析了不同产地、不同部位烟梗的物理特性、主要化学成分含量，感官质量评价及有害成分释放量的特点和差异。为消除年度间的差异，统一使用同一年度烟梗原料进行试验分析。

一、梗丝物理特性分析

1. 物理特性分析方法

色度：1~10 分，5 分为最好，分值越低色越淡，越高色越深。

光泽和油分：1~10 分，分值越高，光泽和油分越好。

2. 物理特性分析数据

梗丝的色度、光泽和油分直接影响着成品烟丝和卷烟烟支的光泽，在日常梗丝生产中，经常会出现部分梗丝偏白或发黑的现象，直接影响着成品卷烟的外观质量。不同产地的梗丝，色度差异较大；同一产地梗丝，颜色规律较为明显，上部较浅、中部居中、下部较深。

梗丝填充值是反映梗丝填充性能大小的指标，卷烟配方中使用梗丝的一个重要因素就是利用梗丝的高填充性降低烟丝消耗，同时也降低了焦油等烟气中的有害成分。理论上讲，梗丝填充值越高越好，但实际生产中，过高的填充值会影响卷烟烟支的硬度及吸阻，也会影响烟支燃烧的均匀性。同一产地梗丝，填充值规律较为明显：上部>中部>下部；不同产地的梗丝，整体上为四川省、湖南省、福建省稍低，云南省、河南省较高，数据见表 5-3。

表 5-3　　梗丝样本物理特性数据

序号	样品	色度/分	光泽/分	油分/分	填充值/(cm^3/g)
1	云南 B1	4.0	7.0	7.0	9.23
2	云南 B2	4.5	7.0	7.0	7.75
3	云南 B3	4.5	7.0	7.0	8.67
4	云南 B4	4.5	7.0	7.0	9.10
5	云南 B5	5.0	6.0	6.5	8.55
6	云南 C1	5.0	10.0	10.0	8.33
7	云南 C2	5.0	10.0	10.0	6.93
8	云南 C3	5.0	10.0	10.0	7.99
9	云南 C4	5.0	10.0	10.0	7.49
10	云南 C5	5.5	10.0	10.0	7.59
11	贵州 B1	4.0	7.0	7.0	9.17
12	贵州 B2	4.0	7.0	6.0	8.17
13	贵州 B3	4.0	7.0	7.0	8.65
14	贵州 B4	5.0	8.0	7.0	8.25

续表

序号	样品	色度/分	光泽/分	油分/分	填充值/(cm^3/g)
15	贵州 B5	5.0	8.0	8.0	8.26
16	贵州 C1	5.0	10.0	10.0	7.22
17	贵州 C2	5.0	10.0	10.0	6.88
18	贵州 C3	5.0	10.0	10.0	8.23
19	贵州 C4	5.0	10.0	10.0	7.58
20	贵州 C5	5.5	10.0	10.0	7.27
21	四川 B1	4.0	8.0	8.0	8.25
22	四川 B2	4.5	8.0	8.0	7.13
23	四川 B3	5.0	8.0	8.0	8.19
24	四川 B4	5.0	8.0	8.5	7.42
25	四川 B5	5.0	8.0	8.5	7.28
26	四川 C1	5.0	10.0	10.0	7.35
27	四川 C2	5.0	10.0	10.0	7.29
28	四川 C3	5.5	10.0	10.0	7.47
29	四川 C4	5.5	10.0	10.0	7.18
30	四川 C5	5.5	10.0	10.0	7.52
31	福建 B1	4.0	6.0	6.0	8.40
32	福建 B2	4.0	6.0	6.0	7.90
33	福建 B3	4.0	6.0	6.0	7.69
34	福建 B4	4.5	6.0	6.0	7.98
35	福建 B5	4.5	6.5	6.5	8.74
36	福建 C1	5.0	8.0	8.0	7.71
37	福建 C2	5.0	8.0	8.0	7.40
38	福建 C3	5.0	8.0	8.0	6.78
39	福建 C4	5.0	8.0	8.0	7.11
40	福建 C5	5.0	8.0	8.0	7.11
41	湖南 B1	7.0	6.0	6.0	7.98
42	湖南 B2	5.0	6.0	6.0	7.88
43	湖南 B3	4.5	6.0	6.0	7.71
44	湖南 B4	5.0	6.5	6.0	7.84

续表

序号	样品	色度/分	光泽/分	油分/分	填充值/(cm^3/g)
45	湖南 B5	4.5	6.5	6.0	8.18
46	湖南 C1	8.0	8.0	8.0	7.28
47	湖南 C2	8.0	8.0	8.0	6.60
48	湖南 C3	7.5	7.5	7.5	7.29
49	湖南 C4	7.0	7.5	7.5	7.06
50	湖南 C5	6.0	7.5	7.5	7.23
51	三门峡 B1	3.0	5.0	5.0	9.27
52	三门峡 B2	3.5	5.0	5.0	8.67
53	三门峡 B3	4.0	6.5	7.0	8.23
54	三门峡 B4	4.0	6.5	6.0	8.60
55	三门峡 B5	4.5	7.0	7.0	9.64
56	三门峡 C1	4.0	7.0	7.0	9.12
57	三门峡 C2	5.0	8.0	8.0	8.02
58	三门峡 C3	5.0	8.0	8.5	7.26
59	三门峡 C4	5.0	8.0	8.0	8.35
60	三门峡 C5	5.0	8.5	8.5	9.53
61	许昌 B1	2.0	4.0	4.0	11.09
62	许昌 B2	2.0	4.0	4.0	9.89
63	许昌 B3	3.5	6.0	5.0	8.06
64	许昌 B4	4.0	6.0	6.0	9.23
65	许昌 B5	4.0	6.5	6.5	9.01
66	许昌 C1	3.0	6.0	6.0	9.75
67	许昌 C2	4.0	6.0	7.0	9.37
68	许昌 C3	4.5	7.0	7.0	7.79
69	许昌 C4	5.0	7.0	7.0	8.30
70	许昌 C5	5.0	7.5	7.5	8.99

二、梗丝化学成分分析

1. 化学成分分析方法

常规化学成分如总糖、还原糖、总氮、烟碱、氯、钾采用流动分析法；

蛋白质采用 YC/T 166—2003《烟草和烟草制品　总蛋白质含量的测定》；木质素采用 GB/T 2677. 8—1994《造纸原料酸不溶木素含量的测定》；pH 采用 YC/T 222—2007《烟草及烟草制品　pH 的测定》；果胶采用 YC/T 346—2010《烟草及烟草制品　果胶的测定　离子色谱法》；多酚采用 YC/T 202—2006《烟草及烟草制品多酚类化合物绿　原酸、莨菪亭和芸香苷的测定》。

2. 化学成分分析数据

梗丝的总糖、还原糖、总氮、烟碱、钾、氯、蛋白质、木质素、pH、果胶和多酚等化学成分的含量如表 5-4 所示。

表 5-4　　梗丝样本化学成分含量

序号	编号	总糖/%	还原糖/%	总氮/%	烟碱/%	钾/%	氯/%	蛋白质/%	木质素/%	pH	果胶质/%	多酚/(μg/g)
1	云南 B1	12. 90	11. 38	1. 72	0. 71	4. 04	2. 01	6. 31	4. 36	4. 95	8. 72	1233. 59
2	云南 B2	12. 89	11. 03	1. 71	0. 67	4. 13	2. 03	6. 50	4. 97	4. 90	7. 96	1000. 31
3	云南 B3	12. 18	10. 55	1. 68	0. 63	4. 18	2. 17	6. 56	5. 47	4. 89	7. 36	903. 54
4	云南 B4	11. 60	9. 41	1. 67	0. 61	4. 24	2. 27	6. 63	5. 93	5. 30	6. 98	856. 16
5	云南 B5	11. 04	9. 94	1. 71	0. 63	4. 62	2. 34	6. 75	6. 21	4. 82	6. 70	826. 42
6	云南 C1	20. 55	17. 16	1. 61	0. 49	4. 35	1. 15	7. 00	4. 98	5. 02	5. 73	1082. 67
7	云南 C2	18. 87	15. 30	1. 61	0. 46	4. 38	1. 18	7. 19	5. 17	4. 97	5. 24	903. 88
8	云南 C3	18. 44	14. 86	1. 59	0. 50	4. 47	1. 34	6. 81	5. 73	4. 94	4. 94	812. 35
9	云南 C4	17. 57	14. 36	1. 57	0. 49	4. 57	1. 34	6. 75	6. 17	4. 80	4. 71	759. 06
10	云南 C5	16. 80	13. 40	1. 59	0. 48	4. 77	1. 31	6. 94	6. 38	4. 84	4. 43	725. 09
11	贵州 B1	13. 26	12. 11	1. 57	0. 70	5. 35	2. 19	5. 44	5. 04	4. 98	9. 87	1265. 18
12	贵州 B2	11. 46	10. 21	1. 54	0. 69	5. 41	2. 27	5. 31	5. 29	4. 95	9. 18	1092. 54
13	贵州 B3	10. 47	9. 45	1. 46	0. 64	5. 67	2. 31	5. 13	6. 02	4. 94	8. 49	979. 94
14	贵州 B4	10. 78	9. 60	1. 52	0. 62	5. 72	2. 49	5. 63	6. 46	4. 79	8. 11	926. 22
15	贵州 B5	10. 30	9. 15	1. 49	0. 59	5. 81	2. 77	5. 63	6. 69	4. 81	7. 80	894. 81
16	贵州 C1	20. 57	17. 95	1. 41	0. 52	6. 07	1. 82	5. 56	5. 83	4. 98	7. 75	1035. 63
17	贵州 C2	18. 64	16. 72	1. 49	0. 49	6. 15	1. 93	6. 25	6. 20	4. 94	7. 11	864. 58
18	贵州 C3	17. 99	14. 50	1. 46	0. 51	6. 22	1. 98	5. 94	6. 53	4. 90	6. 43	773. 98
19	贵州 C4	17. 36	14. 65	1. 41	0. 49	6. 38	2. 10	5. 75	6. 99	4. 77	6. 10	730. 44
20	贵州 C5	17. 20	14. 42	1. 42	0. 50	6. 48	2. 38	5. 75	7. 26	4. 79	5. 87	708. 36

续表

序号	编号	总糖/%	还原糖/%	总氮/%	烟碱/%	钾/%	氯/%	蛋白质/%	木质素/%	pH	果胶质/%	多酚/(μg/g)
21	四川 B1	14. 21	12. 24	1. 80	0. 73	5. 32	2. 07	6. 69	4. 60	4. 91	9. 05	1168. 71
22	四川 B2	13. 05	10. 72	1. 79	0. 69	5. 40	2. 08	6. 88	4. 99	4. 93	8. 41	1032. 08
23	四川 B3	12. 31	10. 43	1. 82	0. 67	5. 84	2. 26	7. 19	5. 17	4. 87	7. 75	928. 85
24	四川 B4	11. 94	10. 03	1. 79	0. 66	5. 86	2. 39	7. 06	5. 42	4. 76	7. 39	854. 05
25	四川 B5	11. 71	9. 55	1. 81	0. 68	5. 99	2. 55	7. 06	5. 68	4. 76	6. 96	819. 46
26	四川 C1	18. 77	16. 28	1. 67	0. 60	6. 01	2. 07	6. 69	4. 77	4. 89	8. 28	1261. 34
27	四川 C2	16. 13	13. 83	1. 59	0. 56	6. 14	2. 14	6. 44	5. 13	4. 88	7. 71	1078. 34
28	四川 C3	15. 97	13. 72	1. 53	0. 58	6. 11	2. 29	5. 94	5. 53	4. 83	7. 00	960. 96
29	四川 C4	15. 44	13. 14	1. 49	0. 57	6. 24	2. 30	5. 75	5. 92	4. 74	6. 67	890. 06
30	四川 C5	15. 50	12. 80	1. 48	0. 56	6. 39	2. 70	5. 75	6. 15	4. 73	6. 27	829. 52
31	福建 B1	7. 61	6. 63	1. 84	0. 97	5. 38	2. 11	5. 44	5. 36	5. 08	8. 90	1233. 88
32	福建 B2	7. 15	6. 04	1. 82	0. 95	5. 40	2. 21	5. 44	6. 06	5. 03	8. 17	1012. 02
33	福建 B3	6. 96	5. 98	1. 81	0. 87	5. 53	2. 37	5. 88	6. 57	5. 03	7. 41	911. 35
34	福建 B4	6. 32	5. 94	1. 77	0. 94	5. 46	2. 56	5. 19	7. 05	4. 89	7. 10	852. 83
35	福建 B5	6. 48	5. 41	1. 80	0. 86	5. 81	2. 88	5. 88	7. 29	4. 95	6. 87	813. 83
36	福建 C1	12. 21	9. 78	1. 34	0. 84	6. 30	1. 71	3. 13	6. 35	5. 02	4. 64	727. 00
37	福建 C2	11. 15	9. 54	1. 37	0. 76	6. 40	1. 79	3. 81	7. 92	5. 06	4. 32	636. 93
38	福建 C3	11. 04	9. 18	1. 29	0. 78	6. 41	1. 96	3. 19	8. 45	4. 98	3. 99	566. 21
39	福建 C4	10. 70	8. 99	1. 26	0. 76	6. 87	1. 91	3. 13	9. 06	4. 90	3. 82	530. 81
40	福建 C5	10. 20	8. 46	1. 19	0. 78	6. 89	2. 04	2. 56	9. 19	4. 91	3. 66	499. 48
41	湖南 B1	9. 28	8. 36	1. 70	0. 81	6. 13	1. 63	5. 56	6. 04	4. 91	8. 75	833. 18
42	湖南 B2	9. 14	8. 17	1. 67	0. 78	6. 30	2. 12	5. 56	6. 83	4. 98	8. 05	736. 73
43	湖南 B3	7. 16	6. 78	1. 73	0. 77	6. 39	2. 16	6. 00	7. 19	4. 95	7. 47	656. 85
44	湖南 B4	6. 21	5. 74	1. 69	0. 76	6. 38	2. 39	5. 81	7. 67	4. 79	7. 12	608. 70
45	湖南 B5	6. 17	5. 58	1. 67	0. 78	6. 90	2. 51	5. 56	7. 96	4. 84	6. 78	569. 58
46	湖南 C1	14. 64	13. 07	1. 27	0. 72	6. 89	2. 13	3. 44	6. 49	4. 82	8. 41	675. 74
47	湖南 C2	13. 25	11. 42	1. 15	0. 70	7. 24	2. 17	2. 81	7. 19	4. 83	7. 69	564. 92
48	湖南 C3	12. 33	10. 78	1. 13	0. 61	7. 37	2. 27	3. 25	7. 58	4. 85	7. 03	499. 34
49	湖南 C4	11. 97	10. 70	1. 17	0. 59	7. 37	2. 48	3. 63	8. 10	4. 76	6. 63	452. 17

续表

序号	编号	总糖/%	还原糖/%	总氮/%	烟碱/%	钾/%	氯/%	蛋白质/%	木质素/%	pH	果胶质/%	多酚/(μg/g)
50	湖南 C5	10.80	9.46	1.16	0.65	7.79	2.67	3.19	8.24	4.79	6.36	431.32
51	三门峡 B1	15.14	13.36	1.91	0.57	3.38	2.02	8.38	4.36	5.02	11.02	1096.31
52	三门峡 B2	14.03	12.56	1.95	0.49	3.46	2.10	9.13	4.92	5.18	10.30	956.31
53	三门峡 B3	13.87	12.21	2.04	0.53	3.59	2.09	9.44	5.39	4.92	9.48	855.13
54	三门峡 B4	12.64	11.33	1.98	0.50	3.88	2.13	9.25	5.81	4.85	9.02	780.82
55	三门峡 B5	12.80	11.50	1.95	0.48	3.81	2.15	9.19	6.14	4.84	8.59	734.37
56	三门峡 C1	17.59	16.28	1.71	0.51	3.22	2.15	7.50	5.09	4.95	9.34	950.46
57	三门峡 C2	17.61	15.85	1.78	0.42	3.45	2.19	8.50	6.04	4.94	8.69	841.84
58	三门峡 C3	17.34	15.76	1.79	0.47	3.52	2.27	8.25	6.72	4.85	8.02	769.34
59	三门峡 C4	15.43	14.27	1.78	0.46	3.58	2.29	8.25	7.21	4.77	7.62	724.05
60	三门峡 C5	14.80	13.60	1.68	0.52	3.72	2.53	7.25	7.59	4.80	7.31	677.32
61	许昌 B1	12.16	11.46	1.48	0.65	2.32	4.24	5.19	4.96	4.87	11.15	1354.01
62	许昌 B2	11.56	10.92	1.46	0.58	2.39	4.48	5.50	5.73	5.02	10.16	1188.63
63	许昌 B3	11.47	10.67	1.44	0.57	2.46	4.79	5.44	6.35	4.77	9.45	1040.26
64	许昌 B4	11.37	10.36	1.42	0.55	2.76	4.97	5.44	6.92	4.74	8.89	977.82
65	许昌 B5	9.80	9.07	1.41	0.53	2.93	4.90	5.50	7.23	4.63	8.55	946.24
66	许昌 C1	16.54	15.22	1.57	0.45	3.11	4.25	7.00	5.08	4.70	10.83	1081.46
67	许昌 C2	15.89	15.09	1.51	0.48	3.14	4.41	6.44	5.98	4.69	10.08	953.55
68	许昌 C3	15.92	14.79	1.54	0.47	3.45	4.46	6.69	6.72	4.62	9.20	866.63
69	许昌 C4	14.98	14.67	1.49	0.47	3.64	4.51	6.38	7.28	4.58	8.67	798.61
70	许昌 C5	13.00	12.94	1.51	0.46	3.77	4.77	6.56	7.62	4.50	8.27	763.02

三、梗丝感官质量及灰色评价

1. 感官评吸及灰色评价方法

每一醇化阶段梗丝烟支卷制后保存于-18℃条件下，待第 5 阶段梗丝烟支制好后，同时进行感官评吸。以同一产地、同一部位、5 醇化阶段的 5 个梗丝烟支为一组（共 12 组，许昌市梗丝烟支燃烧性差，不能正常抽吸，不再对其进行评价），对比评吸。评吸指标分为香气质、刺激性、杂气和余味 4 个单项，每单项 9 分，各指标分值均为质量分，共 36 分，计算出各项分值总和，求出平均值。记录灰色值，灰色越黑分值越低，灰色分值不列入感官质量评价总分。

应用卷烟共5个样本（共一组），评吸指标分为香气质、香气量、杂气、浓度、劲头、细腻程度、成团性、刺激性、干燥感、甜度和余味11个单项。将某一样本作为对照，各指标均赋值为9分，其余样本各指标与对照样本进行对比，劲头指标分会为绝对分值，其他各指标分值均为质量分，求出平均值。

2. 感官质量及灰色评价

烟梗的主要成分是细胞壁成分（含量为40%左右），包括纤维素、半纤维素、木质素和果胶等，致香物质相应较少，香气量已不是梗丝感官质量的一个重要指标，评吸中主要评价了梗丝烟支的香气质、刺激性、杂气、余味和灰色分值。具体各样品各项分值见表5-5。

表5-5 梗丝感官质量及灰色评价

样品	醇化时间/月	香气质/分	杂气/分	刺激性/分	余味/分	灰色/分
云南B1	12	7.5	7.5	7.0	7.5	7.5
云南B2	18	8.5	8.0	8.0	8.0	7.5
云南B3	24	7.5	7.5	7.5	7.5	7.0
云南B4	30	7.0	7.0	7.0	7.0	7.0
云南B5	36	6.5	6.5	6.0	6.5	7.0
云南C1	12	8.0	7.5	7.0	7.0	7.0
云南C2	18	8.5	8.0	7.5	7.0	7.0
云南C3	24	8.0	8.0	7.5	7.0	7.0
云南C4	30	7.5	7.0	7.0	7.0	7.0
云南C5	36	7.0	6.5	6.5	6.5	7.0
贵州B1	12	7.0	7.0	6.0	8.5	6.5
贵州B2	18	7.5	8.0	6.5	8.5	6.5
贵州B3	24	6.5	7.0	6.5	8.0	7.0
贵州B4	30	6.5	7.0	6.0	7.0	7.0
贵州B5	36	6.0	6.5	5.5	7.0	7.0
贵州C1	12	7.0	7.0	6.0	8.5	6.0

续表

样品	醇化时间/月	香气质/分	杂气/分	刺激性/分	余味/分	灰色/分
贵州 C2	18	8.5	7.5	6.5	8.5	6.0
贵州 C3	24	8.0	7.0	6.0	8.0	6.5
贵州 C4	30	7.0	7.0	6.0	8.0	6.5
贵州 C5	36	7.0	6.5	5.5	7.0	6.5
四川 B1	12	7.0	7.0	6.0	8.5	7.0
四川 B2	18	7.5	7.5	6.0	8.5	7.0
四川 B3	24	7.0	7.0	6.0	8.5	7.0
四川 B4	30	6.5	6.5	5.5	8.0	7.0
四川 B5	36	6.0	6.0	5.5	7.5	7.0
四川 C1	12	7.0	7.0	6.0	8.5	7.0
四川 C2	18	7.5	7.5	6.5	8.5	7.0
四川 C3	24	7.0	6.5	6.0	8.0	7.5
四川 C4	30	7.0	6.5	6.0	8.0	7.5
四川 C5	36	6.5	6.5	5.5	8.0	7.5
福建 B1	12	7.0	7.5	6.0	8.0	6.0
福建 B2	18	8.0	8.0	6.5	8.0	6.0
福建 B3	24	7.5	8.0	6.5	8.0	5.0
福建 B4	30	7.0	7.0	6.0	7.0	5.0
福建 B5	36	6.5	6.5	5.5	6.5	5.0
福建 C1	12	7.0	7.5	6.0	8.0	5.0
福建 C2	18	8.0	8.5	6.5	8.0	5.0
福建 C3	24	7.5	8.0	6.0	8.0	5.0
福建 C4	30	7.0	7.5	6.0	7.0	5.0
福建 C5	36	6.5	7.0	6.0	7.0	5.0
湖南 B1	12	6.5	7.0	6.0	7.5	6.5
湖南 B2	18	6.5	6.5	6.0	7.0	6.5
湖南 B3	24	6.0	6.0	5.5	7.0	5.5
湖南 B4	30	5.5	6.0	5.5	6.0	5.5
湖南 B5	36	5.0	5.5	5.0	6.0	5.5

续表

样品	醇化时间/月	香气质/分	杂气/分	刺激性/分	余味/分	灰色/分
湖南 C1	12	6.0	7.0	5.5	8.0	6.5
湖南 C2	18	6.0	6.5	5.5	7.0	6.5
湖南 C3	24	5.5	6.0	5.5	7.0	5.0
湖南 C4	30	5.5	5.5	5.0	6.5	5.0
湖南 C5	36	5.5	5.5	5.0	6.5	5.0
三门峡 B1	12	6.5	7.0	6.0	7.0	8.0
三门峡 B2	18	7.0	7.0	6.5	7.0	8.0
三门峡 B3	24	6.5	7.0	6.5	7.0	8.5
三门峡 B4	30	6.5	6.0	6.0	6.0	8.5
三门峡 B5	36	6.0	5.5	5.0	5.5	8.5
三门峡 C1	12	6.5	7.5	6.5	7.0	7.5
三门峡 C2	18	7.0	7.0	7.0	7.0	7.5
三门峡 C3	24	6.5	7.0	6.0	7.0	8.0
三门峡 C4	30	6.5	7.0	6.0	6.0	8.0
三门峡 C5	36	6.0	6.0	5.5	6.0	8.0

注：香气质、杂气、刺激性、余味和灰色评价的满分为 9 分。

四、梗丝烟气成分

1. 烟气成分分析方法

由于梗丝之间填充值差异较大，梗丝烟支的卷制是以烟支硬度为 65%±10%且不空头为标准进行卷制的，每种烟支的质量差异较大，所以把烟气单支释放量结果折算为单克梗丝的释放量，以便于比较。

梗丝燃吸后 9 种烟气成分分别为：焦油、烟碱、CO、NNK、苯并［a］芘（BaP）、巴豆醛、苯酚、氨（NH_3）、氢氰酸（HCN）的释放量，并计算出危害指数（H）：

$$H=(A/14.2+B/5.5+C/10.9+D/18.6+E/17.4+F/8.1+G/146.3)\times 10/7 \tag{5-5}$$

式中 A——CO 释放量，mg/g

B——NNK 释放量，ng/g

C——苯并［a］芘释放量，ng/g

D——巴豆醛释放量，μg/g

E——苯酚释放量，μg/g

F——NH_3 释放量，μg/g

G——HCN 释放量，μg/g

2. 梗丝烟气成分释放量及危害指数

梗丝烟气成分主要分析了梗丝燃吸后焦油、烟碱、CO、NNK、苯并［a］芘（BaP）、巴豆醛、苯酚、氨（NH_3）、氢氰酸（HCN）的释放量，并计算出危害指数（*H*）。各样品各项烟气成分释放量及危害指数见表 5-6。

表 5-6　　梗丝烟气成分释放量及危害指数

样品	醇化时间/月	焦油/(mg/g)	烟碱/(mg/g)	CO/(mg/g)	NNK/(ng/g)	BaP/(ng/g)	巴豆醛/(μg/g)	苯酚/(μg/g)	NH_3/(μg/g)	HCN/(μg/g)	*H*
云南 B1	12	11.72	0.33	20.03	9.98	6.93	31.10	4.25	11.52	236.05	12.59
云南 B2	18	10.29	0.30	20.79	9.72	6.73	32.79	4.10	9.89	286.29	12.89
云南 B3	24	8.86	0.30	20.06	9.58	8.45	32.75	2.93	9.22	317.29	13.09
云南 B4	30	7.63	0.31	21.14	8.11	8.63	35.23	2.72	9.06	247.57	12.31
云南 B5	36	7.46	0.30	21.34	8.61	9.24	36.89	2.53	9.05	282.43	12.99
云南 C1	12	12.35	0.26	19.95	7.93	7.15	31.50	4.10	8.55	170.56	10.93
云南 C2	18	10.78	0.23	19.90	6.91	5.20	34.33	3.36	8.94	196.22	10.89
云南 C3	24	9.65	0.23	20.58	8.27	7.03	34.41	2.63	7.21	216.92	11.39
云南 C4	30	10.78	0.21	21.07	6.77	7.16	36.21	2.44	7.11	208.44	11.09
云南 C5	36	7.37	0.18	21.81	6.97	7.66	38.46	2.27	7.10	207.59	11.43
贵州 B1	12	10.05	0.34	19.89	5.79	8.14	37.52	3.27	10.84	155.60	11.15
贵州 B2	18	8.16	0.28	20.37	5.04	8.65	39.81	2.53	9.99	218.73	11.66
贵州 B3	24	7.75	0.26	20.76	6.88	7.99	41.94	2.98	9.41	214.52	12.14
贵州 B4	30	7.56	0.25	21.05	6.39	8.09	43.26	2.77	8.74	307.63	12.93
贵州 B5	36	7.45	0.25	21.14	6.84	8.65	48.48	2.57	8.66	261.07	13.05
贵州 C1	12	8.49	0.28	18.06	4.81	6.77	29.79	2.71	6.83	100.98	8.66
贵州 C2	18	6.96	0.21	18.81	4.33	6.49	33.74	2.61	6.63	144.28	9.25
贵州 C3	24	7.86	0.20	19.12	4.04	8.34	34.00	2.52	6.50	189.25	9.88

续表

样品	醇化时间/月	焦油/(mg/g)	烟碱/(mg/g)	CO/(mg/g)	NNK/(ng/g)	BaP/(ng/g)	巴豆醛/(μg/g)	苯酚/(μg/g)	NH_3/(μg/g)	HCN/(μg/g)	H
贵州 C4	30	7.23	0.18	19.65	4.83	8.50	34.56	2.34	6.71	169.23	10.03
贵州 C5	36	6.96	0.15	20.84	4.03	9.10	37.63	2.34	6.49	167.23	10.20
四川 B1	12	9.03	0.30	19.36	5.84	7.91	31.12	4.04	5.15	202.13	10.10
四川 B2	18	8.26	0.28	19.56	5.17	8.07	35.70	3.15	5.88	226.71	10.62
四川 B3	24	7.66	0.26	19.93	5.39	9.23	36.84	3.07	6.71	234.60	11.17
四川 B4	30	7.47	0.26	19.58	5.86	9.38	37.89	2.86	6.04	196.62	10.85
四川 B5	36	7.66	0.26	20.03	5.27	10.03	40.70	2.66	6.35	215.61	11.27
四川 C1	12	9.75	0.27	18.62	4.57	7.92	31.62	3.95	5.57	193.36	9.72
四川 C2	18	8.52	0.25	18.99	4.90	8.10	32.07	3.86	5.78	217.73	10.17
四川 C3	24	7.65	0.23	19.23	4.28	8.21	36.90	2.99	5.48	229.44	10.41
四川 C4	30	7.43	0.23	19.65	4.36	8.30	37.81	2.78	6.21	206.74	10.44
四川 C5	36	7.51	0.22	20.01	4.58	8.88	41.26	2.58	6.35	204.47	10.86
福建 B1	12	8.12	0.35	16.58	8.04	8.57	40.59	4.55	3.98	93.13	9.98
福建 B2	18	7.65	0.27	17.56	8.01	7.61	38.33	3.38	3.79	100.95	9.72
福建 B3	24	6.90	0.26	17.23	8.55	8.83	38.10	2.95	4.49	115.32	10.20
福建 B4	30	6.90	0.26	18.66	8.19	9.05	35.39	2.74	4.86	94.32	9.91
福建 B5	36	6.78	0.24	18.97	8.32	9.68	34.68	2.55	4.98	104.82	10.11
福建 C1	12	8.36	0.31	16.67	9.48	6.91	33.83	3.31	3.35	56.87	9.06
福建 C2	18	7.12	0.25	18.23	7.49	6.45	32.86	3.48	3.39	69.61	8.71
福建 C3	24	6.85	0.24	19.89	7.01	6.35	31.68	2.54	3.01	69.40	8.50
福建 C4	30	6.52	0.24	20.32	7.64	6.35	30.66	2.36	3.79	60.88	8.67
福建 C5	36	6.49	0.22	20.61	6.87	6.79	30.06	2.19	3.10	60.02	8.37
湖南 B1	12	8.63	0.35	18.60	5.35	7.25	31.94	4.89	6.02	142.94	9.52
湖南 B2	18	7.35	0.29	19.28	5.10	7.07	31.37	3.56	5.90	170.61	9.60
湖南 B3	24	6.98	0.26	19.51	6.80	8.14	31.09	3.45	6.81	179.46	10.42
湖南 B4	30	6.67	0.27	19.88	6.56	8.29	31.08	3.21	7.05	195.59	10.59
湖南 B5	36	5.58	0.25	19.84	6.02	8.87	28.58	2.98	7.06	187.52	10.24
湖南 C1	12	9.92	0.31	17.43	4.66	7.14	26.62	5.59	6.76	112.27	8.69
湖南 C2	18	8.34	0.29	18.31	4.13	6.86	36.53	4.21	5.35	139.84	9.27

续表

样品	醇化时间/月	焦油/(mg/g)	烟碱/(mg/g)	CO/(mg/g)	NNK/(ng/g)	BaP/(ng/g)	巴豆醛/(μg/g)	苯酚/(μg/g)	NH_3/(μg/g)	HCN/(μg/g)	H
湖南 C3	24	7.65	0.27	19.78	4.52	8.07	33.77	4.07	6.28	150.79	9.73
湖南 C4	30	7.12	0.26	19.68	4.88	8.26	32.64	3.78	6.25	138.16	9.60
湖南 C5	36	6.93	0.24	19.80	4.24	8.83	31.31	3.52	6.09	136.90	9.36
三门峡 B1	12	8.60	0.28	19.86	4.80	6.87	44.10	2.07	7.25	259.00	11.51
三门峡 B2	18	7.49	0.25	20.34	4.08	7.47	41.83	2.31	7.90	411.80	12.90
三门峡 B3	24	7.24	0.23	22.65	4.34	7.58	38.26	2.29	7.02	404.66	12.72
三门峡 B4	30	7.12	0.22	22.88	4.04	7.62	30.91	2.13	8.08	436.33	12.58
三门峡 B5	36	7.16	0.23	23.12	4.53	8.16	28.84	1.98	8.13	420.50	12.49
三门峡 C1	12	9.43	0.25	20.83	3.43	7.51	45.44	3.42	7.81	292.97	11.98
三门峡 C2	18	7.97	0.23	21.04	3.48	8.82	42.10	3.25	7.89	318.72	12.18
三门峡 C3	24	7.84	0.22	21.23	3.37	8.91	41.64	2.08	7.44	353.07	12.31
三门峡 C4	30	7.89	0.22	22.29	3.66	9.11	39.23	1.93	8.33	386.74	12.81
三门峡 C5	36	7.75	0.21	23.46	3.77	9.74	31.13	1.80	8.41	390.11	12.45

参考文献

[1] 白永忠. 烟梗部位的差异性对卷烟品质影响的研究 [C]. 云南省烟草学会工业专业委员会 2007 年学术年会获奖论文. 2007.

[2] 程向红，董顺德，楚文娟，等. 不同部位和产地烟梗可用性分析 [J]. 南方农业学报，2016，47 (07)：1193-1197.

[3] 王月侠. 烟梗化学组成的分析 [J]. 烟草科技. 1996 (3)：16-17.

[4] 朱尊权. 烟叶的可用性与卷烟的安全性 [J]. 烟草科技，2000 (8)：3-6.

第六章 梗丝掺配对卷烟的影响

梗丝作为卷烟产品中常用掺配品，具有填充性高、燃烧性好、在烟气中产生焦油量较低和危害性相对低的优点，用于卷烟产品，可以有效降低卷烟原料成本，同时控制卷烟的有害成分及焦油释放量。在卷烟生产过程中，烟丝结构是决定卷烟的质量（如单支质量、烟支密度、端部落丝量、空头率和卷制质量稳定性）的重要因素。在卷烟中添加梗丝，梗丝的质量、分布形态和结构及掺配比例等同样会影响到卷烟产品质量。

第一节 梗丝形态表征

从外观上看，梗丝主要有丝状梗丝和片状梗丝。梗丝的形态尺寸影响其与叶丝混配均匀性，并对卷烟物理、烟气、感官及燃烧质量造成影响。

一、梗丝物理形态比较

片状梗丝、丝状梗丝和叶丝的形态对比如图 6-1 所示，从图中可以看出：传统工艺制出的片状梗丝色泽、形态与叶丝差异大；新型工艺制出的丝状梗丝形态与叶丝较为接近。

二、梗丝特征宽度和均匀性系数

梗丝宽度分布方程式［式（6-1）］可以表征梗丝宽度的分布和均匀程度，通过该式可计算出参数 d 和均匀性系数 e，均匀性系数反映样品宽度分布的均匀程度，该值越大，叶丝宽度分布的范围越窄，均匀性越好。

$$F(x)=\exp(-dx^{e}) \tag{6-1}$$

式中 x——区间下限，mm

$F(x)$——不小于 x 的梗丝宽度之和占总宽度的比例，即样品宽度区间限上累积百分比,%

d——方程参数

e——均匀性系数

为验证该方程是否适用于梗丝宽度分布的计算，将梗丝宽度按照>0，≥$a$mm，

（1）丝状梗丝

（2）片状梗丝

（3）叶丝

图 6-1　片状梗丝、丝状梗丝和叶丝的形态对比

≥$b$mm，≥$c$mm，……，划分为多个宽度区间。利用最小二乘法拟合叶丝宽度分布方程，做出拟合曲线及残差图。

特征宽度方程［式（6-2）］可以表征样品宽度的特征量，通过式（6-1）计算得来参数 d 和均匀性系数 e 代入特征宽度方程［式（6-2）］，计算出梗丝的特征宽度，结果精确至 0.01mm。

$$y = \exp\left[\frac{\ln\left(\frac{\ln 2}{d}\right)}{e}\right] \tag{6-2}$$

式中　y——梗丝样品特征宽度，mm

d——方程参数

e——均匀性系数

三、梗丝形态表征评价

选取了 8 组梗丝样品进行筛分（各层筛网孔径分别为 4.0，3.35，2.5，2.0，1.4，1.0mm），以 CCD 数码相机（图 6-2）获取梗丝的数字图像，并使用 Image-Pro Plus 6.0 图像分析软件对梗丝长度、平均宽度进行测量分析。对各梗丝样品的宽度分布曲线进行拟合，计算各样品的特征宽度 y 及均匀性系数 e。

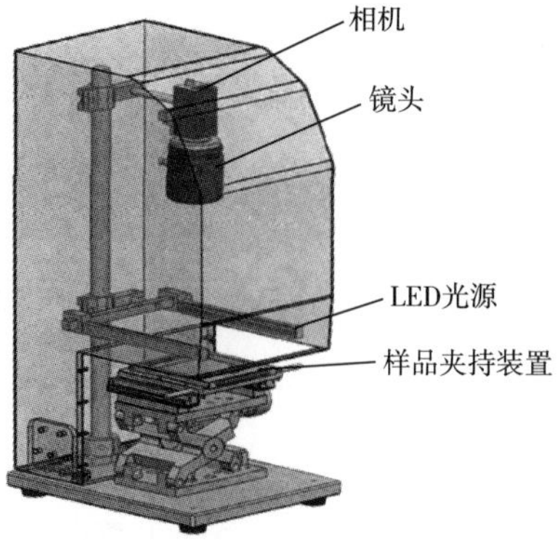

图 6-2　图像采集系统示意图

对 8 个梗丝样品的特征宽度、各宽度区间所占比例及所属形态进行统计分析，结果见表 6-1。从表 6-1 中可知：①当梗丝特征宽度 $y \leq 1.2$mm，梗丝宽度集中分布在 0.6~1.2mm 时（如 2#、4#样品），梗丝形态为丝状；②当特征宽度 $y > 1.8$mm，梗丝宽度集中分布在>1.8mm 区间内时（如 5#、8#样品），梗丝形态为片状；③当梗丝特征宽度 $1.2\text{mm} < y \leq 1.8$mm，宽度在 0.9~1.5mm 的梗丝占比最高时（如 3#样品），梗丝形态为近丝状；当梗丝特征宽度 $1.2\text{mm} < y \leq 1.8$mm，宽度在 1.2~1.8mm 的梗丝占比最高时（如 1#、6#、7#样品），梗丝形态为近片状。

表 6-1　　梗丝样品宽度区间分布占比及所属形态

梗丝样品	y/mm	各宽度区间梗丝所占比例/%				实物形态
		0.6~1.2mm	0.9~1.5mm	1.2~1.8mm	>1.8mm	
1#	1.65	13.3	46.6	63.3	23.4	近片状
2#	1.02	84.2	65.0	13.3	0	丝状
3#	1.25	54.2	85.0	45.8	0	近丝状
4#	1.00	85.0	59.1	10.0	0.8	丝状
5#	3.77	0	2.0	3.0	97.0	片状
6#	1.72	19.0	39.0	47.0	34.0	近片状
7#	1.62	10.8	44.1	72.5	16.7	近片状
8#	2.32	5.0	10.0	17.0	78.0	片状

由此可以建立梗丝形态的表征方法，即将梗丝特征宽度、占比最高的梗丝宽度区间这两项指标相结合，定义梗丝的形态。将梗丝形态划分为丝状、片状、近丝状和近片状 4 种，每种梗丝的特征宽度、占比最高的梗丝宽度区间见表 6-2。

表 6-2　　梗丝形态表征方法

梗丝形态	y/mm	占比最高的梗丝宽度区间/mm
丝状	$y \leq 1.2$	<1.2
近丝状	$1.2 < y < 1.8$	0.9~1.5
近片状		1.2~1.8
片状	$y \geq 1.8$	>1.8

此外，由宽度分布方程可计算出样品的宽度均匀性系数（表 6-3），所测 8 个梗丝样品的宽度均匀性系数在 3.0~6.6。定义均匀性系数≥5.5 的样品宽度分布较为均匀，均匀性系数<5.5 的样品宽度分布不均匀。

表 6-3　　梗丝样品均匀性系数

样品编号	1#	2#	3#	4#	5#	6#	7#	8#
均匀性系数	4.902	5.993	6.607	5.653	3.151	5.065	6.213	4.349

第二节　梗丝形态对卷烟质量的影响

本节分别选取典型的片状与丝状梗丝，分别与叶丝进行掺配，对比分析了梗丝形态对配方烟丝质量、卷烟物理指标、烟气指标及卷烟燃烧性能的影响。

一、梗丝与叶丝物理指标比较

片状梗丝、丝状梗丝和叶丝的密度、填充值、结构检测结果见表 6-4、表 6-5，结构对比情况如图 6-3 所示。从表 6-4 和图 6-3 可以看出：①丝状梗丝的表观密度和真密度明显低于叶丝，片状梗丝略高于叶丝；②丝状梗丝和片状梗丝的填充值较为接近，均显著高于叶丝；③丝状梗丝尺寸主要集中在 2.0~4.5mm（占比 75.01%），片状梗丝尺寸主要集中在>3.35mm（占比 76.36%），叶丝尺寸主要集中在>7.1mm 和 2.0~3.35mm（分别占比 50.39% 和 15.38%）。

表 6-4　　片状梗丝、丝状梗丝和叶丝密度、填充值检测结构结果

材料	表观密度/(g/cm^3)	真密度/(g/cm^3)	填充值/(cm^3/g)
丝状梗丝	0.688	0.839	7.82
片状梗丝	1.162	1.356	7.76
叶丝	1.096	1.263	4.263

表 6-5　　片状梗丝、丝状梗丝和叶丝结构检测结果

筛网规格/mm	丝状梗丝/g	片状梗丝/g	叶丝/g
>7.1	0.516	11.411	15.117
4.5<x<7.1	3.685	7.642	2.617
3.35<x<4.5	12.574	3.855	3.104
2.0<x<3.35	9.931	4.843	4.615
1.25<x<2.0	2.897	1.676	3.593
1.0<x<1.25	0.598	0.621	1.731
x<1.0	0.083	0.294	0.336

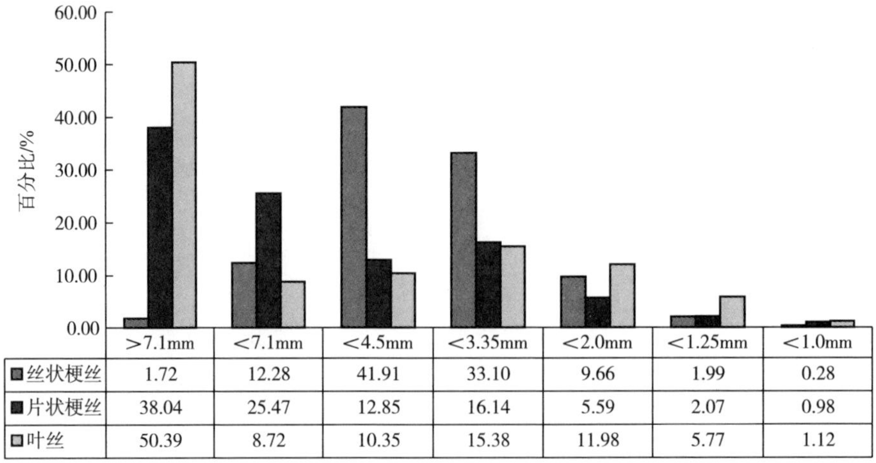

	>7.1mm	<7.1mm	<4.5mm	<3.35mm	<2.0mm	<1.25mm	<1.0mm
丝状梗丝	1.72	12.28	41.91	33.10	9.66	1.99	0.28
片状梗丝	38.04	25.47	12.85	16.14	5.59	2.07	0.98
叶丝	50.39	8.72	10.35	15.38	11.98	5.77	1.12

图 6-3　片状梗丝、丝状梗丝和叶丝不同尺寸结构对比

注：表中数据表示烟丝在某一尺寸范围内的质量占该形态烟丝总质量的百分比，如丝状梗丝中，>7.1mm 的梗丝含量占丝状梗丝总质量的 1.72%。

二、掺配均匀性比较

各掺配混合环节，片状梗丝、丝状梗丝与叶丝混合均匀度的检测结果见表 6-6，单因素方差分析结果见表 6-7。由表 6-6 和表 6-7 可知：①滚筒加香环节片状梗丝与叶丝的混合均匀度略高于丝状梗丝，但两者之间的差异并不显著；②混丝和卷制环节丝状梗丝与叶丝的混合均匀度均高于片状梗丝，且差异显著；③总体来说，卷制后丝状梗丝与叶丝的混合均匀度更高。

表 6-6　各掺配混合环节混合均匀度检测结果　单位：%

样品编号	加香		混丝		卷制	
	丝状	片状	丝状	片状	丝状	片状
1	95.46	95.68	95.88	95.06	92.45	92.26
2	95.28	95.26	95.71	95.46	92.35	91.94
3	95.57	95.71	95.78	95.20	92.50	92.28
4	95.76	95.73	95.72	95.00	92.61	92.29
5	95.75	95.79	95.93	95.30	92.60	92.34
6	95.85	95.92	95.80	95.38	92.65	92.44
7	95.11	95.33	96.06	95.35	92.26	92.00
8	95.48	95.62	95.75	95.43	92.46	92.21
9	95.73	95.70	95.63	95.16	92.59	92.28
10	95.31	95.54	95.62	95.16	92.37	92.15

注：丝状表示掺配有丝状梗丝的烟丝，片状表示掺配有片状梗丝的烟丝，下表同。

表 6-7　混合均匀度方差分析结果

工序	加香		混丝		卷制	
	丝状	片状	丝状	片状	丝状	片状
均值/%	95.53	95.63	95.79	95.25	92.48	92.22
标准偏差/%	0.25	0.20	0.13	0.16	0.13	0.15
P	0.34		0.00		0.00	

三、梗丝形态对配方烟丝物理质量的影响

分别将片状梗丝、丝状梗丝与叶丝按相同比例进行掺配，各掺配环节烟丝中梗丝含量的检测结果见表 6-8。在加香、混丝、预供丝和卷制四个工序中，混合后烟丝中片状梗丝和丝状梗丝的含量无明显差异。

表 6-8　各掺配环节烟丝中梗丝含量检测结果

工序	加香		混丝		预供丝		卷制	
	丝状	片状	丝状	片状	丝状	片状	丝状	片状
均值/%	4.97	4.99	5.01	4.99	5.0	5.01	4.96	4.98
标准偏差/%	0.23	0.24	0.25	0.25	0.3	0.29	0.28	0.3

对混配烟丝进行取样检测，分析其含水率、填充值、整丝率、碎丝率和纯净度等物理指标，如表 6-9 中所示。可知两种不同形态梗丝与叶丝混配后的烟丝，其填充值、整丝率、碎丝率等物理指标无明显差异。

表 6-9　两种不同形态梗丝与叶丝混配后烟丝物理指标检测结果

指标	含水率/%		填充值/(cm^3/g)		整丝率/%		碎丝率/%		纯净度/%	
	丝状	片状	丝状	片状	丝状	片状	丝状	片状	丝状	片状
平均值	12.46	12.47	4.58	4.56	79.2	79.1	2.62	2.5	99.5	99.2
标准偏差	0.2	0.2	0.1	0.14	1.3	1.2	0.5	0.4	0.1	0.2
P	0.64		0.23		0.5		0.58		0.43	

四、梗丝形态对卷烟物理指标的影响

对掺配两种不同形态梗丝的卷烟样品进行检测分析，各项物理指标及方差分析分别见表 6-10 和表 6-11。可看出：①掺配丝状梗丝的卷烟样品与掺配片状梗丝的卷烟样品相比，吸阻略有增加，硬度略有降低；②掺配丝状梗丝的卷烟样品，其含末率、端部落丝、质量标偏、吸阻标偏和硬度标偏等关键质量指标均比掺配片状梗丝的卷烟样品小，且差异显著；③总体来说，掺配丝状梗丝的卷烟样品物理质量较好。

表 6-10　卷烟样品物理质量检测结果

卷烟样品	单支质量/g	单支质量标准偏差/g	吸阻/kPa	吸阻标偏/kPa	硬度/%	硬度标准偏差/%	圆周/mm	长度/mm	含末率/%	端部落丝/(mg/支)
S 卷烟	0.5430	0.0129	1.2202	0.0549	62.63	2.82	16.95	96.97	1.79	3.1
P 卷烟	0.5428	0.0131	1.1937	0.0558	62.92	2.90	16.93	96.68	1.80	3.2

注：S 卷烟—掺配丝状梗丝的细支卷烟，P 卷烟—掺配片状梗丝的细支卷烟，本节其余表格皆同。

表 6-11 卷烟样品物理质量指标方差分析

指标	含末率/%		端部落丝/(mg/支)		单支质量标准偏差/g		吸阻标准偏差/kPa		硬度标准偏差/%	
	S 卷烟	p 卷烟	S 卷烟	P 卷烟	S 卷烟	P 卷烟	S 卷烟	P 卷烟	S 卷烟	P 卷烟
平均值	1.79	1.8	3.1	3.2	0.0129	0.0131	0.0549	0.0558	2.82	2.90
均方差	0.15	0.1	0.5	0.6	0.0009	0.001	0.0045	0.0048	0.5	0.4
P	0.03		0.05		0.03		0.02		0.04	

五、梗丝形态对卷烟烟气指标的影响

分析检测掺配两种不同形态梗丝卷烟样品的烟气指标，结果见表 6-12，方差分析如表 6-13 所示。可知：①掺配两种不同形态梗丝卷烟样品的总粒相物、水分、焦油量和 CO 量的 *P* 值均大于 0.05，无显著差异；②掺配丝状梗丝卷烟样品的抽吸口数和烟碱含量高于掺配片状梗丝的卷烟样品，且差异显著；③总体来说，掺配两种不同形态梗丝卷烟样品的烟气质量基本一致，掺配丝状梗丝卷烟样品的烟碱含量稍高，有利于提升卷烟的满足感。

表 6-12 卷烟样品烟气质量检测结果

卷烟样品	项目	抽吸口数	总粒相物/(mg/支)	水分/(mg/支)	焦油/(mg/支)	烟碱/(mg/支)	CO/(mg/支)
S 卷烟	均值	6.29	7.49	0.56	6.52	0.54	4.43
	标偏	0.07	0.38	0.06	0.33	0.01	0.3
P 卷烟	均值	6.1	7.2	0.52	6.52	0.52	4.44
	标偏	0.13	0.53	0.11	0.5	0.01	0.22

表 6-13 卷烟样品烟气质量方差分析结果

差异源		抽吸口数	总粒相物	水分	焦油	烟碱	CO
离差平方和	组间	0.2514	0.6318	0.0143	0.0001	0.0032	0.0015
	组内	0.3187	6.0335	0.2108	5.0361	0.0017	1.9074
自由度	组间	1	1	1	1	1	1
	组内	28	28	28	28	28	28
均方	组间	0.2514	0.6318	0.0143	0.0001	0.0032	0.0015
	组内	0.0114	0.2155	0.0075	0.1799	0.0001	0.0681

续表

差异源	抽吸口数	总粒相物	水分	焦油	烟碱	CO
F 值	22.09	2.93	1.90	0.00	52.94	0.02
P 值	0.0001	0.0979	0.1795	0.9815	0.0000	0.8831
F 临界值	4.1960	4.1960	4.1960	4.1960	4.1960	4.1960

六、梗丝形态对卷烟燃烧性能的影响

掺配两种不同形态梗丝卷烟样品的燃烧速率、热塌陷检测结果见表 6-14，包灰性能和燃烧温度检测分别见图 6-4 和图 6-5。可知：①掺配丝状梗丝的卷烟样品，其燃烧速率和热塌陷程度均高于掺配片状梗丝的卷烟样品；②掺配丝状梗丝的卷烟样品，包灰较紧，外翻灰片较少，持灰能力较好，优于掺配片状梗丝的卷烟样品；③掺配丝状梗丝的卷烟样品，抽吸过程中燃烧温度低于掺配片状梗丝的卷烟样品，有利于提升抽吸时的口腔舒适度；④总体来说，掺配丝状梗丝卷烟样品的燃烧性能优于掺配片状梗丝的卷烟样品。

表 6-14　卷烟燃烧速率和热塌陷检测结果

卷烟样品	燃烧速率		热塌陷	
	均值/(mm/min)	标准偏差/(mm/min)	均值/mm	标准偏差/(mm/min)
S 卷烟	5.65	0.31	1.19	0.35
P 卷烟	5.56	0.25	1.03	0.36

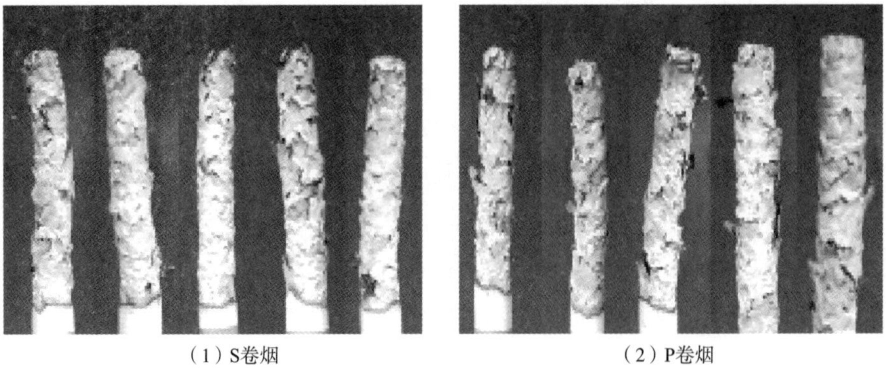

（1）S卷烟　　（2）P卷烟

图 6-4　卷烟样品包灰性能检测结果

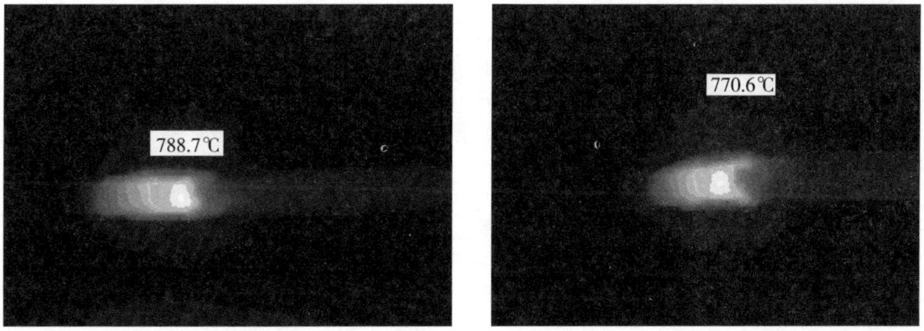

（1）P卷烟　　（2）S卷烟

图 6-5 卷烟样品燃烧温度检测结果

第三节 梗丝掺配比例对卷烟质量的影响

目前国内相当多的卷烟产品在叶组配方设计时，除添加梗丝外，同时掺兑膨胀烟丝和烟草薄片以调控卷烟主流烟气中的总粒相物、焦油等指标。本节研究分析了膨胀梗丝、膨胀烟丝和烟草薄片（以下简称“三丝”）掺配比例对卷烟物理指标和烟气中有害成分的影响规律。

本研究中，共设计了膨胀梗丝、膨胀烟丝和烟草薄片 3 组样品，每组 5 个样品，总计 15 个样品。

（1）膨胀梗丝　此组样品中，不添加膨胀烟丝和薄片，仅变化膨胀梗丝的掺兑比例，分别为 10%，20%，30%，40%，50%。

（2）膨胀烟丝　此组样品中，不添加膨胀梗丝和薄片，仅变化膨胀烟丝的掺兑比例，分别为 10%，20%，30%，40%，50%。

（3）烟草薄片　此组样品中，不添加膨胀梗丝和膨胀烟丝，仅变化烟草薄片的掺兑比例，分别为 10%，20%，30%，40%，50%。

一、掺配比例对卷烟物理指标的影响

本研究以烟支硬度作为卷烟样品制备过程中的控制指标，在烟支硬度基本一致的情况下，考察“三丝”掺兑量对烟丝质量、卷烟吸阻和抽吸口数的影响。本研究主要通过相关系数，考察“三丝”掺兑量对烟丝质量、卷烟吸阻和抽吸口数的影响。

统计学上一般认为：

相关系数>0.9，呈显著相关；

相关系数为 0.9~0.7，有一定相关关系；

相关系数<0.7，无相关关系。

表6-15列出了“三丝”掺兑量单因素卷烟样品的物理指标。

表6-15　“三丝”掺兑量单因素卷烟样品的物理指标

样品编号	三丝掺兑量			烟丝质量/(mg/支)	开式吸阻/pa	硬度/%	抽吸口数
	膨胀梗丝/%	膨胀烟丝/%	烟草薄片/%				
1	10	0	0	677	1110	69.9	7.2
2	20	0	0	664	1150	70.7	6.5
3	30	0	0	651	1150	70.7	6.3
4	40	0	0	671	1300	70	6.3
5	50	0	0	625	1250	69.9	5.5
6	0	10	0	663	1100	70.3	7.6
7	0	20	0	636	1050	72	7.5
8	0	30	0	609	1100	70.3	6.8
9	0	40	0	582	1250	71.5	7.1
10	0	50	0	555	1250	72.2	6
11	0	0	10	680	1000	68.1	7.1
12	0	0	20	670	1010	68	6.5
13	0	0	30	660	1050	70.2	6.1
14	0	0	40	650	1000	70.4	6.2
15	0	0	50	640	1100	67.8	5.4

表6-15中的数据表明，不同“三丝”掺兑量单因素卷烟样品的硬度最大值为72.2，最小值为67.8，平均值为70.1，变异系数为1.9%，说明制备卷烟样品的硬度基本一致，符合实验设计的要求。

1. 烟丝质量

如图6-6和表6-16所示，膨胀梗丝、膨胀烟丝和烟草薄片掺兑量与烟丝质量相关系数均大于0.90，说明膨胀梗丝、膨胀烟丝和烟草薄片掺兑量与烟丝质量显著相关。

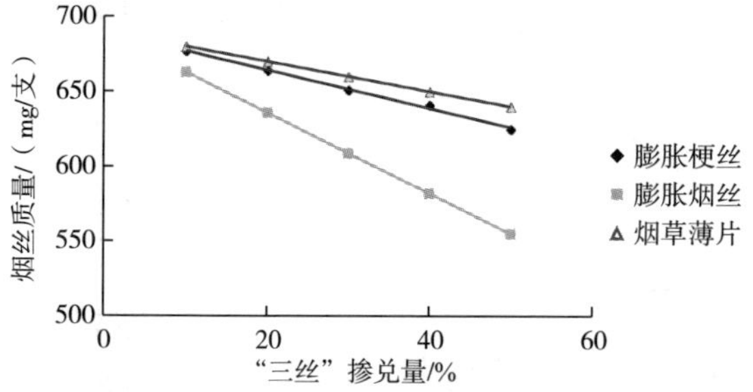

图 6-6 "三丝"掺兑量与烟丝质量的关系

表 6-16 "三丝"掺兑量与烟丝质量的线性相关方程参数

线性相关方程参数	膨胀梗丝	膨胀烟丝	烟草薄片
截距	690.7	690.0	690.0
斜率	-1.27	-2.70	-1.00
相关系数	0.99	0.99	0.99

根据线性相关方程，膨胀梗丝掺兑量增加 10%，烟丝质量减少约 1.8%；膨胀烟丝掺兑量增加 10%，烟丝质量减少约 3.1%；烟草薄片掺兑量增加 10%，烟丝质量减少约 1.3%。

2. 烟支吸阻

如图 6-7 和表 6-17 所示，膨胀梗丝和膨胀烟丝掺兑量与烟支吸阻相关系数分别为 0.85 和 0.84，说明膨胀梗丝和膨胀烟丝掺兑量与烟支吸阻有一定相关关系；烟草薄片掺兑量与烟支吸阻相关系数为 0.69，说明烟草薄片掺兑量与烟支吸阻无相关关系。

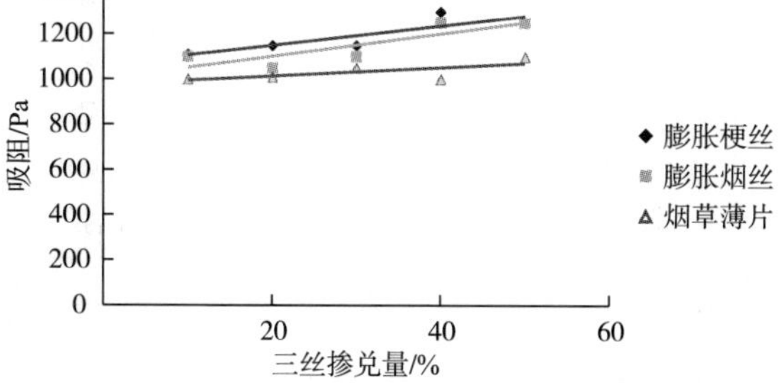

图 6-7 "三丝"掺兑量与烟支吸阻的关系

表 6-17　　“三丝”掺兑量与烟支吸阻的线性相关方程参数

线性相关方程参数	膨胀梗丝	膨胀烟丝	烟草薄片
截距	1063.0	1000.0	975.0
斜率	4.30	5.00	1.90
相关系数	0.85	0.84	0.69

根据线性相关方程，膨胀梗丝掺兑量增加 10%，卷烟吸阻增加约 3.0%；膨胀烟丝掺兑量增加 10%，卷烟吸阻增加约 3.0%。

3. 抽吸口数

如图 6-8 和表 6-18 所示，膨胀梗丝和烟草薄片掺兑量与卷烟抽吸口数相关系数分别为 0.94 和 0.94，说明膨胀梗丝和烟草薄片掺兑量与卷烟抽吸口数显著相关；膨胀烟丝掺兑量与卷烟抽吸口数相关系数为 0.88，说明膨胀烟丝掺兑量与卷烟抽吸口数有一定相关关系。

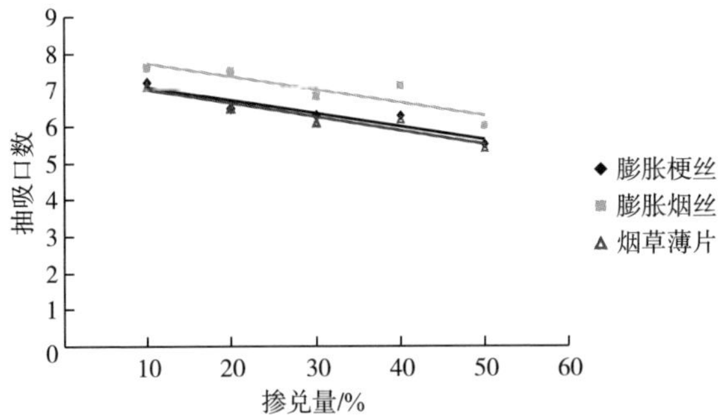

图 6-8　“三丝”掺兑量与抽吸口数的关系

表 6-18　　“三丝”掺兑量与抽吸口数的线性相关方程参数

线性相关方程参数	膨胀梗丝	膨胀烟丝	烟草薄片
截距	7.44	8.08	7.37
斜率	-0.04	-0.04	-0.04
相关系数	0.94	0.88	0.94

根据线性相关方程，膨胀梗丝、膨胀烟丝和烟草薄片掺兑量分别增加 10%，卷烟抽吸口数减少约 0.4。

二、掺配比例对有害成分释放量的影响

本部分研究膨胀梗丝、膨胀烟丝和烟草薄片在配方中的掺兑量对卷烟有

害成分释放量的单因素影响，卷烟有害成分释放量的测定结果见表6-19。

表6-19　　“三丝”掺兑量对有害成分释放量的影响

样品编号	焦油/（mg/支）	烟碱/（mg/支）	CO/（mg/支）	NNK/（ng/支）	巴豆醛/（μg/支）	HCN/（μg/支）	BaP/（ng/支）	NH_3/（μg/支）	苯酚/（μg/支）
1	11.5	1.0	11.5	4.7	17.2	140.6	9.3	8.8	22.0
2	10.7	0.9	11.6	4.6	17.7	134.1	9.2	7.9	15.1
3	10.2	0.8	11.4	4.5	18.5	132.4	8.1	7.0	17.2
4	8.5	0.5	12.4	4.7	19.3	129.7	7.0	5.9	8.2
5	8.3	0.5	12.7	4.2	20.2	116.7	6.3	5.5	6.3
6	14.3	1.2	11.3	4.7	16.8	146.9	11.8	12.1	21.0
7	14.3	1.4	11.1	4.3	17.4	152.2	12.1	11.6	23.1
8	13.5	1.2	10.5	4.8	17.8	150.4	10.1	10.2	18.6
9	12.9	1.1	10.2	4.5	18.1	148.5	10.0	10.1	17.9
10	12.4	1.1	10.0	4.8	18.4	147.6	9.1	8.8	16.7
11	14.7	1.3	12.8	4.7	17.3	140.2	12.0	11.9	20.3
12	11.7	1.1	11.6	4.4	19.0	135.9	9.6	9.3	14.6
13	12.3	1.1	13.1	4.5	19.4	129.0	9.0	8.9	14.6
14	10.9	0.9	13.1	5.1	22.1	124.6	8.1	8.0	13.0
15	9.9	0.9	13.3	4.7	22.9	106.4	6.7	7.3	9.7

1. 焦油释放量

如图6-9和表6-20所示，膨胀梗丝、膨胀烟丝和烟草薄片掺兑量与焦油释放量相关系数均大于0.90，说明膨胀梗丝、膨胀烟丝和烟草薄片掺兑量与焦油释放量显著相关。

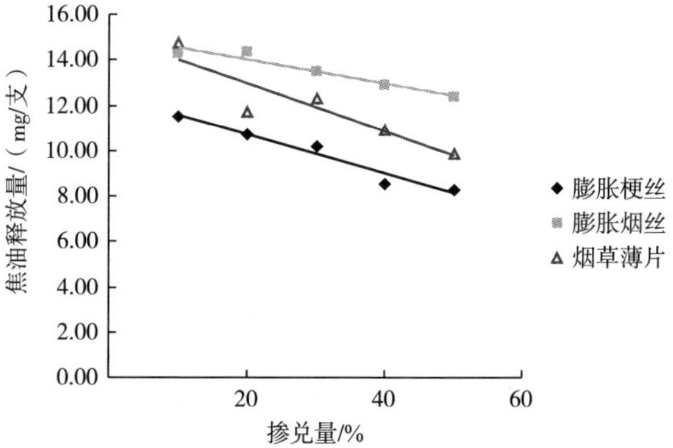

图6-9　“三丝”掺兑量与焦油释放量的关系

表 6-20 “三丝”掺兑量与焦油的线性相关方程参数

线性相关方程参数	膨胀梗丝	膨胀烟丝	烟草薄片
截距	12.45	15.04	15.06
斜率	-0.087	-0.052	-0.11
相关系数	0.97	0.97	0.93

膨胀梗丝、膨胀烟丝和烟草薄片掺兑量与焦油释放量线性相关方程的斜率都为负数，说明随着“三丝”掺兑量增加，焦油释放量呈下降的趋势。

2. 烟碱释放量

如图 6-10 和表 6-21 所示，膨胀梗丝和烟草薄片掺兑量与烟碱释放量相关系数分别为 0.96 和 0.92，说明膨胀梗丝和烟草薄片掺兑量与烟碱释放量显著相关；膨胀烟丝掺兑量与烟碱释放量相关系数为 0.72，说明膨胀烟丝掺兑量与烟碱释放量有一定相关性。

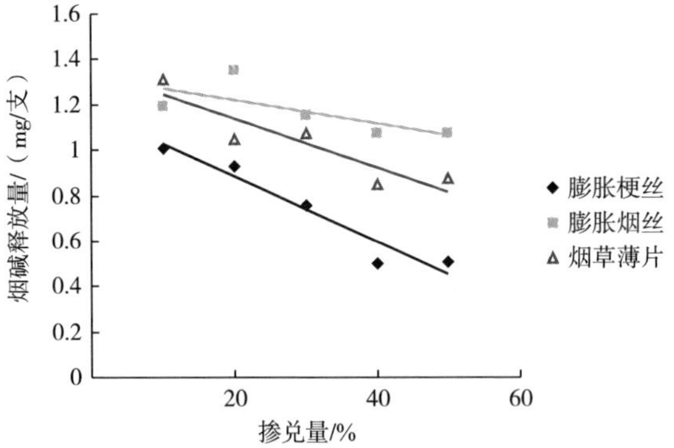

图 6-10 “三丝”掺兑量与烟碱释放量的关系

表 6-21 “三丝”掺兑量与烟碱的线性相关方程参数

线性相关方程参数	膨胀梗丝	膨胀烟丝	烟草薄片
截距	1.17	1.33	1.35
斜率	-0.014	-0.0052	-0.011
相关系数	0.96	0.72	0.92

膨胀梗丝、膨胀烟丝和烟草薄片掺兑量与烟碱释放量线性相关方程的斜率均为负数，说明随着“三丝”掺兑量增加，烟碱释放量降低。

3. CO 释放量

如图 6-11 和表 6-22 所示，膨胀梗丝与 CO 释放量相关系数为 0.87，说明膨胀梗丝掺兑量与 CO 释放量有一定相关关系；膨胀烟丝掺兑量与 CO 释放量相关系数为 0.98，说明膨胀烟丝掺兑量与 CO 释放量显著相关；烟草薄片掺兑量与 CO 释放量相关系数为 0.57，说明烟草薄片掺兑量与 CO 释放量无相关关系。

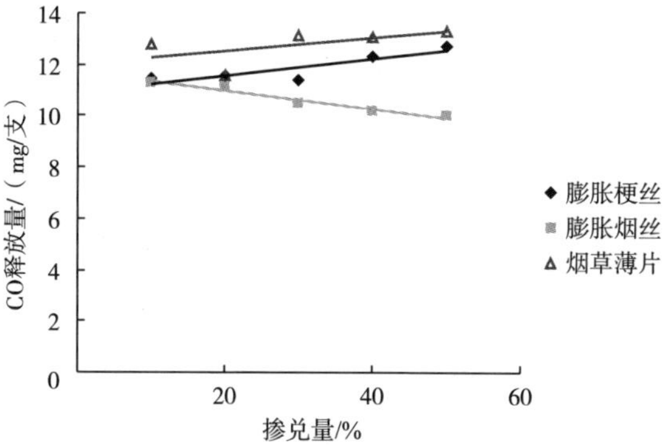

图 6-11　“三丝”掺兑量与 CO 释放量的关系

表 6-22　“三丝”掺兑量与 CO 的线性相关方程参数

线性相关方程参数	膨胀梗丝	膨胀烟丝	烟草薄片
截距	10.90	11.68	12.05
斜率	0.033	-0.033	0.025
相关系数	0.87	0.98	0.57

膨胀梗丝掺兑量与 CO 释放量线性相关方程的斜率为正数，说明随着膨胀梗丝掺兑增加，CO 释放量增加；膨胀烟丝掺兑量与 CO 释放量线性相关方程的斜率为负数，说明随着膨胀烟丝掺兑量增加，CO 释放量降低。

4. NNK 释放量

如图 6-12 和表 6-23 所示，膨胀梗丝掺兑量与 NNK 释放量相关系数为 0.73，说明膨胀梗丝掺兑量与 NNK 释放量有一定相关关系；膨胀烟丝和烟草薄片掺兑量与 NNK 释放量相关系数分别为 0.22 和 0.33，说明膨胀烟丝和烟草薄片掺兑量与 NNK 释放量无相关关系。

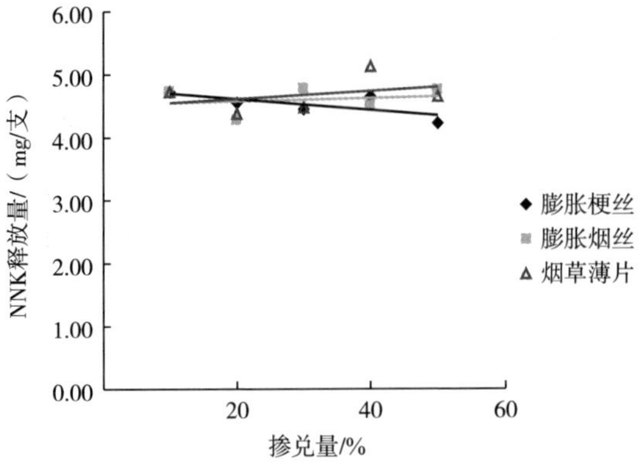

图 6-12 “三丝”掺兑量与 NNK 释放量的关系

表 6-23 “三丝”掺兑量与 NNK 的线性相关方程参数

线性相关方程参数	膨胀梗丝	膨胀烟丝	烟草薄片
截距	4. 79	4. 51	4. 49
斜率	−0. 009	0. 003	0. 006
相关系数	0. 73	0. 22	0. 33

膨胀梗丝掺兑量与 NNK 释放量线性相关方程的斜率为负数，说明膨胀梗丝掺兑量增加，NNK 释放量降低，但斜率数值较小，说明膨胀梗丝掺兑量对 NNK 释放量影响较小。

5. 巴豆醛释放量

如图 6-13 和表 6-24 所示，膨胀梗丝、膨胀烟丝和烟草薄片掺兑量与巴豆醛释放量相关系数均大于 0. 90，说明膨胀梗丝、膨胀烟丝和烟草薄片掺兑量与巴豆醛释放量显著相关。

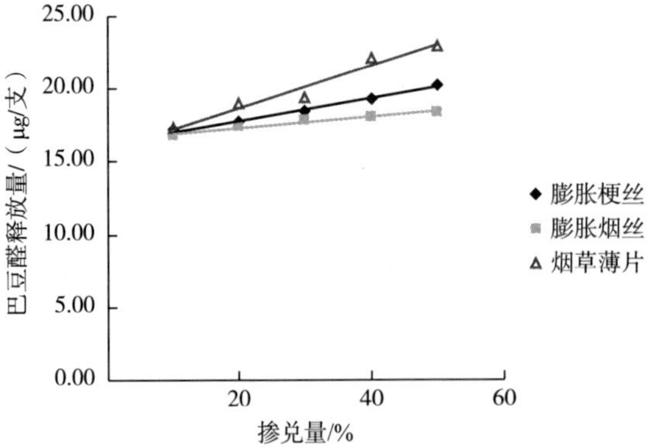

图 6-13 “三丝”掺兑量与巴豆醛释放量的关系

表 6-24 "三丝"掺兑量与巴豆醛的线性相关方程参数

线性相关方程参数	膨胀梗丝	膨胀烟丝	烟草薄片
截距	16.30	16.53	15.84
斜率	0.081	0.039	0.143
相关系数	0.93	0.94	0.91

膨胀梗丝、膨胀烟丝和烟草薄片掺兑量与巴豆醛释放量线性相关方程的斜率为正数，说明膨胀梗丝、膨胀烟丝和烟草薄片掺兑量增加，巴豆醛释放量增加。

6. HCN 释放量

如图 6-14 和表 6-25 所示，膨胀梗丝和烟草薄片掺兑量与 HCN 释放量相关系数分别为 0.94 和 0.95，说明膨胀梗丝和烟草薄片掺兑量与 HCN 释放量显著相关；膨胀烟丝掺兑量与 HCN 释放量相关系数为 0.17，说明膨胀烟丝掺兑量对 HCN 释放量无相关关系。

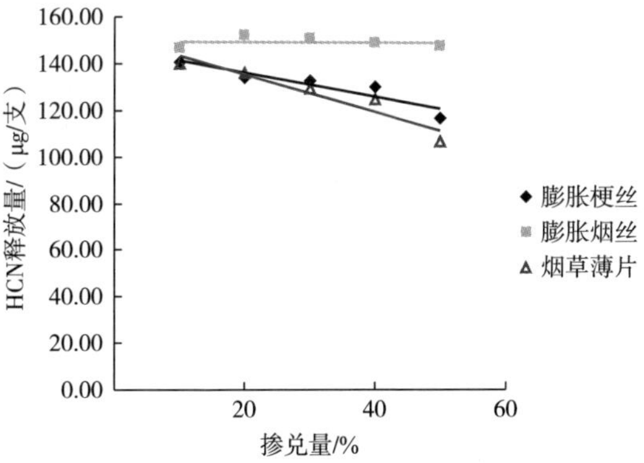

图 6-14 "三丝"掺兑量与 HCN 释放量的关系

表 6-25 "三丝"掺兑量与 HCN 的线性相关方程参数

线性相关方程参数	膨胀梗丝	膨胀烟丝	烟草薄片
截距	146.30	149.80	150.80
斜率	-0.52	-0.023	-0.79
相关系数	0.94	0.17	0.95

膨胀梗丝和烟草薄片掺兑量与 HCN 释放量线性相关方程的斜率为负数，说明膨胀梗丝和烟草薄片掺兑量增加，HCN 释放量减少。

7. BaP 释放量

如图 6-15 和表 6-26 所示，膨胀梗丝、膨胀烟丝和烟草薄片掺兑量与 BaP 释放量相关系数均大于 0. 90，说明膨胀梗丝、膨胀烟丝和烟草薄片掺兑量与 BaP 释放量显著相关。

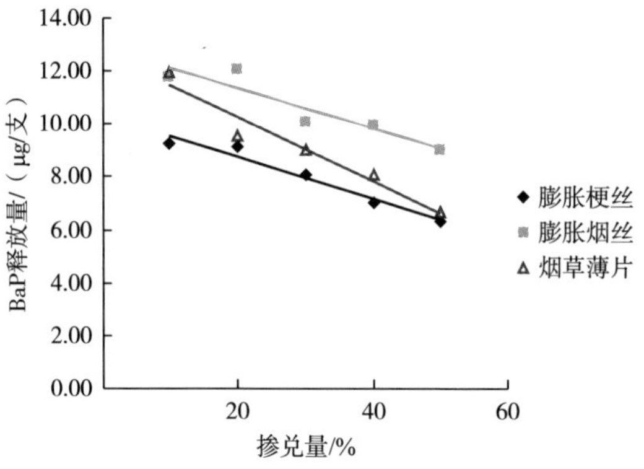

图 6-15 “三丝”掺兑量与 BaP 释放量的关系

表 6-26 “三丝”掺兑量与 BaP 的线性相关方程参数

线性相关方程参数	膨胀梗丝	膨胀烟丝	烟草薄片
截距	10. 37	12. 85	12. 69
斜率	-0. 08	-0. 076	-0. 12
相关系数	0. 98	0. 93	0. 97

膨胀梗丝、膨胀烟丝和烟草薄片掺兑量与 BaP 释放量线性相关方程（图 6-15）的斜率为负数，说明膨胀梗丝、膨胀烟丝和烟草薄片掺兑量增加，BaP 释放量降低。

8. NH_3 释放量

如图 6-16 和表 6-27 所示，膨胀梗丝、膨胀烟丝和烟草薄片掺兑量与 NH_3 释放量相关系数均大于 0. 90，说明膨胀梗丝、膨胀烟丝和烟草薄片掺兑量与 NH_3 释放量显著相关。

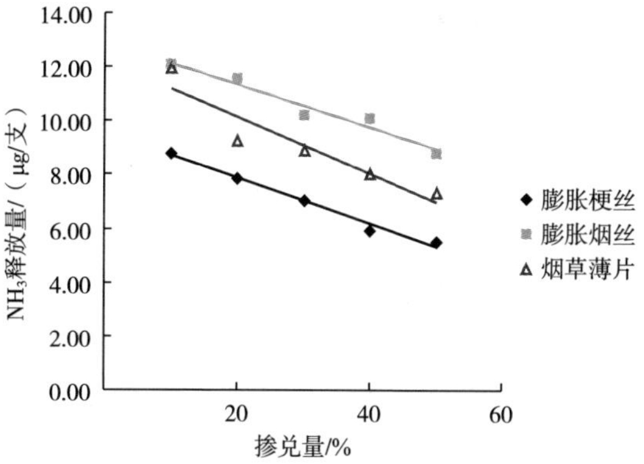

图 6-16　“三丝”掺兑量与 NH_3 释放量的关系

表 6-27　“三丝”掺兑量与 NH_3 释放量的线性相关方程参数

线性相关方程参数	膨胀梗丝	膨胀烟丝	烟草薄片
截距	9.6	12.95	12.22
斜率	-0.085	-0.080	-0.10
相关系数	0.99	0.97	0.94

膨胀梗丝、膨胀烟丝和烟草薄片掺兑量与 NH_3 释放量线性相关方程（图 6-16）的斜率为负数，说明“三丝”掺兑量增加，NH_3 释放量降低。

9. 苯酚释放量

如图 6-17 和表 6-28 所示，膨胀梗丝、膨胀烟丝和烟草薄片掺兑量与苯酚释放量相关系数均大于 0.90，说明膨胀梗丝、膨胀烟丝和烟草薄片掺兑量与苯酚释放量显著相关。

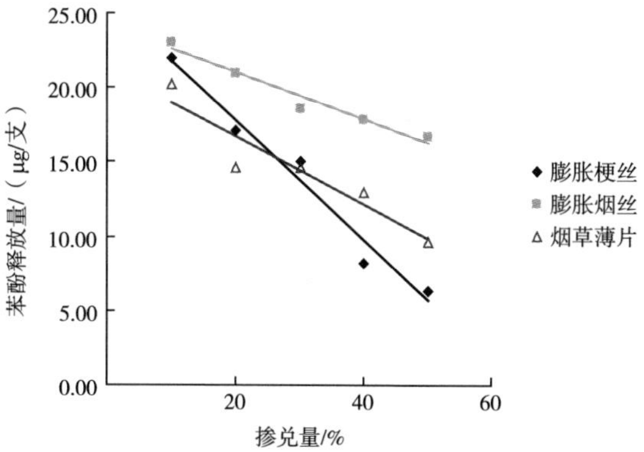

图 6-17　“三丝”掺兑量与苯酚释放量的关系

表 6-28　“三丝”掺兑量与苯酚释放量的线性相关方程参数

线性相关方程参数	膨胀梗丝	膨胀烟丝	烟草薄片
截距	25.81	24.19	21.24
斜率	-0.40	-0.16	-0.23
相关系数	0.98	0.98	0.94

膨胀梗丝、膨胀烟丝和烟草薄片掺兑量与苯酚释放量线性相关方程的斜率为负数，说明膨胀梗丝、膨胀烟丝和烟草薄片掺兑增加，苯酚释放量降低。

10. “三丝”掺兑量对有害成分释放量的影响规律

总结膨胀梗丝、膨胀烟丝和烟草薄片掺兑量对有害成分释放量的单因素影响规律，结果见表 6-29。

表 6-29　“三丝”掺兑量对有害成分释放量的影响

有害成分	膨胀梗丝	膨胀烟丝	烟草薄片
焦油	--	--	--
烟碱	--	-	--
CO	+	--	X
NNK	-	X	X
巴豆醛	++	++	++
HCN	--	X	--
BaP	--	--	--
NH_3	--	--	--
苯酚	--	--	--

注：++—显著正相关；-—-显著负相关；+—有一定正相关；-—有一定负相关；X—不相关。

（1）膨胀梗丝掺兑量与焦油、烟碱、巴豆醛、HCN、BaP、NH_3 和苯酚释放量显著相关，与 CO 和 NNK 释放量有一定相关关系。

（2）膨胀烟丝掺兑量与焦油、CO、巴豆醛、BaP、NH_3 和苯酚释放量显著相关，与烟碱释放量有一定相关关系，与 NNK 和 HCN 释放量无相关关系。

（3）烟草薄片掺兑量与焦油、烟碱、巴豆醛、HCN、BaP、NH_3 和苯酚释放量显著相关，与 CO 和 NNK 释放量无相关关系。

三、掺配比例对单口有害成分释放量单因素影响

1. 单口焦油释放量

如表 6-30 所示，膨胀梗丝、膨胀烟丝和烟草薄片掺兑量与单口焦油释放

量相关系数均小于0.70，说明膨胀梗丝、膨胀烟丝和烟草薄片掺兑量与单口焦油释放量无相关关系。

表6-30　“三丝”掺兑量与单口焦油释放量的线性相关方程参数

线性相关方程参数	膨胀梗丝	膨胀烟丝	烟草薄片
截距	1.69	1.85	2.06
斜率	-0.05	0.03	-0.05
相关系数	0.64	0.44	0.62

2. 单口烟碱释放量

如表6-31所示，膨胀梗丝掺兑量与单口烟碱释放量相关系数为0.88，说明膨胀梗丝掺兑量与单口烟碱释放量有一定相关性；膨胀烟丝和烟草薄片掺兑量与单口烟碱释放量相关系数分别为0.18和0.61，说明膨胀烟丝和烟草薄片掺兑量与单口烟碱释放量无相关关系。

表6-31　“三丝”掺兑量与单口烟碱释放量的线性相关方程参数

线性相关方程参数	膨胀梗丝	膨胀烟丝	烟草薄片
截距	0.16	0.16	0.18
斜率	-0.0016	0.0001	-0.0007
相关系数	0.88	0.18	0.61

膨胀梗丝掺兑量与单口烟碱释放量线性相关方程的斜率都为负数，说明随着膨胀梗丝掺兑量增加，单口烟碱释放量降低。

3. 单口CO释放量

如表6-32所示，膨胀梗丝和烟草薄片掺兑量与单口CO释放量相关系数大于0.90，说明膨胀梗丝和烟草薄片掺兑量与单口CO释放量显著相关；膨胀烟丝掺兑量与单口CO释放量相关系数为0.55，说明膨胀烟丝掺兑量与单口CO释放量无相关关系。

表6-32　“三丝”掺兑量与单口CO释放量的线性相关方程参数

线性相关方程参数	膨胀梗丝	膨胀烟丝	烟草薄片
截距	1.40	1.43	1.57
斜率	0.016	0.003	0.016
相关系数	0.95	0.55	0.92

膨胀梗丝和烟草薄片掺兑量与单口 CO 释放量线性相关方程的斜率为正数，说明随着膨胀梗丝、烟草薄片掺兑量增加，单口 CO 释放量增加。

4. 单口巴豆醛释放量

如表 6-33 所示，膨胀梗丝、膨胀烟丝和烟草薄片掺兑量与单口巴豆醛释放量相关系数均大于 0.90，说明膨胀梗丝、膨胀烟丝和烟草薄片掺兑量与单口巴豆醛释放量显著相关。

表 6-33 “三丝”掺兑量与单口巴豆醛释放量的线性相关方程参数

线性相关方程参数	膨胀梗丝	膨胀烟丝	烟草薄片
截距	2.08	1.97	1.99
斜率	0.029	0.019	0.042
相关系数	0.97	0.93	0.99

膨胀梗丝、膨胀烟丝和烟草薄片掺兑量与单口巴豆醛释放量线性相关方程的斜率为正数，说明随着膨胀梗丝、膨胀烟丝和烟草薄片掺兑量增加，单口巴豆醛释放量增加。

5. 单口 NNK 释放量

如表 6-34 所示，膨胀梗丝和烟草薄片掺兑量与单口 NNK 释放量相关系数分别为 0.98 和 0.97，说明膨胀梗丝和膨胀烟丝掺兑量与单口 NNK 释放量显著相关；膨胀烟丝掺兑量与单口 NNK 释放量相关系数为 0.75，说明膨胀烟丝掺兑量与单口 NNK 释放量有一定相关关系。

表 6-34 “三丝”掺兑量与单口 NNK 释放量的线性相关方程参数

线性相关方程参数	膨胀梗丝	膨胀烟丝	烟草薄片
截距	0.64	0.54	0.59
斜率	0.002	0.004	0.005
相关系数	0.98	0.75	0.97

膨胀梗丝、膨胀烟丝和烟草薄片掺兑量与单口 NNK 释放量线性相关方程的斜率为正数，说明随着膨胀梗丝、膨胀烟丝和烟草薄片掺兑量增加，单口 NNK 释放量增加。

6. 单口 HCN 释放量

如表 6-35 所示，膨胀梗丝和膨胀烟丝掺兑量与单口 HCN 释放量相关系数分别为0.81和0.87，说明膨胀梗丝和膨胀烟丝掺兑量与单口HCN释放量有一定相关关系；烟草薄片掺兑量与单口HCN释放量相关系数为0.21，说明烟草薄片掺兑量与单口HCN释放量无相关关系。

表6-35　"三丝"掺兑量与单口HCN释放量的线性相关方程参数

线性相关方程参数	膨胀梗丝	膨胀烟丝	烟草薄片
截距	19.59	17.45	19.37
斜率	0.033	0.11	-0.009
相关系数	0.81	0.87	0.21

膨胀梗丝和膨胀烟丝掺兑量与单口HCN释放量线性相关方程的斜率为正数，说明随着膨胀梗丝、膨胀烟丝掺兑量增加，单口HCN释放量增加。但膨胀梗丝与单口HCN释放量线性相关方程的斜率数值较小，说明膨胀梗丝掺兑量对单口HCN释放量影响较小。

7. 单口BaP释放量

如表6-36所示，膨胀梗丝掺兑量与单口BaP释放量相关系数为0.73，说明膨胀梗丝掺兑量与单口BaP释放量有一定相关关系；膨胀烟丝掺兑量与单口BaP释放量相关系数为0.60，说明膨胀烟丝掺兑量与单口BaP释放量无相关关系；烟草薄片掺兑量与单口BaP释放量相关系数为0.96，说明烟草薄片掺兑量与单口BaP释放量显著相关。

表6-36　"三丝"掺兑量与单口BaP释放量的线性相关方程参数

线性相关方程参数	膨胀梗丝	膨胀烟丝	烟草薄片
截距	1.42	1.60	1.76
斜率	-0.006	-0.003	-0.011
相关系数	0.73	0.60	0.96

膨胀梗丝、烟草薄片掺兑量与单口BaP释放量线性相关方程的斜率为负数，说明随着膨胀梗丝、烟草薄片掺兑量增加，单口BaP释放量减少。

8. 单口NH_3释放量

如表6-37所示，膨胀梗丝掺兑量与单口NH_3释放量相关系数为0.90，说明膨胀梗丝掺兑量与单口NH_3释放量显著相关；膨胀烟丝、烟草薄片掺兑量与单口NH_3相关系数分别为0.88和0.84，说明膨胀烟丝、烟草薄片掺兑量

与单口 NH_3 释放量有一定相关关系。

表 6-37 “三丝”掺兑量与单口 NH_3 释放量的线性相关方程参数

线性相关方程参数	膨胀梗丝	膨胀烟丝	烟草薄片
截距	1.31	1.61	1.68
斜率	-0.007	-0.003	-0.007
相关系数	0.90	0.88	0.84

膨胀梗丝、膨胀烟丝和烟草薄片掺兑量与单口 NH_3 释放量线性相关方程的斜率为负数，说明随着膨胀梗丝、膨胀烟丝和烟草薄片掺兑量增加，单口 NH_3 释放量减少。

9. 单口苯酚释放量

如表 6-38 所示，膨胀梗丝、烟草薄片掺兑量与单口苯酚释放量相关系数分别为 0.90 和 0.92，说明膨胀梗丝和烟草薄片掺兑量与单口苯酚释放量显著相关；膨胀烟丝掺兑量与单口苯酚释放量相关系数为 0.67，说明膨胀烟丝掺兑量与单口苯酚释放量无相关关系。

表 6-38 “三丝”掺兑量与单口苯酚释放量的线性相关方程参数

线性相关方程参数	膨胀梗丝	膨胀烟丝	烟草薄片
截距	3.56	3.01	2.96
斜率	-0.049	-0.007	-0.023
相关系数	0.90	0.67	0.92

膨胀梗丝和烟草薄片掺兑量与单口苯酚释放量线性相关方程的斜率为负数，说明随着膨胀梗丝和烟草薄片掺兑量增加，单口苯酚释放量减少。

10. “三丝”掺兑量对单口有害成分释放量的影响规律

总结膨胀梗丝、膨胀烟丝和薄片掺兑量对单口有害成分释放量的单因素影响规律，结果见表 6-39。

表 6-39 “三丝”掺兑量对单口有害成分释放量的影响

有害成分	膨胀梗丝	膨胀烟丝	烟草薄片
焦油	X	X	X
烟碱	-	X	X
CO	++	X	++

续表

有害成分	膨胀梗丝	膨胀烟丝	烟草薄片
NNK	++	+	++
巴豆醛	++	++	++
HCN	+	+	X
BaP	-	X	--
NH_3	++	-	-
苯酚	++	X	--

注：++—显著正相关；---—显著负相关；+—有一定正相关；-—有一定负相关；X—不相关。

（1）膨胀梗丝掺兑量与单口CO、NNK、巴豆醛、NH_3和苯酚释放量显著相关，与单口烟碱、HCN和BaP释放量有一定相关，与单口焦油释放量不相关。

（2）膨胀烟丝掺兑量与单口巴豆醛释放量显著相关，与单口NNK、HCN和NH_3释放量有一定相关，与单口焦油、烟碱、CO、BaP和苯酚释放量不相关。

（3）烟草薄片掺兑量与单口CO、NNK、巴豆醛、BaP和苯酚释放量显著相关，与单口NH_3释放量有一定相关，与单口焦油、烟碱和HCN释放量不相关。

与表6-29对比可以看出，“三丝”掺兑量对整支卷烟和单口烟气有害成分释放量的影响规律存在一定差异。如膨胀梗丝掺兑量与整支卷烟焦油释放量有相关关系，而与单口烟气焦油释放量无相关关系；膨胀烟丝掺兑量与整支卷烟焦油、烟碱、CO、BaP和NH_3释放量有相关关系，而与单口烟气上述有害成分释放量无相关关系；膨胀烟丝掺兑量与整支卷烟NNK和HCN释放量无相关关系，而与单口烟气上述有害成分释放量有相关关系；烟草薄片掺兑量与整支卷烟焦油、烟碱和HCN释放量有相关关系，而与单口烟气上述有害成分释放量无相关关系；烟草薄片掺兑量与整支卷烟CO和NNK释放量无相关关系，而与单口烟气上述有害成分释放量有相关关系。

前期研究结果表明，“三丝”掺兑量与抽吸口数有显著或一定相关关系，结合“三丝”掺兑量对整支卷烟和单口烟气有害成分释放量的影响差异，初步分析了上述差异产生的原因，现分别举例说明如下：膨胀梗丝掺兑量与整支卷烟焦油释放量有显著相关关系，与单口烟气焦油释放量无相关关系，由于膨胀梗丝掺兑量的使用使得卷烟抽吸口数减少，这说明膨胀梗丝掺兑量对焦油释放量的影响主要在于其对卷烟抽吸口数的影响；烟草薄片掺兑量与单口 CO 释放量和抽吸口数有显著相关关系，说明烟草薄片掺兑量对 CO 释放量的影响与抽吸口数和单口 CO 释放量均有关系，由于烟草薄片的使用使得卷烟抽吸口数减少，单口 CO 释放量增加，两者的趋势相反，因此从整支卷烟来看，烟草薄片掺兑量与 CO 释放量无相关关系。

四、掺配比例对单位质量烟丝有害成分释放量的影响

1. 单位质量烟丝焦油释放量

如图 6-18 和表 6-40 所示，膨胀梗丝掺兑量与单位质量烟丝焦油释放量相关系数为 0.96，说明膨胀梗丝掺兑量与单位质量烟丝焦油释放量显著相关；膨胀烟丝掺兑量与单位质量烟丝焦油释放量相关系数为 0.56，说明膨胀烟丝掺兑量与单位质量烟丝焦油释放量无相关关系；烟草薄片掺兑量与单位质量烟丝焦油释放量相关系数为 0.89，说明烟草薄片掺兑量与单位质量烟丝焦油释放量有一定相关关系。

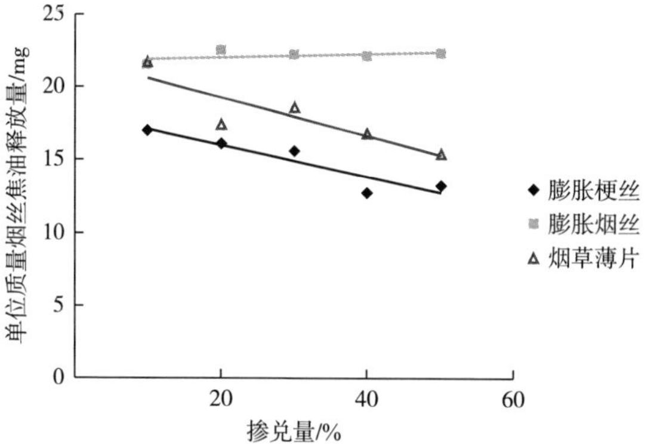

图 6-18 “三丝”掺兑量与单位质量烟丝焦油释放量的关系

表 6-40 “三丝”掺兑量与单位质量烟丝焦油释放量的线性相关方程参数

线性相关方程参数	膨胀梗丝	膨胀烟丝	烟草薄片
截距	18.25	21.78	21.95
斜率	-0.11	0.01	-0.13
相关系数	0.96	0.56	0.89

膨胀梗丝和烟草薄片掺兑量与单位质量烟丝焦油释放量线性相关方程的斜率为负数，说明随着膨胀梗丝和烟草薄片掺兑量增加，单位质量烟丝焦油释放量减少。

2. 单位质量烟丝烟碱释放量

如图 6-19 和表 6-41 所示，膨胀梗丝和烟草薄片掺兑量与单位质量烟丝烟碱释放量相关系数分别为 0.94 和 0.90，说明膨胀梗丝和烟草薄片掺兑量与单位质量烟丝烟碱释放量显著相关；膨胀烟丝掺兑量与单位质量烟丝烟碱释放量相关系数为 0.02，说明膨胀烟丝掺兑量与单位质量烟丝烟碱释放量无相关关系。

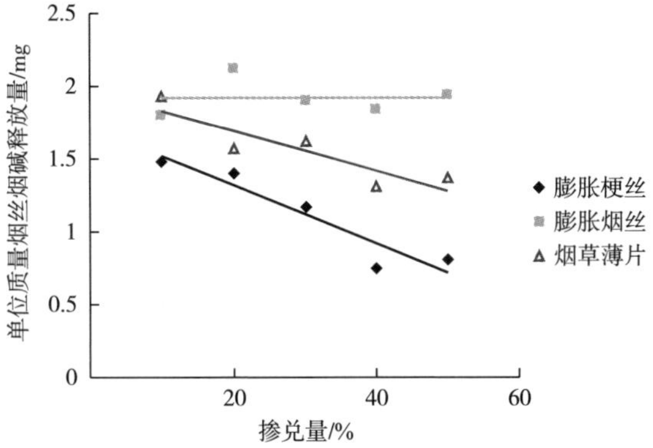

图 6-19　“三丝”掺兑量与单位质量烟丝烟碱释放量的关系

表 6-41　“三丝”掺兑量与单位质量烟丝烟碱释放量的线性相关方程参数

线性相关方程参数	膨胀梗丝	膨胀烟丝	烟草薄片
截距	1.72	1.92	1.97
斜率	-0.02	-0.0002	-0.014
相关系数	0.94	0.02	0.90

膨胀梗丝和烟草薄片掺兑量与单位质量烟丝烟碱释放量线性相关方程的斜率都为负数，说明随着膨胀梗丝和烟草薄片掺兑量增加，单位质量烟丝烟碱释放量降低。

3. 单位质量烟丝 CO 释放量

如图 6-20 和表 6-42 所示，膨胀梗丝掺兑量与单位质量烟丝 CO 释放量相关系数为 0. 91，说明膨胀梗丝掺兑量与单位质量烟丝 CO 释放量显著相关；膨胀烟丝和烟草薄片掺兑量与单位质量烟丝焦油释放量相关系数分别为 0. 86 和 0. 78，说明膨胀烟丝和烟草薄片掺兑量与单位质量烟丝 CO 释放量有一定相关关系。

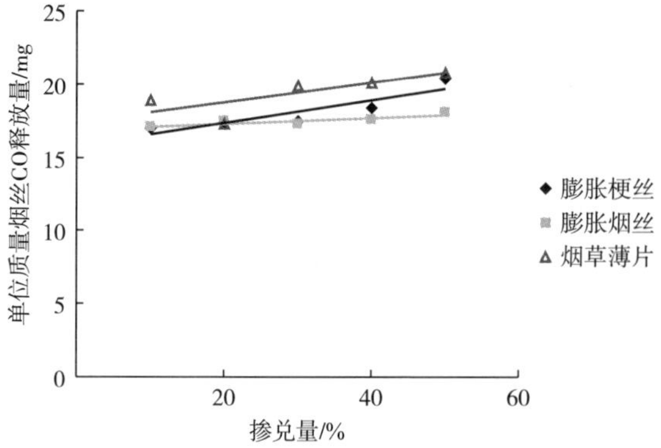

图 6-20 “三丝”掺兑量与单位质量烟丝 CO 释放量的关系

表 6-42 “三丝”掺兑量与单位质量烟丝 CO 释放量的线性相关方程参数

线性相关方程参数	膨胀梗丝	膨胀烟丝	烟草薄片
截距	15. 75	16. 87	17. 38
斜率	0. 078	0. 019	0. 067
相关系数	0. 91	0. 86	0. 78

膨胀梗丝、膨胀烟丝和烟草薄片掺兑量与单位质量烟丝 CO 释放量线性相关方程的斜率为正数，说明随着膨胀梗丝、膨胀烟丝和烟草薄片掺兑量增加，单位质量烟丝 CO 释放量增加。但膨胀烟丝掺兑量与单位质量烟丝 CO 释放量线性相关方程的斜率数值较小，说明膨胀烟丝掺兑量对单位质量烟丝 CO 释放量影响较小。

4. 单位质量烟丝巴豆醛释放量

如图 6-21 和表 6-43 所示，膨胀梗丝、膨胀烟丝和烟草薄片掺兑量与单位质量烟丝巴豆醛释放量相关系数均大于 0. 90，说明膨胀梗丝、膨胀烟丝掺兑量与单位质量烟丝巴豆醛释放量显著相关。

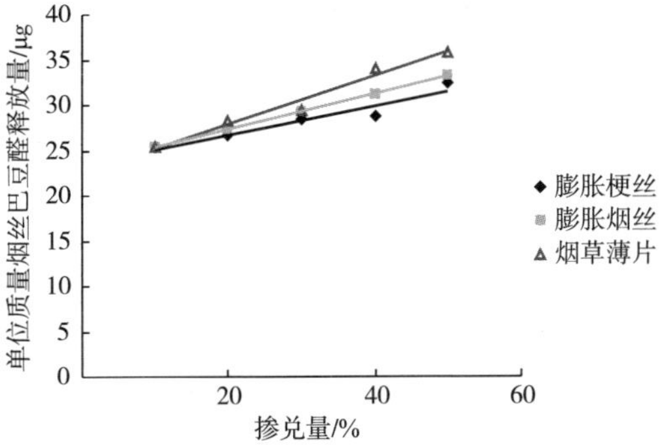

图 6-21　“三丝”掺兑量与单位质量烟丝巴豆醛释放量的关系

表 6-43 “三丝”掺兑量与单位质量烟丝巴豆醛释放量的线性相关方程参数

线性相关方程参数	膨胀梗丝	膨胀烟丝	烟草薄片
截距	23.53	23.42	22.68
斜率	0.16	0.19	0.26
相关系数	0.91	0.94	0.92

膨胀梗丝、膨胀烟丝和烟草薄片掺兑量与单位质量烟丝巴豆醛释放量线性相关方程的斜率为正数，说明随着膨胀梗丝、膨胀烟丝和烟草薄片掺兑量增加，单位质量烟丝巴豆醛释放量增加。

5. 单位质量烟丝 NNK 释放量

如图 6-22 和表 6-44 所示，膨胀梗丝、烟草薄片掺兑量与单位质量烟丝 NNK 释放量相关系数分别为 0.66 和 0.61，说明膨胀梗丝、烟草薄片掺兑量与单位质量烟丝 NNK 释放量无相关关系；膨胀烟丝掺兑量与单位质量烟丝 NNK 释放量相关系数为 0.87，说明膨胀烟丝掺兑量与单位质量烟丝 NNK 释放量有一定相关关系。

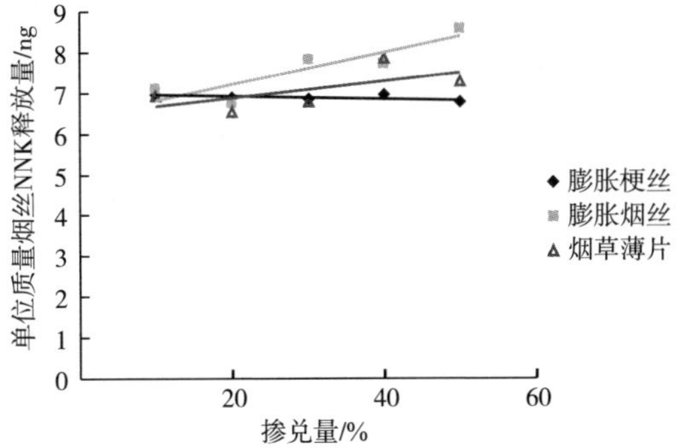

图 6-22　“三丝”掺兑量与单位质量烟丝 NNK 释放量的关系

表 6-44 "三丝"掺兑量与单位质量烟丝 NNK 释放量的线性相关方程参数

线性相关方程参数	膨胀梗丝	膨胀烟丝	烟草薄片
截距	6.98	6.42	6.48
斜率	-0.003	0.04	0.019
相关系数	0.66	0.87	0.61

膨胀烟丝掺兑量与单位质量烟丝 NNK 释放量线性相关方程的斜率为正数，说明随着膨胀烟丝掺兑量增加，单位质量烟丝 NNK 释放量增加。

6. 单位质量烟丝 HCN 释放量

如图 6-23 和表 6-45 所示，膨胀梗丝、膨胀烟丝和烟草薄片掺兑量与单位质量烟丝 HCN 释放量相关系数均大于 0.90，说明膨胀梗丝、膨胀烟丝和烟草薄片掺兑量与单位质量烟丝 HCN 释放量显著相关。

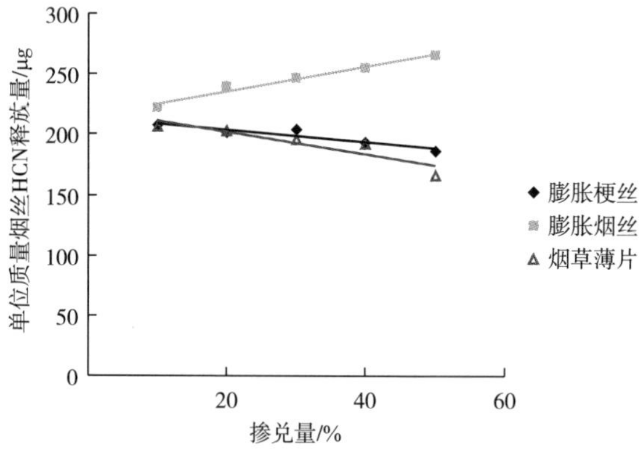

图 6-23 "三丝"掺兑量与单位质量烟丝 HCN 释放量的关系

表 6-45 "三丝"掺兑量与单位质量烟丝 HCN 释放量的线性相关方程参数

线性相关方程参数	膨胀梗丝	膨胀烟丝	烟草薄片
截距	213.70	214.40	219.70
斜率	-0.51	1.05	-0.91
相关系数	0.95	0.99	0.91

膨胀梗丝和烟草薄片与单位质量烟丝 HCN 释放量线性相关方程的斜率

为负数，说明随着膨胀梗丝和烟草薄片掺兑量增加，单位质量烟丝 HCN 释放量减少；膨胀烟丝掺兑量与单位质量烟丝 HCN 释放量线性相关方程的斜率为正数，说明随着膨胀烟丝掺兑量增加，单位质量烟丝 HCN 释放量增加。

7. 单位质量烟丝 BaP 释放量

如图 6-24 和表 6-46 所示，膨胀梗丝、烟草薄片掺兑量与单位质量烟丝 BaP 释放量相关系数分别为 0.95 和 0.97，说明膨胀梗丝、烟草薄片掺兑量与单位质量烟丝 BaP 释放量显著相关；膨胀烟丝掺兑量与单位质量烟丝 BaP 释放量相关系数为 0.71，说明膨胀烟丝掺兑量与单位质量烟丝 BaP 释放量有一定相关关系。

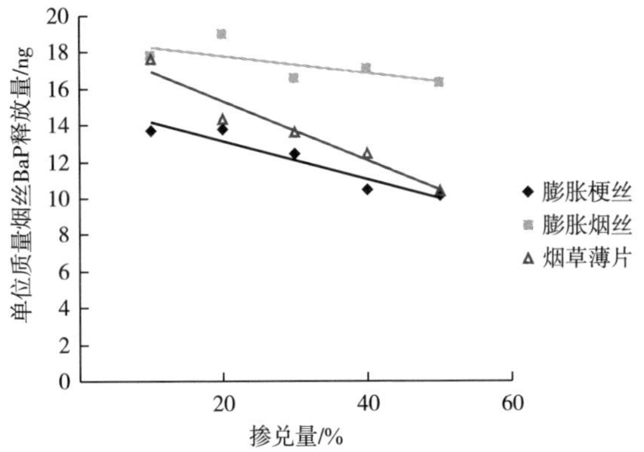

图 6-24　“三丝”掺兑量与单位质量烟丝 BaP 释放量的关系

表 6-46　“三丝”掺兑量与单位质量烟丝 BaP 释放量的线性相关方程参数

线性相关方程参数	膨胀梗丝	膨胀烟丝	烟草薄片
截距	15.23	18.77	18.54
斜率	-0.10	-0.05	-0.16
相关系数	0.95	0.71	0.97

膨胀梗丝、膨胀烟丝和烟草薄片掺兑量与单位质量烟丝 BaP 释放量线性相关方程的斜率为负数，说明随着膨胀梗丝、膨胀烟丝和烟草薄片掺兑量增加，单位质量烟丝 BaP 释放量减少。

8. 单位质量烟丝 NH_3 释放量

如图 6-25 和表 6-47 所示，膨胀梗丝和烟草薄片掺兑量与单位质量烟丝 NH_3 释放量相关系数分别为 0.97 和 0.94，说明膨胀梗丝和烟草薄片掺兑量与单位质量烟丝 NH_3 释放量显著相关；膨胀烟丝掺兑量与单位质量烟丝 NH_3 释放量相关系数为 0.88，说明膨胀烟丝掺兑量与单位质量烟丝 NH_3 释放量有一定相关关系。

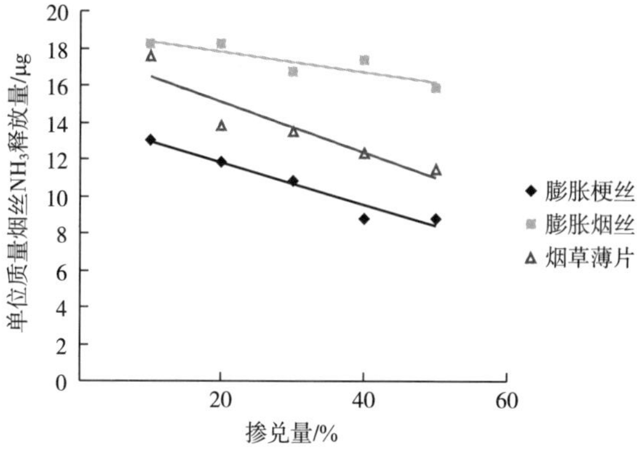

图 6-25 “三丝”掺兑量与单位质量烟丝 NH_3 释放量的关系

表 6-47 “三丝”掺兑量与单位质量烟丝 NH_3 释放量的线性相关方程参数

线性相关方程参数	膨胀梗丝	膨胀烟丝	烟草薄片
截距	14.07	18.93	17.84
斜率	-0.11	-0.055	-0.14
相关系数	0.97	0.88	0.94

膨胀梗丝、膨胀烟丝和烟草薄片掺兑量与单位质量烟丝 NH_3 释放量线性相关方程的斜率为负数，说明随着膨胀梗丝、膨胀烟丝和烟草薄片掺兑量增加，单位质量烟丝 NH_3 释放量减少。

9. 单位质量烟丝苯酚释放量

如图 6-26 和表 6-48 所示，膨胀梗丝、膨胀烟丝和烟草薄片掺兑量与单位质量烟丝苯酚释放量相关系数均大于 0.90，说明膨胀梗丝、膨胀烟丝和烟草薄片掺兑量与单位质量烟丝苯酚释放量显著相关。

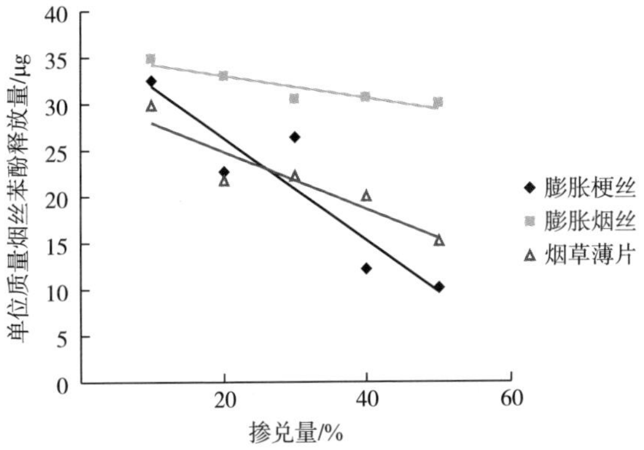

图 6-26 “三丝”掺兑量与单位质量烟丝苯酚释放量的关系

表 6-48 “三丝”掺兑量与单位质量烟丝苯酚释放量的线性相关方程参数

线性相关方程参数	膨胀梗丝	膨胀烟丝	烟草薄片
截距	37. 31	35. 32	31. 08
斜率	−0. 55	−0. 12	−0. 31
相关系数	0. 92	0. 92	0. 93

膨胀梗丝、膨胀烟丝和烟草薄片掺兑量与单位质量烟丝苯酚释放量线性相关方程的斜率为负数，说明随着膨胀梗丝、膨胀烟丝和烟草薄片掺兑量增加，单位质量烟丝苯酚释放量减少。

10. “三丝”掺兑量对单位质量烟丝有害成分释放量的影响规律

增加膨胀梗丝、膨胀烟丝和烟草薄片掺兑量对单位质量烟丝有害成分释放量的影响规律见表 6-49。

表 6-49 “三丝”掺兑量对单位质量烟丝有害成分释放量的影响

单位质量烟丝有害成分	膨胀梗丝	膨胀烟丝	烟草薄片
焦油	++	X	−
烟碱	++	X	−−
CO	−−	+	+
NNK	X	+	X
巴豆醛	++	++	++

续表

单位质量烟丝有害成分	膨胀梗丝	膨胀烟丝	烟草薄片
HCN	--	++	--
BaP	--	-	--
NH_3	--	-	--
苯酚	--	--	--

注：++—显著正相关；---—显著负相关；+—有一定正相关；-—有一定负相关；X—不相关。

（1）膨胀梗丝掺兑量与单位质量烟丝焦油、烟碱、CO、巴豆醛、HCN、BaP、NH_3 和苯酚释放量显著相关，与单位质量烟丝 NNK 释放量不相关。

（2）膨胀烟丝掺兑量与单位质量烟丝巴豆醛、HCN 和苯酚释放量显著相关，与单位质量烟丝 CO、NNK、BaP 和 NH_3 释放量有一定相关，与焦油和烟碱释放量不相关。

（3）烟草薄片掺兑量与单位质量烟丝烟碱、巴豆醛、HCN、BaP、NH_3 和苯酚释放量显著相关，与单位质量烟丝焦油和 CO 释放量有一定相关，与 NNK 释放量不相关。

与表 6-29 对比可以看出，“三丝”掺兑量并对整支卷烟和单位质量烟丝有害成分释放量的影响规律存在一定差异。如膨胀梗丝掺兑量与整支卷烟 NNK 释放量有相关关系，而与单位质量烟丝 NNK 释放量无相关关系；膨胀烟丝掺兑量与整支卷烟焦油和烟碱释放量有相关关系，而与单位质量烟丝上述有害成分释放量无相关关系；膨胀烟丝掺兑量与整支卷烟 NNK 和 HCN 释放量无相关关系，而与单位质量烟丝上述有害成分释放量有相关关系；烟草薄片掺兑量与整支卷烟 CO 释放量无相关关系，而与单位质量烟丝 CO 释放量有相关关系。

前期研究结果表明，“三丝”掺兑量与烟丝质量有显著相关关系，结合“三丝”掺兑对整支卷烟和单位质量烟丝有害成分释放量的影响差异，初步分析上述差异产生的原因，现分别举例说明如下：膨胀烟丝与整支卷烟焦油释放量有显著相关关系，与单位质量烟丝释放量无相关关系，由于膨胀烟丝的使用使得烟丝质量减小，这说明膨胀烟丝对焦油释放量的影响主要在于其对烟丝质量的影响；膨胀烟丝与整支卷烟 HCN 释放量和无相关关系，与单位质量烟丝释放量有显著相关关系，由于膨胀烟丝的使用使得烟丝质量减小，单位质量烟丝 HCN 释放量增加，两者的趋势相反，因此从整支卷烟来看，膨胀烟丝与 HCN 释放量无相关关系。

五、掺配比例对单位焦油有害成分释放量单因素影响

1. 单位焦油烟碱释放量

如图 6-27 和表 6-50 所示，膨胀梗丝掺兑量与单位焦油烟碱释放量相关系数为 0.93，说明膨胀梗丝掺兑量与单位焦油烟碱释放量显著相关；膨胀烟丝和烟草薄片掺兑量与单位焦油烟碱释放量相关系数分别为 0.18 和 0.39，说明膨胀烟丝和烟草薄片掺兑量与单位焦油烟碱释放量无相关关系。

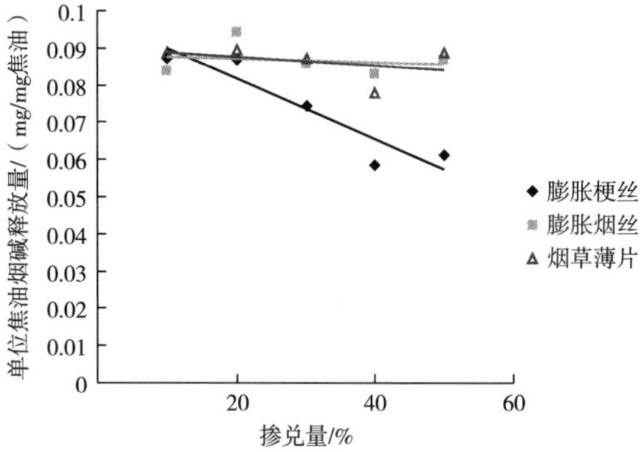

图 6-27 “三丝”掺兑量与单位焦油烟碱释放量的关系

表 6-50 “三丝”掺兑量与单位焦油烟碱释放量的线性相关方程参数

线性相关方程参数	膨胀梗丝	膨胀烟丝	烟草薄片
截距	0.098	0.088	0.09
斜率	-0.0008	0.00005	-0.0001
相关系数	0.93	0.18	0.39

膨胀梗丝掺兑量与单位焦油烟碱释放量线性相关方程的斜率都为负数，说明随着膨胀梗丝掺兑量增加，单位焦油烟碱释放量降低。

2. 单位焦油 CO 释放量

如图 6-28 和表 6-51 所示，膨胀梗丝、烟草薄片掺兑量与单位焦油 CO 释放量相关系数分别为 0.95 和 0.99，说明膨胀梗丝、烟草薄片掺兑量与单位焦油 CO 释放量显著相关；膨胀烟丝掺兑量与单位焦油 CO 释放量相关系数为 0.56，说明膨胀烟丝掺兑量与单位焦油 CO 释放量无相关关系。

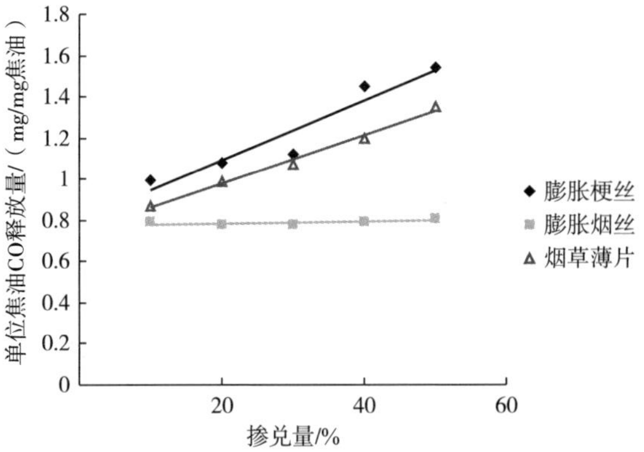

图 6-28 “三丝”掺兑量与单位焦油 CO 释放量的关系

表 6-51 “三丝”掺兑量与单位焦油 CO 释放量的线性相关方程参数

线性相关方程参数	膨胀梗丝	膨胀烟丝	烟草薄片
截距	0. 80	0. 78	0. 75
斜率	0. 015	0. 001	0. 012
相关系数	0. 95	0. 56	0. 99

膨胀梗丝、烟草薄片掺兑量与单位焦油 CO 释放量线性相关方程的斜率为正数，说明随着膨胀梗丝、烟草薄片掺兑量增加，单位焦油 CO 释放量增加。

3. 单位焦油巴豆醛释放量

如图 6-29 和表 6-52 所示，膨胀梗丝、膨胀烟丝和烟草薄片掺兑量与单位焦油巴豆醛释放量相关系数均大于 0. 90，说明膨胀梗丝、膨胀烟丝和烟草薄片掺兑量与单位焦油巴豆醛释放量显著相关。

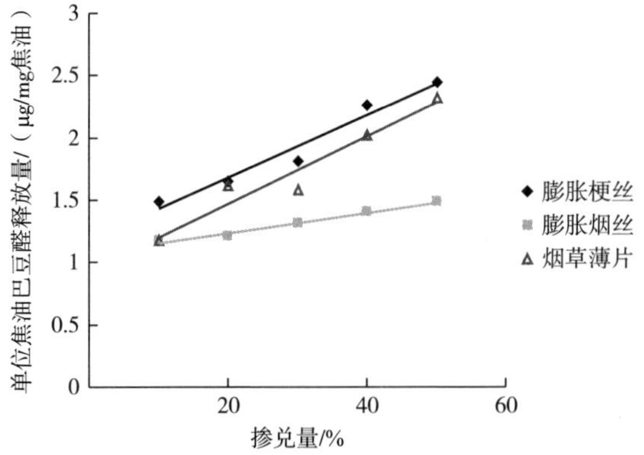

图 6-29 “三丝”掺兑量与单位焦油巴豆醛释放量的关系

表 6-52　“三丝”掺兑量与单位焦油巴豆醛释放量的线性相关方程参数

线性相关方程参数	膨胀梗丝	膨胀烟丝	烟草薄片
截距	1.20	1.08	0.93
斜率	0.026	0.008	0.027
相关系数	0.98	0.99	0.97

膨胀梗丝、膨胀烟丝和烟草薄片掺兑量与单位焦油巴豆醛释放量线性相关方程的斜率为正数，说明随着膨胀梗丝、膨胀烟丝和烟草薄片掺兑量增加，单位焦油巴豆醛释放量增加。

4. 单位焦油 NNK 释放量

如图 6-30 和表 6-53 所示，烟草薄片掺兑量与单位焦油 NNK 释放量相关系数为 0.94，说明烟草薄片掺兑量与单位焦油 NNK 释放量显著相关；膨胀梗丝、膨胀烟丝掺兑量与单位焦油 NNK 释放量相关系数分别为 0.86 和 0.80，说明膨胀梗丝、膨胀烟丝掺兑量与单位焦油 NNK 释放量有一定相关关系。

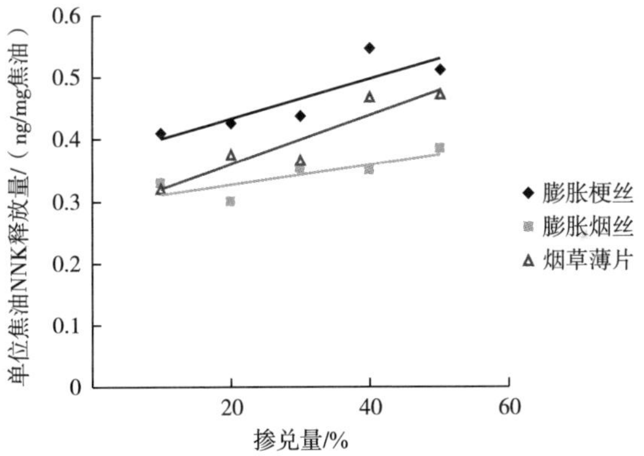

图 6-30　“三丝”掺兑量与单位焦油 NNK 释放量的关系

表 6-53　“三丝”掺兑量与单位焦油 NNK 释放量的线性相关方程参数

线性相关方程参数	膨胀梗丝	膨胀烟丝	烟草薄片
截距	0.37	0.30	0.28
斜率	0.003	0.001	0.004
相关系数	0.86	0.80	0.94

膨胀梗丝、膨胀烟丝和烟草薄片掺兑量与单位焦油 NNK 释放量线性相关方程的斜率为正数，说明随着膨胀梗丝、膨胀烟丝和烟草薄片掺兑量增加，单位焦油 NNK 释放量增加。

5. 单位焦油 HCN 释放量

如图 6-31 和表 6-54 所示，膨胀梗丝掺兑量与单位焦油 HCN 释放量相关系数为 0.83，说明膨胀梗丝掺兑量与单位焦油 HCN 释放量有一定相关关系；膨胀烟丝掺兑量与单位焦油 HCN 释放量相关系数为 0.99，说明膨胀烟丝掺兑量与单位焦油 HCN 释放量显著相关；烟草薄片掺兑量与单位焦油 HCN 释放量相关系数为 0.45，说明烟草薄片掺兑量与单位焦油 HCN 释放量无相关关系。

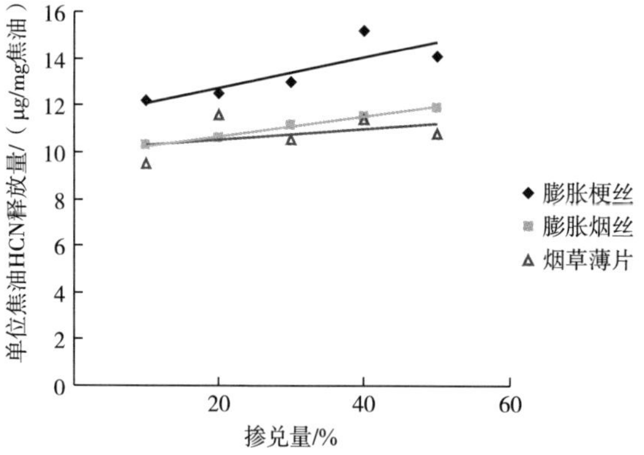

图 6-31　“三丝”掺兑量与单位焦油 HCN 释放量的关系

表 6-54　“三丝”掺兑量与单位焦油 HCN 释放量的线性相关方程参数

线性相关方程参数	膨胀梗丝	膨胀烟丝	烟草薄片
截距	11.95	9.85	10.06
斜率	0.065	0.041	0.023
相关系数	0.83	0.99	0.45

膨胀梗丝、膨胀烟丝掺兑量与单位焦油 HCN 释放量线性相关方程的斜率为正数，说明随着膨胀梗丝、膨胀烟丝掺兑量增加，单位焦油 HCN 释放量增加。

6. 单位焦油 BaP 释放量

如图 6-32 和表 6-55 所示，膨胀梗丝掺兑量与单位焦油 BaP 释放量相关系数为 0.52，说明膨胀梗丝掺兑量与单位焦油 BaP 释放量无相关关系；膨胀烟丝掺兑量与单位焦油 BaP 释放量相关系数为 0.84，说明膨胀烟丝掺兑量与单位焦油 BaP 释放量有一定相关关系；烟草薄片掺兑量与单位焦油 BaP 释放量相关系数为 0.93，说明烟草薄片掺兑量与单位焦油 BaP 释放量显著相关。

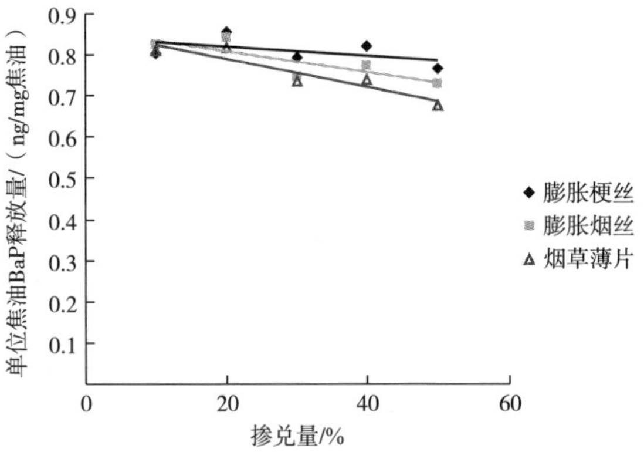

图 6-32　“三丝”掺兑量与单位焦油 BaP 释放量的关系

表 6-55　“三丝”掺兑量与单位焦油 BaP 释放量的线性相关方程参数

线性相关方程参数	膨胀梗丝	膨胀烟丝	烟草薄片
截距	0.84	0.86	0.86
斜率	-0.001	-0.002	-0.003
相关系数	0.52	0.84	0.93

膨胀烟丝、烟草薄片掺兑量与单位焦油 BaP 释放量线性相关方程的斜率为负数，说明膨胀烟丝、烟草薄片掺兑量增加，单位焦油 BaP 释放量减少。

7. 单位焦油 NH_3 释放量

如图 6-33 和表 6-56 所示，膨胀梗丝、膨胀烟丝掺兑量与单位焦油 NH_3 释放量相关系数分别为 0.96 和 0.91，说明膨胀梗丝、膨胀烟丝掺兑量与单位焦油 NH_3 释放量显著相关；烟草薄片掺兑量与单位焦油 NH_3 释放量相关系数为 0.80，说明烟草薄片掺兑量与单位焦油 NH_3 释放量有一定相关关系。

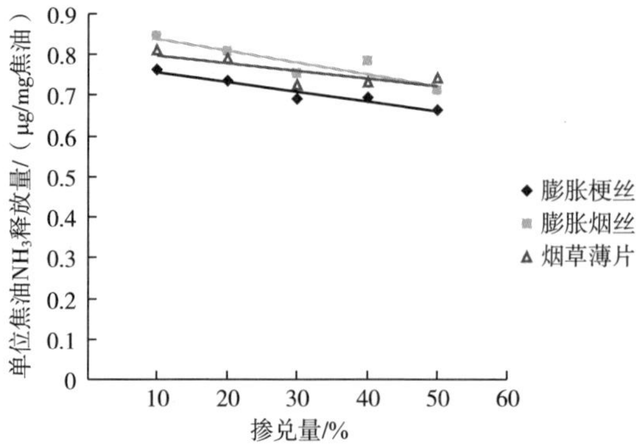

图 6-33 “三丝”掺兑量与单位焦油 NH_3 释放量的关系

表 6-56 “三丝”掺兑量与单位焦油 NH_3 释放量的线性相关方程参数

线性相关方程参数	膨胀梗丝	膨胀烟丝	烟草薄片
截距	0.78	0.87	0.82
斜率	-0.002	-0.003	-0.001
相关系数	0.96	0.91	0.80

膨胀梗丝、膨胀烟丝和烟草薄片掺兑量与单位焦油 NH_3 释放量线性相关方程的斜率为负数，说明随着膨胀梗丝、膨胀烟丝和烟草薄片掺兑量增加，单位焦油 NH_3 释放量减少。

8. 单位焦油苯酚释放量

如图 6-34 和表 6-57 所示，膨胀梗丝、膨胀烟丝和烟草薄片掺兑量与单位焦油苯酚释放量相关系数均大于 0.90，说明膨胀梗丝、膨胀烟丝和烟草薄片掺兑量与单位焦油苯酚释放量显著相关。

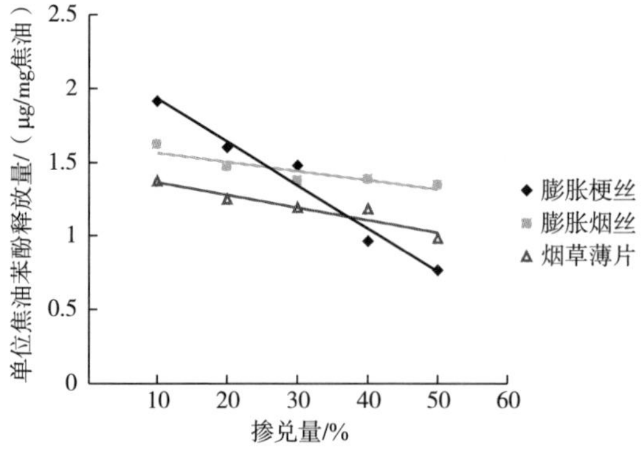

图 6-34 “三丝”掺兑量与单位焦油苯酚释放量的关系

表 6-57　“三丝”掺兑量与单位焦油苯酚释放量的线性相关方程参数

线性相关方程参数	膨胀梗丝	膨胀烟丝	烟草薄片
截距	2.20	1.62	1.45
斜率	-0.029	-0.006	-0.008
相关系数	0.98	0.90	0.94

膨胀梗丝、膨胀烟丝和烟草薄片掺兑量与单位焦油苯酚释放量线性相关方程的斜率为负数，说明随着膨胀梗丝、膨胀烟丝、烟草薄片掺兑量增加，单位焦油苯酚释放量减少。

9. “三丝”掺兑量对单位焦油有害成分释放量的影响规律

膨胀梗丝、膨胀烟丝和烟草薄片掺兑量对单位焦油有害成分释放量的影响进行汇总，结果见表 6-58。

表 6-58　“三丝”掺兑量对单位焦油有害成分释放量的影响

单位焦油有害成分	膨胀梗丝	膨胀烟丝	烟草薄片
烟碱	--	X	X
CO	++	X	++
NNK	+	+	++
巴豆醛	++	+	++
HCN	+	++	X
BaP	X	-	--
NH_3	--	--	-
苯酚	--	--	--

注：++—显著正相关；-—-显著负相关；+—有一定正相关；-—有一定负相关；X—不相关。

（1）膨胀梗丝掺兑量与单位焦油烟碱、单位焦油 CO、单位焦油巴豆醛、单位焦油 NH_3 和单位焦油苯酚释放量显著相关，与单位焦油 NNK 和单位焦油 HCN 释放量有一定相关，与单位焦油 BaP 释放量不相关。

（2）膨胀烟丝掺兑量与单位焦油 HCN、单位焦油 NH_3 和单位焦油苯酚释放量显著相关，与单位焦油 NNK、单位焦油巴豆醛和单位焦油 BaP 释放量有一定相关，与单位焦油烟碱和单位焦油 CO 释放量不相关。

（3）烟草薄片掺兑量与单位焦油 CO、单位焦油 NNK、单位焦油巴豆醛、单位焦油 BaP 和单位焦油苯酚释放量显著相关，与单位焦油 NH_3 释放量有一定相关，与单位焦油烟碱和单位焦油 HCN 释放量不相关。

参考文献

[1] 陈景云，李东亮．梗丝分布形态对其掺配均匀度的影响 [J]．烟草科技，2004 (8)：8-10.

[2] 陈凯瑞．梗丝掺配比例对卷烟产品的影响研究 [J]．科技风，2018 (19)：211.

[3] 陈帅伟，胡苏林，崔宁，等．“三丝”掺配比例对卷烟理化指标的影响研究 [J]．西南农业学报，2015，28 (06)：2742-2745.

[4] 丁伟，闫洪喜，陆扬，等．掺配比例对烟丝主要化学成分含量及指标值的相关性研究 [A]．中国烟草学会工业专业委员会．中国烟草学会工业专业委员会烟草工艺学术研讨会论文集 [C]．中国烟草学会工业专业委员会：中国烟草学会，2010：6.

[5] 高尊华，鲍文华．梗丝结构对卷烟质量稳定性的影响 [J]．烟草科技，2007 (2)：5-7.

[6] 何超．梗丝形态指数模型的建立及均匀性评价方法研究 [D]．郑州：郑州轻工业学院，2018.

[7] 金哲，朴永革，黄树永，等．3 种梗丝不同掺配比例对卷烟质量的影响 [J]．烟草科技，2012 (12)：5-8+21.

[8] 李坚，吴敬华，张旭升，等．碎烟梗筛分对卷烟梗丝加工质量的影响 [J]．广西轻工业，2009 (2)：46-47.

[9] 廖晓祥，张建华，牟定荣，等．梗丝形态对细支卷烟主流烟气及燃烧特性影响 [J]．化学研究与应用，2020，32 (04)：537-550.

[10] 廖晓祥，赵云川，邹泉，等．梗丝形态对细支卷烟品质稳定性的影响 [J]．烟草科技，2016，49 (10)：74-80.

[11] 申晓锋．烟丝结构对卷烟物理指标的影响研究 [D]．郑州：郑州烟草研究院，2008.

[12] 汪涛，张灵辉，叶宏音．不同形态梗丝对卷烟在制品及成品质量的影响 [J]．安徽农业科学，2013，41 (32)：12724-12726.

[13] 王刘东，薄云川，刘尚鹏，等．CO_2 膨胀梗丝掺配比例对卷烟烟气成分的影响 [J]．农产品加工，2016 (23)：48-51+54.

[14] 于建春．梗丝质量对卷烟吸阻影响的研究 [J]．中国高新技术企业，2011，(11)：61-62.

[15] 朱瑞芝，张涛，司晓喜，等．“三丝”掺配对主流烟气游离烟碱/烟碱比值的影响和趋势分析 [J]．云南化工，2015，42 (02)：1-5.

[16] Ezra Thomas Smith. Method for utilizing tobacco stems in smoking products. US patent：

4076030 [P]. 1978-2-28.

[17] Hook R. G.. Review of factors affecting tobacco rod physical properties [R]. BAT Report, No. RD. 2214, 1992.

[18] Metzner. Method and plant for treating tobacco stems for the production of cut tobacco. US patent: 5826590 [P]. 1998-10-27.

[19] RJR Tobacco Company. Particle size optimization team-status report [R]. RJR Report, 1994.

第七章
梗丝烟气有害成分释放量及降低技术

自 1954 年 Cooper 等人从卷烟烟气中分离鉴定出苯并［a］芘起，对烟草烟气中的有害成分研究得到了广泛的开展，不断有新的有害成分被鉴定出来。1990 年，Hoffmann 和 Hechtl 发表了“43 种成分”有害成分名单，随后不断进行补充和修订。1998 年，加拿大政府通过立法要求卷烟生产商定期检测卷烟主流烟气中 46 种有害成分的含量，并将结果公之于众，这一名单是一个修正的 HOFFMANN 名单。该名单公布后，在世界范围内造成了很大的影响，名单中的有害成分得到了卫生界和烟草行业的普遍认可，该名单中的化合物也就是我们目前所熟知的“HOFFMANN 分析物”。根据这一有害成分清单，世界各国政府纷纷制定出或正在制定相应的卷烟烟气有害成分披露名单，世界卫生组织《烟草控制框架公约》研究小组也将其作为主要的烟气有害成分建议加以披露。2005 年，国家烟草专卖局于下达了“卷烟危害性指标体系研究”项目，该项目通过选取国内外 163 种牌号（规格）卷烟，测定 HOFFMANN 名单中 29 项主要有害化学成分指标和 4 项毒理学指标，选择多种数理统计方法，分析和挖掘主流烟气有害成分与毒理学指标的相关关系，建立能够真实反映卷烟危害性的综合评价指标体系。经过近两年的研究工作，最终确定了表征卷烟危害性的 7 个定性有害成分指标，即：CO、HCN、NNK、NH_3、苯并［a］芘、苯酚和巴豆醛。

当前，随着社会的发展与进步，人们对高品质生活的追求以及对健康的关注程度越来越高，世界范围的控烟运动也在迅速发展，烟草发展的外部环境发生了深刻变化，烟草作为一个产业的发展受到更加严格的限制。对卷烟危害性进行评价并尽可能减少吸烟对消费者的危害是烟草行业急需解决的问题。通过梗丝掺兑降低卷烟危害指数是最可行的工业手段之一。烟梗中含有的化学成分种类与烟叶基本一致，但是在含量上有较大差异，这也导致了烟梗与烟叶燃吸时释放的有害成分存在差异。研究表明，同一片烟叶上的叶丝和梗丝燃烧后表征卷烟危害性的 7 个有害成分释放量有较大的差异，其中梗丝苯酚的释放量仅为叶丝的 6%，NH_3 为 33%，苯并［a］芘是 1%，HCN 为 60%；然而梗丝烟气巴豆醛的释放量却是叶丝的 1.3 倍，这在一定程度上阻碍了通过梗丝掺兑降低卷烟危害指数的技术发展。因此，开发低巴豆醛释放量的梗丝技术具有重要的工业应用价值。

第一节　梗丝烟气有害成分

减害降焦是当前中式卷烟发展的趋势，梗丝燃吸后烟气中有害成分的释放量直接影响着卷烟产品的焦油、CO 及危害指数，烟气中有害成分和释放量也是评价梗丝可用性的重要指标。本节选取不同产地、不同着生部位的梗丝进行分析，为了便于统一比较分析，将常规烟气中的焦油、烟碱和 7 种有害成分一并列表分析，计算出单克梗丝或烟丝的释放量（表 7-1）。

表 7-1　　梗丝烟支主流烟气有害成分及危害指数

产地	部位	焦油/(mg/g)	烟碱/(mg/g)	CO/(mg/g)	苯酚/(μg/g)	NNK/(ng/g)	HCN/(μg/g)	NH_3/(μg/g)	苯并［a］芘/(ng/g)	巴豆醛/(μg/g)	H
楚雄市	B	9.41	0.48	28.55	4.34	8.67	334.89	14.09	11.59	40.93	15.90
楚雄市	C	7.65	0.39	30.34	4.26	6.27	249.41	9.19	16.66	33.67	13.86
楚雄市	X	9.12	0.39	21.65	6.45	8.22	179.99	8.24	13.04	29.35	12.02
南平市	B	8.56	0.68	24.74	8.60	7.82	123.94	7.06	15.74	34.73	12.41
南平市	C	9.02	0.58	25.98	7.07	8.13	113.48	6.81	14.98	32.37	12.06
南平市	X	9.36	0.55	24.00	7.82	9.47	88.71	4.85	11.66	29.34	11.02
郴州市	B	12.01	0.71	23.14	10.41	4.65	147.71	10.16	12.84	32.22	11.78
郴州市	C	10.78	0.68	23.56	8.98	6.46	178.85	10.20	11.98	30.79	12.26
郴州市	X	9.26	0.55	21.20	3.88	7.03	147.20	8.57	11.66	29.36	11.01
重庆市	B	9.03	0.51	25.62	8.02	8.30	249.20	14.34	11.63	32.71	14.39
重庆市	C	10.98	0.50	25.08	7.83	8.29	223.87	13.02	12.99	31.12	13.89
重庆市	X	11.82	0.48	24.87	9.08	9.09	210.77	12.87	12.03	30.99	13.89
三门峡市	B	9.06	0.40	24.71	5.23	8.96	175.38	9.76	13.19	33.95	13.01
三门峡市	C	9.45	0.41	23.61	7.17	8.73	167.55	8.05	15.29	33.92	12.90
三门峡市	X	9.28	0.36	22.77	6.52	8.79	136.85	7.65	12.53	32.28	11.92

续表

产地	部位	焦油/(mg/g)	烟碱/(mg/g)	CO/(mg/g)	苯酚/(μg/g)	NNK/(ng/g)	HCN/(μg/g)	NH_3/(μg/g)	苯并[a]芘/(ng/g)	巴豆醛/(μg/g)	*H*
平顶山市	B	11.21	0.35	33.18	4.46	5.88	347.72	24.00	13.18	38.92	17.57
平顶山市	C	9.83	0.39	22.70	4.72	5.00	121.00	9.80	11.98	32.04	10.91
毕节市	C	9.06	0.24	25.25	3.95	5.57	172.23	7.05	11.61	39.52	11.79
凉山彝族自治州	C	12.23	0.49	25.84	4.47	6.28	165.14	7.47	15.02	38.74	12.47
黑龙江省	C	10.35	0.52	38.73	4.30	6.93	418.20	20.05	13.76	42.63	18.75
平均值		9.77	0.48	25.78	6.38	7.43	197.60	10.66	13.17	33.98	13.19

注：B—上部梗；C—中部梗；X—下部梗。

一、梗丝烟气中的 CO 释放量

梗丝烟气中的 CO 的产生通常由热裂解及烟草的不完全燃烧导致。CO 无色无味且性质稳定，但攻击性很强，一旦进入人体内可快速抢占血液中红细胞，与其中的血红蛋白结合形成缺氧血红蛋白，易造成组织缺氧。如图 7-1 所示给出了国内主要产区不同部位的梗丝燃烧后，主流烟气中单克烟丝的 CO 释放量，并与叶丝进行比对。可以看出，梗丝烟支烟气 CO 释放量，部位间中部梗和上部梗大于下部梗；产地间以黑龙江省、平顶山市和楚雄市较高。与成品烟丝相比梗丝的 CO 释放量部分样品稍高于烟丝，部分样品与一类烟丝基本持平。

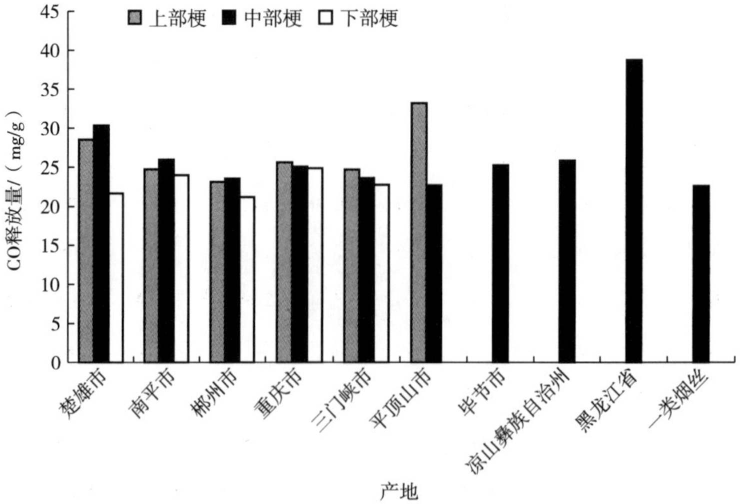

图 7-1　梗丝烟支烟气中 CO 释放量

二、梗丝烟气中的焦油释放量

从图 7-2 中可以看出，梗丝烟支焦油释放量在部位间没有规律性；以中部梗作对比，产地间以黑龙江省、凉山彝族自治州、重庆市和郴州市较高。与一类烟丝相比梗丝的焦油释放量低于一类烟丝，但没有大幅降低。

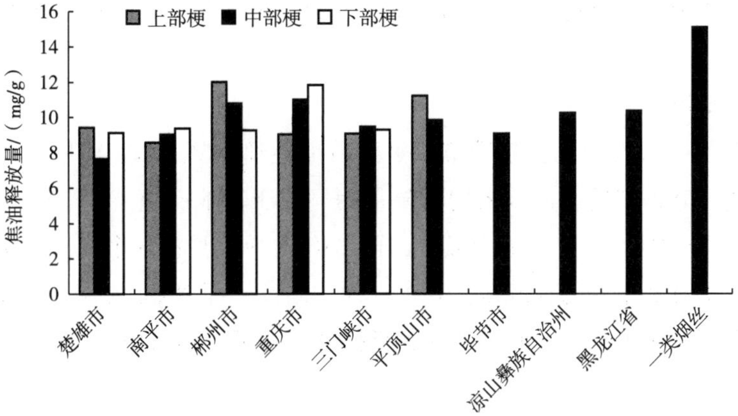

图 7-2　梗丝烟支烟气中焦油释放量

三、梗丝烟气危害指数

从图 7-3 中可以看出，梗丝烟支烟气中危害指数，在部位间是中部梗和上部梗大于下部梗，大体上是上部梗大于中部梗；产地间以黑龙江省、平顶山市、重庆市和楚雄市较高。与一类烟丝相比梗丝的危害指数少部分样品稍高于一类烟丝，大部分低于一类烟丝。

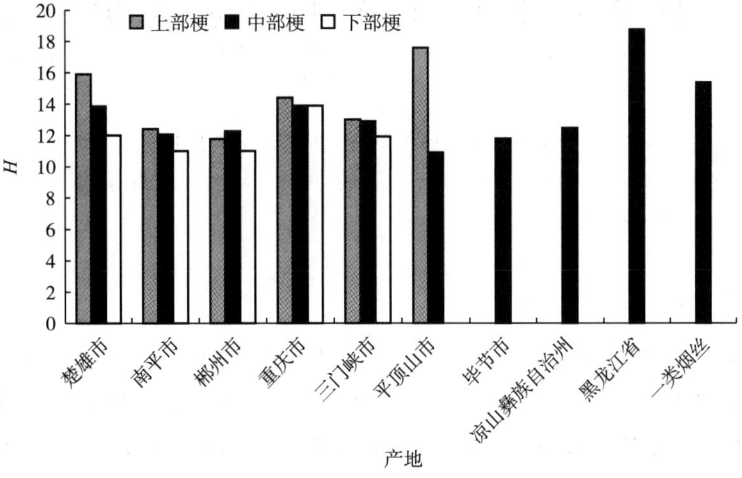

图 7-3　梗丝烟支烟气危害指数

四、梗丝烟气危害成分释放量比较

除 CO 外，梗丝烟气中还有其他 6 种表征卷烟危害性的危害成分和烟碱，由于每种指标变化情况不同，因此针对各指标与梗丝部位的关系进行分别讨论。

由于梗丝烟气中烟碱释放量数值较低，而 HCN 释放量以 μg/g 为单位计算时数值较大，为了便于比较，以 10 倍烟碱释放量数值、0.1 倍 HCN 释放量数值绘图。

1. 上部梗丝

由图 7-4 可以看出，楚雄市、平顶山市梗丝 HCN、NH_3、巴豆醛的释放量明显高于其他产地，而苯酚的释放量明显低于其他产地。南平市梗丝 HCN 和 NH_3 的释放量在 6 个产地中最低，而 BaP 的释放量在 6 个产地中最高。郴州市梗丝烟碱和苯酚的释放量在 6 个产地中最高，而 NNK 的释放量在 6 个产地中最低。重庆市和三门峡市梗丝各指标基本处于中等水平。

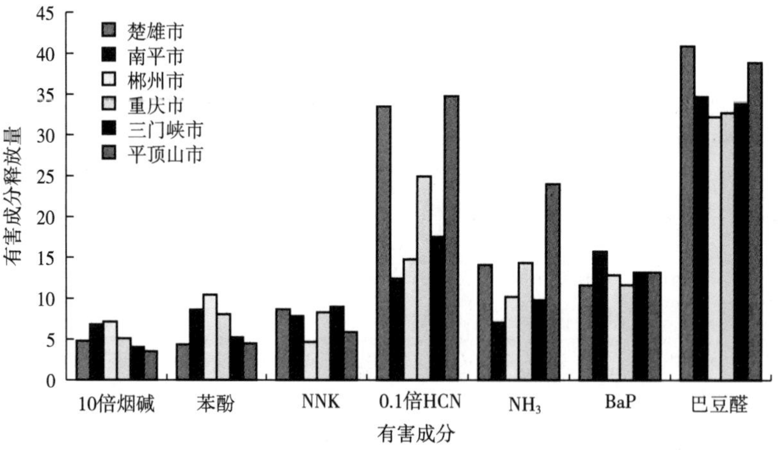

图 7-4　上部梗丝烟气中有害成分释放量

注：纵坐标数据对应的单位，烟碱为 mg/g；苯酚、HCN、NH_3、巴豆醛为 μg/g；NNK、BaP 为 ng/g，图 7-5 和图 7-6 皆同。

2. 中部梗丝

由图 7-5 可以看出：在 9 个产地的中部梗丝中，黑龙江省梗丝 HCN、NH_3、巴豆醛的释放量为最高。楚雄市梗丝 HCN、BaP、巴豆醛的释放量仍处于较高水平。重庆市梗丝各项指标基本处于中高水平，平顶山市梗丝各项指标基本处于中低水平。

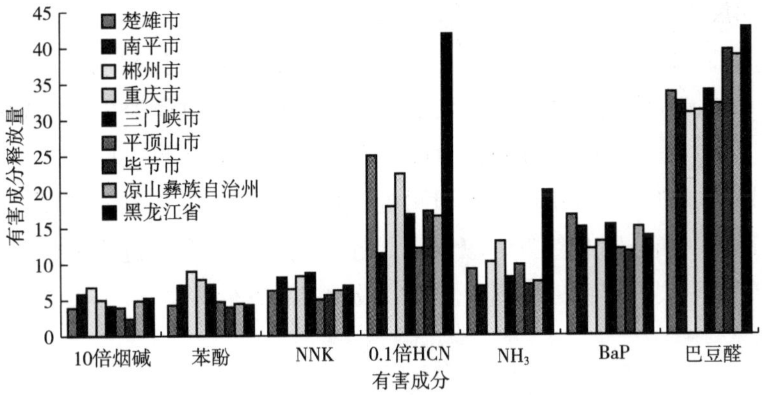

图 7-5 中部梗丝烟气中有害成分释放量

3. 下部梗丝

由图 7-6 可以看出，在 5 个不同产地中，重庆市梗丝苯酚、HCN、NH_3 的释放量最高，NNK、巴豆醛的释放量也处于较高水平，南平市梗丝 HCN 和 NH_3 的释放量最低，郴州市梗丝苯酚、NNK 的释放量最低。

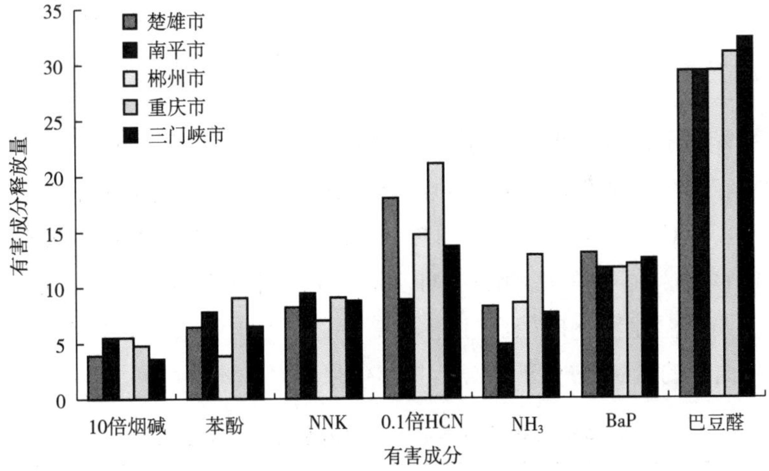

图 7-6 下部梗丝烟气中有害成分释放量

第二节 梗丝烟气中巴豆醛释放量模拟燃吸热裂解与测定方法

本节介绍了一种热裂解模拟燃吸测定梗丝中巴豆醛释放量的方法。

一、卷烟燃吸模拟装置

卷烟燃吸模拟装置如图 7-7 所示，主要包括气体流量控制器、聚焦红外炉、捕集器、吸收瓶以及程序升温控制器。石英管的内径为 8mm（模拟卷烟内径），壁厚 1mm，长 413mm；通过程序升温控制器和热电偶控制聚焦红外炉进行快速加热；气体氛围和流量可通过两个气体流量控制计实现，流量控制计的进气口端分别与氮气、氧气源相连，气体经混合后进入聚焦红外炉中的石英管；热裂解产物采用剑桥滤片或吸收溶液进行捕集。

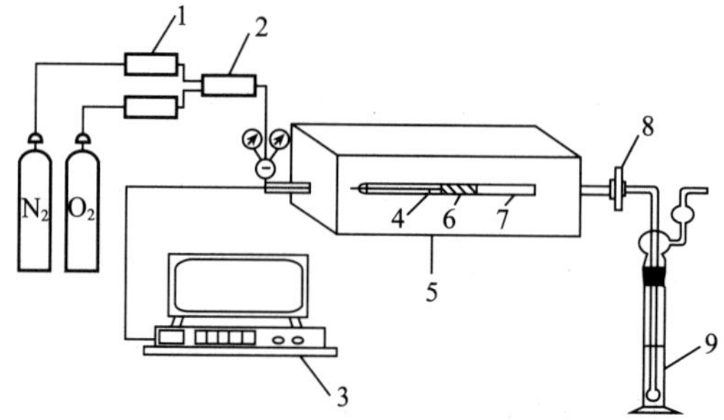

图 7-7　卷烟燃吸模拟装置示意图

1—气体流量控制器　2—混合阀　3—程序升温控制器　4—热电偶　5—聚焦红外炉
6—梗丝样品　7—石英管　8—捕集器　9—吸收瓶

该装置采用聚焦红外炉进行加热，最高加热温度可达 1200℃，温度控制系统能够在 50~1200℃ 准确控温；红外灯管反射面将能量聚焦于石英管中部位置，可实现对烟丝样品的快速加热，不同载样量状态下的最大加热速率可达 50~150℃/s；氮气流量范围 0~1L/min；氧气流量范围 0~1L/min。该装置在 3 种不同升温速率下的控温性能如表 7-2 所示。该装置在空载和载样时，实测温度曲线的 RSD 均小于 10%，控温效果较好。

表 7-2　不同升温速率下卷烟燃吸模拟装置的控温性能

升温速率/(℃/s)	实测温度曲线的 RSD/%	
	空载	载样
50	4.80	3.50
100	5.10	3.65
150	8.10	9.02

该装置的升温速率高，载样量大，且在升温速率较高时仍可保证较好的控温性能，因此有利于模拟卷烟燃吸条件。此外，该装置直接与滤片捕集器和吸收瓶连接，可以实现热裂解产物的定量捕集，捕集的热裂解产物可以进一步定性定量分析。由于采用的热裂解样品量较大，热裂解产物的捕集方式与吸烟机的烟气捕集方式相同，因此，在分析热裂解产物的有害成分时，可以直接采用标准方法进行分析。

二、热裂解条件

测试时，需分别称取 2 份 20mg 的石英棉和 1 份 100mg 样品，将样品置于石英棉中间，装填时控制样品长度约为 1cm，装填方法见图 7-8。将装填好样品的石英管接入热裂解装置中，并将盛有 50mL2，4-二硝基苯肼（DNPH）溶液的吸收瓶与热裂解装置连接。

参考卷烟燃吸条件，设定热裂解条件为：

升温程序：$35^{\circ}C \xrightarrow{90^{\circ}C/s} 900^{\circ}C$（保持 6s）；

载气：$9\%O_2$，$91\%N_2$；

载气流速：17.5mL/s。

样品热裂解前按照 GB/T 16447—2004《烟草及烟草制品　调节和测试的大气环境》的要求，梗丝样品在温度 22℃±2℃ 和相对湿度 60%±5% 平衡 48h。

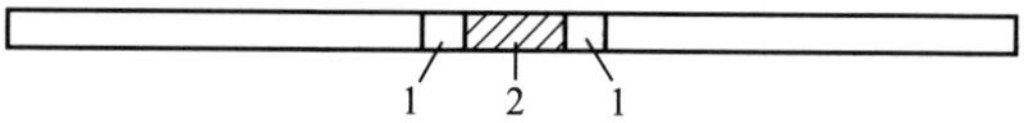

图 7-8　样品装填示意图

1—石英棉　2—样品

三、巴豆醛的吸收和样品前处理方法

1. 巴豆醛的吸收

以 2，4-二硝基苯肼（DNPH）溶液为吸收液。样品热裂解产生的烟气进入吸收瓶中，巴豆醛与吸收液中的 DNPH 发生衍生化反应被吸收液衍生化。

2. 前处理方法

重复热裂解 2 份梗丝样品，热裂解完毕后，取下吸收瓶，静置 10min，使反应完全。移取 4mL 反应溶液于 10mL 容量瓶中，用三（羟甲基）氨基甲烷溶液（Trizma 碱）定容至刻度。过 0.45μm 有机相滤膜，进 HPLC 分析。

四、HPLC 仪器条件

HPLC 仪器条件为进样体积：10μL；流速：1mL/min；流动相 A：去离子水，流动相 B：乙腈；洗脱梯度见表 7-3；检测器：二极管阵列检测器；检测波长：365nm。

表 7-3　　洗脱梯度表

时间/min	流动相 A/%	流动相 B/%
0	50	50
20	50	50
25	40	60
30	40	60
35	20	80
40	10	90
41	50	50
45	50	50

五、巴豆醛热裂解释放量与卷烟主流烟气释放量的关系

选取卷烟主流烟气巴豆醛释放量在 15.8~30.5μg/支的卷烟，取出烟丝分别采用热裂解模拟燃吸法测定巴豆醛热裂解释放量。图 7-9 显示了卷烟主流烟气巴豆醛释放量与热裂解法测定的巴豆醛释放量的相关关系。卷烟主流烟气巴豆醛释放量与巴豆醛热裂解释放量具有良好的线性相关关系，说明采用热裂解模拟燃吸法可以评估烟丝/梗丝烟气巴豆醛释放量。

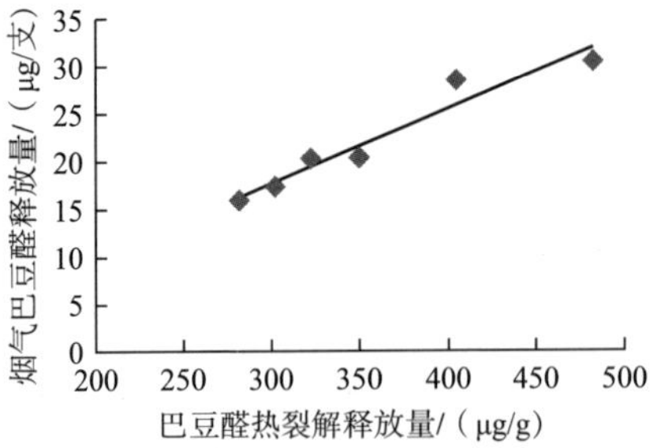

图 7-9　卷烟主流烟气巴豆醛释放量与热裂解释放量的关系

第三节 梗丝烟气中巴豆醛主要前体成分确定

巴豆醛是卷烟烟气挥发性羰基化合物的代表物。鉴于挥发性羰基化合物的有害性，国内外烟草行业开展了卷烟烟气中挥发性羰基物的前体成分研究。研究发现，葡萄糖等糖类化合物对于巴豆醛的释放量具有重要贡献，如在纤维素的热裂解产物中发现包括巴豆醛在内的 8 种挥发性羰基化合物。除了糖类化合物外，多酚的热裂解如芸香苷、绿原酸也可能产生甲醛、乙醛等挥发性羰基化合物。另外，卷烟生产过程中添加的丙三醇和丙二醇，富含纤维素的卷烟纸热裂解也产生挥发性羰基化合物。卷烟燃吸过程是一个多种化合物共同热裂解的燃烧过程，挥发性羰基化合物前体的热裂解会受到其他成分和因素的影响。研究表明，在烟叶中添加铵盐、氨基酸、蛋白质、烟碱等含氮化合物能够抑制甲醛的形成。

本节通过在梗丝基底上添加的可能影响其巴豆醛释放量的化合物（葡萄糖、果糖、纤维素、果胶、半纤维素、草酸、柠檬酸、苹果酸、木质素、蛋白质、天冬酰胺、脯氨酸、淀粉、绿原酸、蔗糖、钾等），以热裂解模拟法测定巴豆醛的生成量，结合这些潜在的巴豆醛前体成分在梗丝中的含量，计算各化学成分对巴豆醛释放量的贡献率，从而确定巴豆醛主要前体成分和抑制成分。

一、各化学成分对巴豆醛释放量的影响

表 7-4 和图 7-10 给出了各化学成分与巴豆醛释放量的量效关系。

葡萄糖、淀粉、果糖、纤维素、蔗糖、半纤维素、果胶、草酸、苹果酸、柠檬酸、绿原酸、木质素 12 种前体成分与巴豆醛释放量正相关，即其本身可热裂解释放巴豆醛或者引起巴豆醛释放量上涨；它们对巴豆醛释放量的影响由大到小依次为：葡萄糖>淀粉>果糖>纤维素>蔗糖>半纤维素>果胶>草酸>苹果酸>柠檬酸>绿原酸>木质素。

钾、脯氨酸、天冬酰胺和蛋白质 4 种成分与巴豆醛释放量成负相关，即其可抑制巴豆醛的生成，影响由大到小依次为：钾>脯氨酸>天冬酰胺>蛋白质。

表 7-4　　各化学成分与巴豆醛释放量的量效关系

化学成分	巴豆醛释放量（μg/mg）
葡萄糖	1.03
淀粉	0.90

续表

化学成分	巴豆醛释放量（μg/mg）
果糖	0.83
纤维素	0.78
蔗糖	0.71
半纤维素	0.59
果胶	0.58
草酸	0.52
苹果酸	0.48
柠檬酸	0.36
绿原酸	0.31
木质素	0.20
蛋白质	-0.41
天冬酰胺	-1.03
脯氨酸	-1.21
钾	-1.34

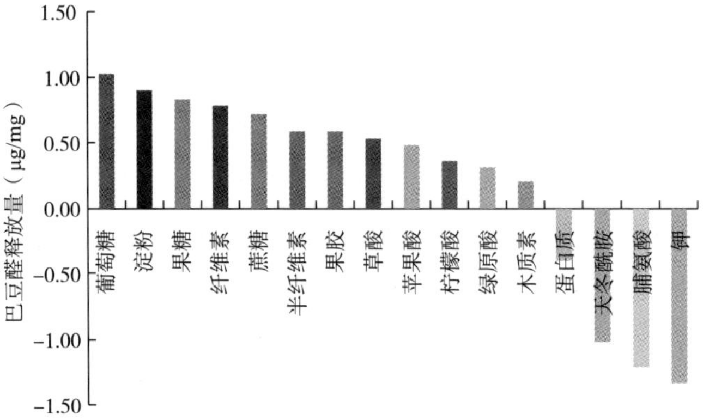

图 7-10　各前体成分和抑制成分与巴豆醛释放量的量效关系

二、各化学成分的巴豆醛贡献率

对梗丝对照样品各前体成分含量进行测试，各成分含量水平见表 7-5。结合各化学成分含量及其与巴豆醛释放量的量效关系，计算得到这些梗丝化学成分的巴豆醛贡献率。

表 7-5 各化学成分的巴豆醛贡献率

化学成分	巴豆醛释放量 (μg/mg)	含量 /%	贡献量 /(μg/g 梗丝)	贡献率 /%
纤维素	0.78	20.01	156.1	44.7
葡萄糖	1.03	9.70	99.9	28.6
果糖	0.83	8.05	66.8	19.1
果胶	0.58	11.12	64.5	18.5
苹果酸	0.48	5.96	28.6	8.2
半纤维素	0.59	2.59	15.3	4.4
蔗糖	0.71	1.82	12.9	3.7
淀粉	0.90	0.94	8.5	2.4
草酸	0.52	1.15	6.0	1.7
木质素	0.20	2.55	5.1	1.5
柠檬酸	0.36	0.39	1.4	0.4
绿原酸	0.31	0.03	0.1	0.0
天冬酰胺	-1.03	0.52	-5.4	-1.5
脯氨酸	-1.21	0.97	-11.7	-3.3
蛋白质	-0.41	9.63	-39.5	-11.3
钾	-1.34	4.42	-59.2	-16.9

根据不同化学成分巴豆醛贡献率做图（图 7-11），结果表明，纤维素、葡萄糖、果糖、果胶 4 种成分为梗丝烟气巴豆醛的主要前体成分，对巴豆醛贡献率均大于 15%，其中纤维素对巴豆醛贡献率高达 44.7%；次要前体成分为苹果酸、半纤维素、蔗糖、淀粉，对巴豆醛贡献率为 2.4%~8.2%。钾、蛋白质、脯氨酸和天冬酰胺对梗丝烟气巴豆醛具有抑制作用，其中钾和蛋白质对巴豆醛抑制率大于 10%。

综上，可以认为纤维素、葡萄糖、果糖、果胶 4 种成分为梗丝烟气巴豆醛的主要前体成分，苹果酸、半纤维素、蔗糖、淀粉为次要前体成分，而钾、蛋白质、脯氨酸、天冬酰胺是巴豆醛的主要抑制成分。

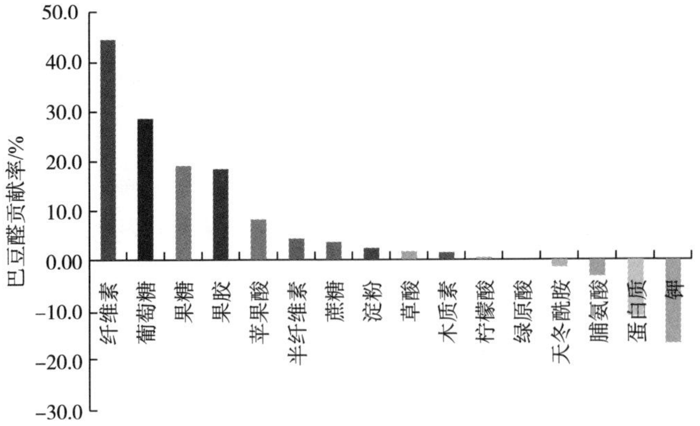

图 7-11　各前体成分和抑制成分的巴豆醛贡献率

第四节　不同产地、不同部位梗丝烟气巴豆醛释放量

本节选择并收集不同产地、不同部位的代表性烟梗原料，制备了 29 种梗丝样品，然后采用热裂解模拟燃吸法测定了不同产地和不同部位梗丝的单克梗丝烟气巴豆醛释放量。

一、不同部位梗丝烟气巴豆醛释放量

选取的 29 个样品中，涉及同一产地不同部位的样品 25 个，共 11 个产地。从贵州省兴义市，云南省曲靖市和大理市 3 地的样品中选取了上部、中部、下部三个部位，而从河南省平顶山市、许昌市、三门峡市，湖南省永州市，贵州省毕节市，四川省凉山彝族自治州，福建省南平市，云南省文山市 8 个产地的样品中选取了上部梗和中部梗（表 7-6）。

表 7-6　　**不同部位梗丝烟气巴豆醛释放量**　　单位：μg/g

产地	上部梗	中部梗	下部梗
河南省平顶山市	471	440	—
河南省许昌市	426	388	—
河南省三门峡市	473	418	—
湖南省永州市	348	324	—
贵州省兴义市	408	406	367
贵州省毕节市	377	317	—
四川省凉山彝族自治州	384	325	—

续表

产地	上部梗	中部梗	下部梗
福建省南平市	417	312	—
云南省曲靖市	496	451	350
云南省大理市	431	399	365
云南省文山市	441	364	—
均值	425	378	361

对 11 个产地不同部位梗丝样品巴豆醛释放量进行配对样品 t 检验，将结果列于表 7-7。可以看出：上部梗与中部梗巴豆醛释放量存在显著性差异（P=0.00，自由度=10），中部梗和下部梗以及上部梗和下部梗之间也存在显著性差异（P 为 0.11 和 0.11，自由度=2，由于配对样品数量仅 3 个，P 值临界值设为 0.15）。

表 7-7　　不同部位梗丝烟气巴豆醛释放量配对样品 t 检验结果

部位	成对差分					自由度	P
	均值/(μg/g)	标准差/(μg/g)	均值的估计标准误差/(μg/g)	差分的 95%置信区间			
				下限	上限		
上部梗—中部梗	48	28	8	29	67	10	0.00
中部梗—下部梗	58	37	21	-34	150	2	0.11
上部梗—下部梗	84	55	32	-52	221	2	0.11

从 11 个产地不同部位的梗丝样品巴豆醛释放量结果比较（图 7-12）来看，巴豆醛释放量均呈现“上部梗>中部梗>下部梗”的趋势。不同产地巴豆醛释放量在部位之间的差异不一，上部梗丝和中部梗丝烟气中巴豆醛差异率在 0.4%~33%，上部梗丝烟气巴豆醛释放量平均要比中部梗丝高约 11%，而下部梗丝释放量均值要比中部梗丝低约 13%。

综上分析，结合配对样品 t 检验结果，梗丝烟气巴豆醛变化趋势以及巴豆醛释放量随部位差异的大小，可以认为梗丝烟气巴豆醛释放量总体呈现“上部梗>中部梗>下部梗”趋势。值得强调的是，梗丝烟气中巴豆醛随部位的释放规律与叶丝巴豆醛释放规律“上部梗<中部梗<下部梗”正好相反。

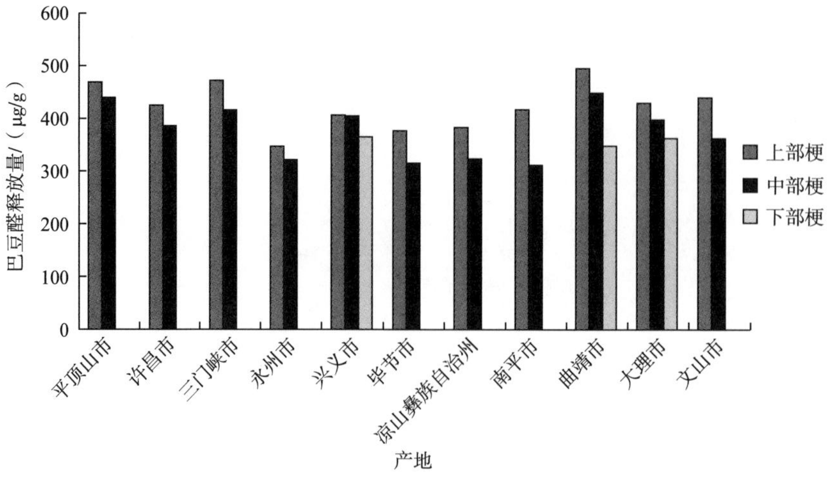

图 7-12　不同部位梗丝烟气巴豆醛释放量

二、不同产地梗丝烟气巴豆醛释放量

选取的 29 个样品中，涉及不同产地上部梗 11 个，中部梗 15 个，下部梗 3 个，不同产地梗丝烟气巴豆醛释放量结果见表 7-8 和图 7-13。

表 7-8　不同部位梗丝烟气巴豆醛释放量

部位	产地	巴豆醛释放量/（μg/g）
上部梗	湖南省永州市	348
	贵州省毕节市	377
	四川省凉山彝族自治州	384
	贵州省兴义市	408
	福建省南平市	417
	河南省许昌市	426
	云南省大理市	431
	云南省文山市	441
	河南省平顶山市	471
	河南省三门峡市	473
	云南省曲靖市	496
	（变异系数	10.5%）
中部梗	福建省南平市	312
	贵州省毕节市	317
	湖南省永州市	324

续表

部位	产地	巴豆醛释放量/(μg/g)
中部梗	四川省凉山彝族自治州	325
	云南省昭通市	347
	云南省文山市	364
	云南省保山市	370
	河南省许昌市	388
	云南省大理市	399
	湖南省郴州市	400
	贵州省兴义市	406
	黑龙江省	407
	河南省三门峡市	418
	河南省平顶山市	440
	云南省曲靖市	451
	(变异系数	11.9%)
下部梗	贵州省兴义市	367
	云南省曲靖市	350
	云南省大理市	365
	(变异系数	2.6%)

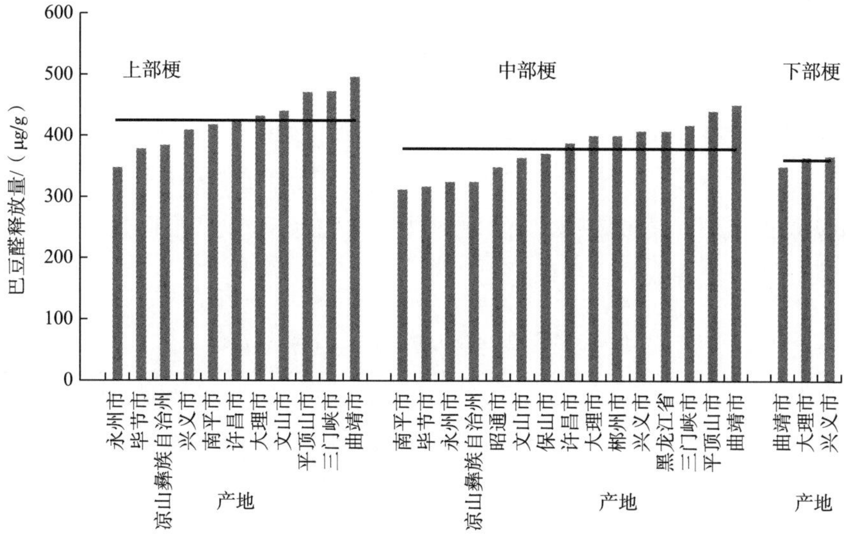

图 7-13 不同产地单克梗丝烟气巴豆醛释放量

1. 上部梗

不同产地的梗丝烟气巴豆醛释放量变异系数为 10.5%，产地之间差异较大。湖南省永州市，贵州省毕节市，四川省凉山彝族自治州巴豆醛释放量较低，分别为 348，377，384μg/g 梗丝，而云南省曲靖市、河南省三门峡市和平顶山市巴豆醛释放量较高，分别为 496，473，471μg/g 梗丝。

2. 中部梗

不同产地的梗丝烟气巴豆醛释放量变异系数为 11.9%，产地之间差异较大。福建省南平市、贵州省毕节市、湖南省永州市、四川省凉山彝族自治州的中部梗巴豆醛释放量较低，分别为 312，317，324，325μg/g 梗丝；云南省曲靖市、河南省平顶山市和三门峡市中部梗巴豆醛释放量较高，分别为 451，440，418μg/g 梗丝。

3. 下部梗

下部梗丝仅涉及 3 个样品，在选取的样品中不同产地的梗丝烟气巴豆醛释放量变异系数为 2.6%，差异较小。

综上所述，对于上部梗和中部梗，不同产地样品巴豆醛释放量差异较大。对于上部梗丝，产自湖南省永州市、贵州省毕节市和四川省凉山彝族自治州的巴豆醛释放量较低，而云南省曲靖市、河南省三门峡市和平顶山市的巴豆醛释放量较高。对于中部梗，产自福建省南平市、贵州省毕节市、湖南省永州市和四川省凉山彝族自治州的释放量较低，而云南省曲靖市、河南省平顶山市和三门峡市的释放量较高。

三、不同梗丝掺兑配方烟丝的巴豆醛释放量

以某牌号典型配方烟丝为基准，将不同产地和不同部位的 29 个梗丝样品，按照质量分数 30%的比例掺兑至烟丝中，制得梗丝掺兑配方烟丝样品。采用搭建的热裂解模拟燃吸装置对梗丝掺兑配方烟丝样品进行热裂解模拟燃吸，测定巴豆醛释放量，结果见表 7-9。

表 7-9　　不同梗丝添加至配方烟丝后巴豆醛释放量

产地	部位	纯梗丝		梗丝掺兑基准烟丝	
		巴豆醛释放量/(μg/g)	排序	巴豆醛释放量/(μg/g)	排序
福建省南平市	中	312	1	311	1
湖南省永州市	中	324	3	311	2
贵州省毕节市	中	317	2	312	3

续表

产地	部位	纯梗丝		梗丝掺兑基准烟丝	
		巴豆醛释放量/(μg/g)	排序	巴豆醛释放量/(μg/g)	排序
四川省凉山彝族自治州	中	325	4	313	4
云南省昭通市	中	347	5	320	5
云南省文山市	中	364	8	328	6
贵州省兴义市	下	367	10	330	7
云南省曲靖市	下	350	7	331	8
湖南省永州市	上	348	6	332	9
云南省大理市	下	365	9	333	10
贵州省毕节市	上	377	12	344	11
云南省保山市	中	370	11	345	12
河南省许昌市	中	388	14	350	13
四川省凉山彝族自治州	上	384	13	352	14
云南省大理市	中	399	15	356	15
福建省南平市	上	417	20	360	16
贵州省兴义市	中	406	17	369	17
贵州省兴义市	上	408	19	369	18
湖南省郴州市	中	400	16	371	19
黑龙江省	中	407	18	371	20
河南省三门峡市	中	418	21	371	21
河南省许昌市	上	426	22	376	22
云南省文山市	上	441	25	376	23
云南省大理市	上	431	23	377	24
河南省平顶山市	中	440	24	392	25
云南省曲靖市	中	451	26	394	26
河南省三门峡市	上	473	28	415	27
河南省平顶山市	上	471	27	423	28
云南省曲靖市	上	496	29	427	29

基准烟丝巴豆醛释放量为312μg/g。通常，梗丝烟气巴豆醛释放量要高于烟丝，在本节所涉及的29个梗丝样品中，仅福建省南平市中部梗丝烟气巴豆

醛释放量与基准烟丝持平，其余梗丝样品巴豆醛释放量均高于基准烟丝。因此，掺兑梗丝后，绝大多数样品相比基准烟丝巴豆醛释放量增大，这与纯梗丝热裂解结果一致。

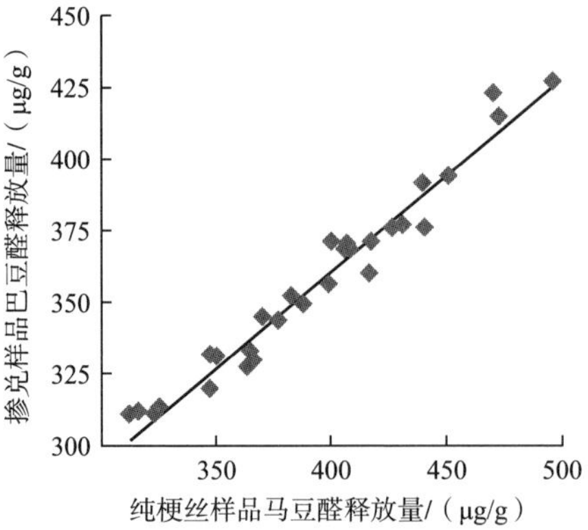

图 7-14　梗丝掺兑配方烟丝样品与纯梗丝样品巴豆醛关系

从图 7-14 可以看出，梗丝掺兑配方烟丝样品巴豆醛释放量（y）与纯梗丝样品巴豆醛释放量（x）具有显著线性相关关系线性方程为 $y=0.6675x+94.296$，相关系数 $R^2=0.9617$。即低巴豆醛释放量梗丝掺兑后，掺兑样品巴豆醛释放量也相应较低，而高巴豆醛释放量梗丝掺兑后，掺兑样品巴豆醛释放量也相应较高。

具体来说，由于福建省南平市、湖南省永州市、贵州省毕节市、四川省凉山彝族自治州中部梗丝纯梗丝热裂解巴豆醛释放量低（312~325μg/g），与基准烟丝巴豆醛释放量水平接近，其掺兑到基准烟丝中后，巴豆醛释放量也相对较低（311~313μg/g），与基准烟丝基本持平；而云南省曲靖市、河南省平顶山市和三门峡市上部梗丝以及云南省曲靖市中部梗丝纯梗丝热裂解巴豆醛释放量远高于基准烟丝（451~496μg/g），因此其掺兑至配方烟丝后，巴豆醛释放量也大幅增大，达到 394~427μg/g。

因此，可以通过梗丝产地和部位的选择，降低卷烟巴豆醛释放量。从部位来讲，为了降低巴豆醛释放量，应尽量选择中部、下部梗丝掺兑于配方烟丝中；从产地来讲，应优选福建省南平市、湖南省永州市、贵州省毕节市、四川省凉山彝族自治州等地中部梗丝掺兑于配方烟丝中以降低巴豆醛释放量。

第五节　梗丝烟气中巴豆醛释放量的降低措施

梗丝中对巴豆醛贡献率较高的前体成分主要为糖类、纤维素、果胶类等物质，对巴豆醛释放量有较强抑制作用的成分为钾、蛋白质和氨基酸等，因此可以通过选择合适的梗丝处理方式降低梗丝烟气巴豆醛释放量：①去除前体成分法：生物技术和溶剂提取技术；②添加抑制成分法：氨基酸添加技术。

一、利用生物技术降低梗丝烟气巴豆醛释放量

生物酶是对环境友好的生物催化剂，随着生物技术的发展，许多研究者开始利用酶和微生物改善烟叶品质。如利用生物酶对烟梗物料中的果胶、纤维素进行酶促降解，能够降低烟梗物料中果胶质、纤维素等物质的含量，将大分子物质降解为半乳糖醛酸、葡萄糖等小分子物质。此外，酵母发酵过程中需要消耗大量糖类化合物，因此通过酵母发酵对梗丝进行处理，可降低梗丝中还原糖（巴豆醛前体成分）含量（表 7-10），且发酵产生的气体膨胀作用会使得梗丝填充性能更好，燃烧速度进一步加快，从而实现降低梗丝烟气中巴豆醛释放量的目的。

如表 7-11 所示固定发酵条件与发酵时间，对比酵母用量为梗丝质量的 0.25%，0.5%，1.0%，研究发酵后梗丝烟气巴豆醛释放量的变化。可以看出，采用酵母发酵后，巴豆醛释放量均有明显降低，降低率在 17%~27%。当酵母用量为梗丝质量的 0.5%时，巴豆醛释放量相比对照样品降低幅度最大，从 420μg/g 降低至 307μg/g，降低率为 27%。此外，调节发酵温度与时间，均可改变梗丝中巴豆醛的释放量（表 7-12 和表 7-10）。感官质量评价结果表明，与对照样品相比，经过酵母处理后的梗丝燃烧速度加快，浓度略降，但整体感官质量与对照样品区别不大。

表 7-10　　酵母发酵对梗丝质量和梗丝还原糖含量的影响

发酵时间/h	梗丝相对质量/%	还原糖含量/%	巴豆醛释放量/(μg/g)
对照	100	13.7	420
8	94	6.7	355
16	90	3.4	311
24	88	3.6	307
48	90	3.2	303

表 7-11　　酵母用量对梗丝烟气巴豆醛释放量的影响

酵母用量/%	巴豆醛释放量/(μg/g)	巴豆醛变化率/%
对照	420	—
0.25	349	↓17
0.5	307	↓27
1.0	319	↓24

表 7-12　　发酵温度对梗丝烟气巴豆醛释放量的影响

发酵温度/℃	巴豆醛释放量/(μg/g)	巴豆醛降低率/%
对照	420	—
25	382	↓9
40	307	↓27
60	346	↓18

二、添加氨基酸抑制梗丝烟气巴豆醛的释放量

本章研究表明，氨基酸、蛋白质等含氮化合物能够抑制巴豆醛的生成。表 7-13 中列出了向梗丝中添加不同种类氨基酸后，梗丝烟气巴豆醛释放量的变化。梗丝中添加苏氨酸、半胱氨酸、脯氨酸、精氨酸、组氨酸、甘氨酸、缬氨酸、天冬酰胺、色氨酸、丝氨酸、异亮氨酸、谷氨酰胺、谷氨酸、苯丙氨酸、酪氨酸、丙氨酸、甲硫氨酸、赖氨酸等氨基酸后，巴豆醛释放量相比对照样品均有降低，其中添加苏氨酸、半胱氨酸、脯氨酸、精氨酸和组氨酸后，梗丝烟气巴豆醛释放量降低 30%以上，添加甘氨酸、缬氨酸、天冬酰胺、色氨酸、丝氨酸、异亮氨酸、谷氨酰胺、谷氨酸、苯丙氨酸和酪氨酸后，巴豆醛释放量降低 20%～30%，添加丙氨酸、甲硫氨酸和赖氨酸后，巴豆醛释放量降低 7%～16%；而添加天冬氨酸和亮氨酸却引起巴豆醛释放量上升。

表 7-13　　氨基酸添加对梗丝烟气巴豆醛释放量的影响

氨基酸	结构	巴豆醛释放量/(μg/g)	巴豆醛降低率/%
对照	—	420	—
苏氨酸	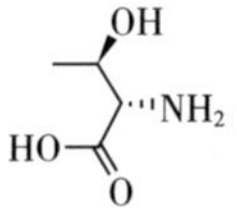	270	↓36

续表

氨基酸	结构	巴豆醛释放量/(μg/g)	巴豆醛降低率/%
半胱氨酸	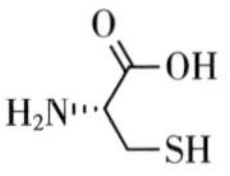	277	↓34
脯氨酸	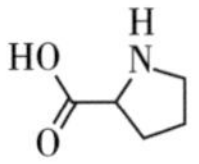	282	↓33
精氨酸	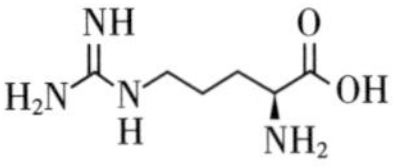	283	↓33
组氨酸	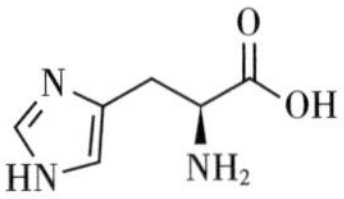	292	↓30
甘氨酸	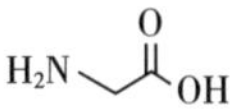	302	↓28
缬氨酸	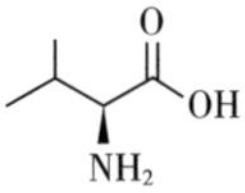	303	↓28
天冬酰胺	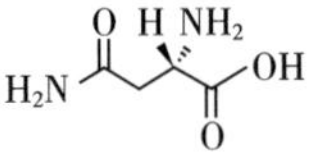	304	↓28
色氨酸	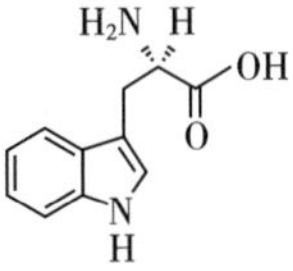	308	↓27
丝氨酸	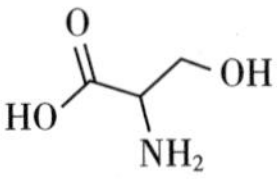	311	↓26
异亮氨酸	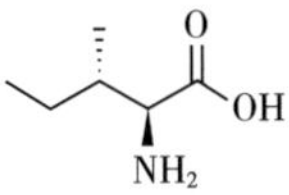	316	↓25

续表

氨基酸	结构	巴豆醛释放量/(μg/g)	巴豆醛降低率/%
谷氨酰胺	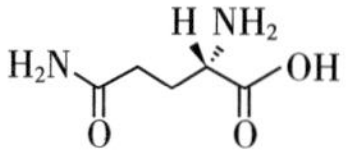	326	↓22
谷氨酸	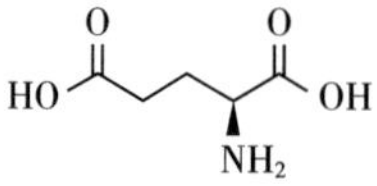	332	↓21
苯丙氨酸	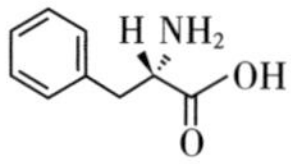	334	↓21
酪氨酸	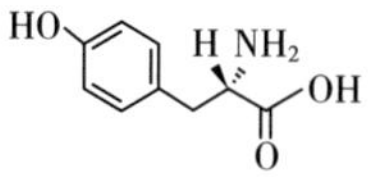	334	↓20
丙氨酸	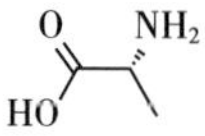	352	↓16
甲硫氨酸	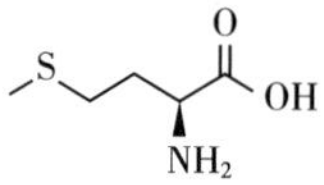	367	↓12
赖氨酸	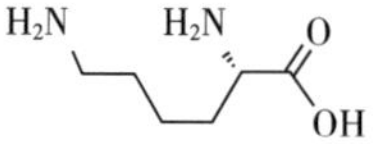	391	↓7
天冬氨酸	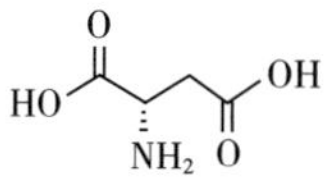	483	↑15
亮氨酸	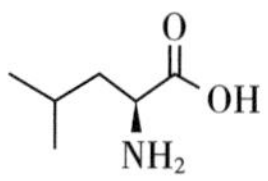	592	↑41

氨基酸的添加方式不同，会对梗丝烟气中巴豆醛的释放量产生影响。添加氨基酸水溶液更有利于降低梗丝烟气巴豆醛释放量，同时添加氨基酸水溶液降低巴豆醛的效果更加稳定（表 7-14）。此外，氨基酸的添加也会影响巴

豆醛的释放量。以脯氨酸为例（表 7-15），采用氨基酸水溶液添加方式将脯氨酸添加于梗丝样品，随着脯氨酸添加量的增大，巴豆醛释放量逐渐降低：脯氨酸添加量为 1.0%~8.0%时，巴豆醛释放量为 402~322μg/g，巴豆醛降低率为 4%~23%。但当脯氨酸添加量大于 4.0%后，梗丝与对照样品相比杂气变重，对感官质量不利。结合巴豆醛降低率和感官质量评价结果，同时考虑到叶丝（5%）和梗丝（1%）中脯氨酸含量差异，建议脯氨酸添加量控制在 2.0%~4.0%，相对的巴豆醛降低率在 8%~15%。

表 7-14　不同添加方式对梗丝烟气巴豆醛释放量的影响

添加方式	巴豆醛释放量/(μg/g)	巴豆醛降低率/%
固体添加	287±26	32
溶液添加	273±15	35

表 7-15　脯氨酸添加量对梗丝烟气巴豆醛释放量的影响

脯氨酸添加量/%	巴豆醛释放量/(μg/g)	巴豆醛降低率/%
0	420	—
1.0	402	4
2.0	387	8
4.0	356	15
8.0	322	23
20.0	273	35

三、溶剂提取去除糖类化合物

梗丝中的糖类化合物是巴豆醛的主要前体成分，通过溶剂提取去除梗丝中的糖类化合物，可有效降低巴豆醛的释放量。研究考察了不同溶剂提取对梗丝烟气巴豆醛释放量的影响，结果如表 7-16 所示。采用水和 40%~90%乙醇提取后，梗丝烟气巴豆醛释放量均出现明显降低，从 420μg/g 降低至 285~322μg/g，降低率在 23%~32%。巴豆醛的大幅降低一方面与糖类化合物的大幅降低有关，另一方面可能与燃烧速度过快有关。但对梗丝样品感官质量评价表明，相比未处理梗丝，溶剂提取后的梗丝燃烧速度明显偏快，有明显的烧纸味，杂气过重。

表 7-16　　溶剂提取对梗丝烟气巴豆醛释放量的影响

样品	巴豆醛释放量/(μg/g)	巴豆醛降低率/%	还原糖含量/%
未处理梗丝	420	—	13.7
水提取后	285	32	3.6
40%乙醇提取后	292	30	3.4
80%乙醇提取后	314	25	4.3
90%乙醇提取后	322	23	4.8

参考文献

[1] 蔡国华，白雪平，张建平，等．不同叶组配方对卷烟主流烟气巴豆醛释放量的影响 [J]．安徽农业科学，2012，40 (03)：1453-1454，1471.

[2] 曹得坡，潘立宁，夏巧玲，等．模拟热裂解条件对卷烟烟气挥发性羰基化合物的影响 [J]．烟草科技，2013 (10)：44-48.

[3] 曹得坡，夏巧玲，郭吉兆，等．卷烟燃吸模拟装置的设计与应用 [J]．烟草科技，2013 (03)：54-60.

[4] 陈俭．利用氨基酸离子液体选择性降低卷烟烟气中的氰化氢和巴豆醛 [D]．郑州：郑州大学，2016.

[5] 陈兴，巩效伟，邱昌桂，等．复合酶处理对梗丝品质的影响 [J]．食品工业，2014，35 (02)：116-120.

[6] 程向红，韦凤杰，董顺德，等．不同部位、产地烤烟梗丝主流烟气有害成分释放量分析 [J]．河南农业大学学报，2015，49 (05)：590-594.

[7] 巩效伟，段焰青，汪显国，等．产香微生物复合处理提升梗丝品质的研究 [J]．云南农业大学学报 (自然科学)，2016，31 (05)：862-866.

[8] 韩富根．烟草化学 [M]．北京：中国农业出版社，2003.

[9] 景延秋，袁秀秀，刘英杰，等．河南主产烟区烤烟主流烟气巴豆醛释放量差异及聚类分析 [J]．郑州：中国烟草科学，2016，37 (02)：54-58.

[10] 李军，彭金辉，刘坚，等．溶剂处理对烟梗梗丝内在质量的影响 [J]．昆明理工大学学报 (理工版)，2010，35 (05)：94-99.

[11] 徐达，田耀伟，苏加坤，等．不同复合酶在改善梗丝品质中的研究 [J]．中国酿造，2014，33 (11)：113-117.

[12] 徐世涛，李万珣，阴耕云，等．烟用梗丝的品质改善研究 [J]．云南大学学报 (自然科学版)，2010，32 (S1)：13-15+17.

[13] 张展，陈俭，马宇平，等. 胆碱-赖氨酸离子液体选择性降低卷烟烟气中的氰化氢和巴豆醛 [J]. 烟草科技，2016，49 (06)：50-57.

[14] 周元清，周丽清，章新，等. 用生物技术降解木质素提高烟梗使用价值初步研究 [J]. 玉溪师范学院学报，2006，22 (6)：61-63.

[15] 周元清，周丽清，赵雪冰，等. 微生物对烟叶品质改善作用的研究 [J]. 玉溪师范学院学报，2006，22 (9)：88-90.

第八章
醇化对梗丝可用性的影响

烟叶醇化是卷烟加工过程中极为重要的一环，适当的醇化过程可改善烟叶品质，使烟叶青杂气和刺激性下降，烟草特征香气显露，可用性显著提高。对烟梗进行醇化，可提升梗丝感官质量，降低有害成分释放量，提高其可用性。

第一节　醇化概述

醇化有人工醇化和自然醇化。自然发酵，也称陈化，是烟叶通过烘烤（或晾晒）和复烤后，在自然条件下陈化的一个过程（即在库房室温条件下将烟叶贮存一段时间），使烟叶内含物发生一系列化学或生物化学变化，减少原烟品质缺陷，使烟草香更加显露，吸食品质显著增强的工艺环节。利用人为的适合烟叶内在品质变化的条件（适宜的温度和湿度），促使烟叶加快变化的方法，通常称人工发酵，或加温发酵。

一、醇化机理

烟草在醇化过程中，内含物在细胞内酶类的催化作用下，发生一系列反应而转化生成其他成分，其主要转化途径包含以下 9 种。

1. 萜烯类化合物降解

西柏烷类和类胡萝卜素是烤烟中存在的两大类萜烯化合物，降解可产生上百种香气成分，是陈化烟草表现天然烟香特征的主要成分。

类胡萝卜素是烟叶重要的香气前体物。色素类物质氧化降解，因双键断裂部位的不同，可产生不同碳原子数的化合物，并进一步形成许多重要的香气物质。如 α-胡萝卜素生物降解生成 α-紫罗兰酮和 β-紫罗兰酮，再经连续的氧化、重排，还原生成其他多种酮类成分。β-胡萝卜素经氧化降解可生成 2，2，6-三甲基-5-环己烯酮、β-环柠檬醛、二氢猕猴桃内酯、β-紫罗兰酮等，经进一步转化可生成 β-二氢大马酮。叶黄素可转化生成巨豆三烯酮、氧化异佛尔酮和 β-大马酮等重要香味成分。

西柏烷类化合物及其降解产物是构成烟草香味的重要组分。如西柏三烯在不同部位断裂可分别得到 C_{18}、C_{15}、C_{14} 和 C_{13} 的降西柏烷类化合物，其中 C_{13} 茄尼酮是重要香味成分，且其进一步反应产物大多也有香味。

2. 美拉德反应

烟草内含有丰富的还原糖和氨基酸，在醇化过程中产生分子重排，形成多种杂环化合物（类黑素），可使烟草表现出陈烟香气，并使烟叶颜色加深。美拉德反应较为复杂，反应物种类、反应温度、水分、反应时间、pH 和压力等会影响反应速度和产物的种类。

3. 叶绿素降解

调制后烟叶仍然含有一定量的叶绿素和叶绿蛋白复合体，使未醇化的烟叶表现出较重的青杂气特征。通过醇化，残留的叶绿素进一步降解，生成吡咯类化合物，表现出陈烟香气特征。

4. 杂气成分的挥发

醇化过程逐渐形成的挥发性小分子醛、醇、酸、氨、挥发碱等不良成分，可在醇化过程中逐步挥发，使吸食品质改善。

5. 酰胺和易分解氨氮化合物的脱氨挥发

在陈化过程中，烟草中氨氮化合物脱去氨基，形成有机酸和 NH_3，有机酸的累积和 NH_3 的挥发可改善烟草不良气息。

6. 酸化

在陈化过程中，烟叶内易氧化有机质被氧化为有机酸，酰胺和部分易转化氨氮化合物脱氨挥发形成有机酸，且部分挥发碱挥发使碱性下降，致使烟叶中有机酸相对累积，总酸量相对上升，且伴随部分游离态烟碱与有机酸形成有机酸盐，达到改善烟气的效果。

7. 多酚降解

多酚的过多降解会使烤烟香气变淡，但适当分解也可降低烤烟苦涩味。烟叶在调制之后，多酚类物质被氧化转变为醌类，醇化过程中醌可以与氨基酸相互作用形成黑色素物质。经过陈化处理，烟草中多酚含量迅速下降，一年陈化可使烤烟中多酚含量下降 21%。

8. 游离烟碱转化降解

烟草中游离烟碱常引起较强的刺激性和不良吃味，陈化过程中游离烟碱会逐渐从结合烟碱中产生，并逐步分解为中性成分烟酸和其他类似物，消除强烈刺激性和不良残留余味。

9. 果胶质降解

果胶质可引起烟气尖刺感，在陈化过程中，果胶质在果胶质分解酶的催化作用下发生水解，使烟气尖刺感降低。

二、醇化与环境条件的关系

烟叶陈化效果与陈化条件密切相关，环境的温湿度以及打包堆放方式等均会影响陈化质量。

烟叶醇化的 9 个主要物质转化途径对温度的要求各不相同，通常温度越高杂气挥发越快，香气损失也随温度上升而加快。以烤烟品质而言，醇化温度宜选择 30~38℃。

为防止烤烟烟叶发生霉变，通常控制烟叶含水量在 12%以下。陈化过程中，烟叶从空气中吸湿，使含水量上升至 13%~14%，烤烟陈化应控制空气相对湿度在 60%~80%为最佳。此外，干湿交替有利于烟叶排杂，特别是具有挥发性的强极性成分的排除，需要烤烟有分子水的吸收排放过程。

此外，打包方式也会影响陈化质量。烟包有少量气体交换有利于烤烟陈化排杂和保持香质，且包装材料需无异味并具有一定吸湿能力。光线可破坏某些含双键化学成分，对烟香不利，避光对陈化质量有利。

第二节　醇化对梗丝物理特性影响

本节研究了随醇化时间变化，不同产地、不同部位（中部、上部）梗丝的颜色、光泽、油分、填充值等物理性状的变化情况。

一、颜色

梗丝颜色整体上随着醇化时间的增长而加深（图 8-1），在 30 个月时趋于稳定。其中，中部梗丝变化幅度较小，在 18 个月后趋于稳定；上部梗丝变化幅度较大，前期有所变淡，然后逐步上升。

由图 8-2 可以看出，不同产地的梗丝颜色随着醇化时间的增长而表现出不同的变化趋势，颜色较淡的梗丝趋于加深，而颜色较深的梗丝趋于变浅，在 30 个月前向较好方向变化（除四川省梗丝外）。大多数产地的梗丝在 24 个月或 30 个月时颜色趋于最好。醇化初期颜色较好的产地（云南省、四川省、贵州省、福建省）的梗丝在醇化 18 个月或 24 个月时颜色达到最好，醇化初

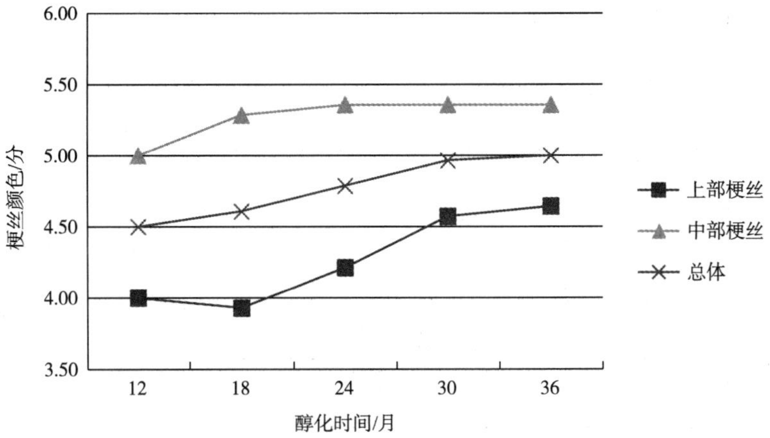

图 8-1　梗丝（总体及部位）颜色与醇化时间关系

期颜色较深的产地（湖南省）和较淡的产地（三门峡市、许昌市）在醇化 30 个月或 36 个月时颜色达到最好。

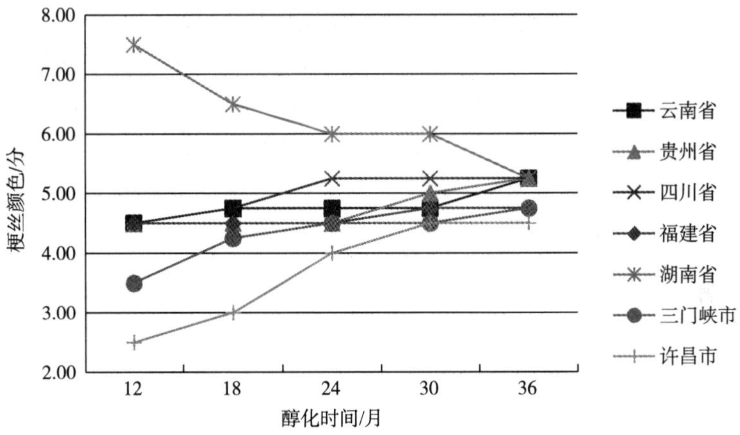

图 8-2　梗丝（产地）颜色与醇化时间关系

二、光泽

梗丝光泽整体上随着醇化时间的增长而增加（图 8-3）。由图 8-4 可以看出，醇化初期光泽较差的产地（三门峡市、许昌市）的梗丝随着醇化时间的增长，光泽向较好趋势变化。醇化初期光泽中上的产地的梗丝随着醇化时间的增长，光泽变化不太明显，也无明显的规律性。

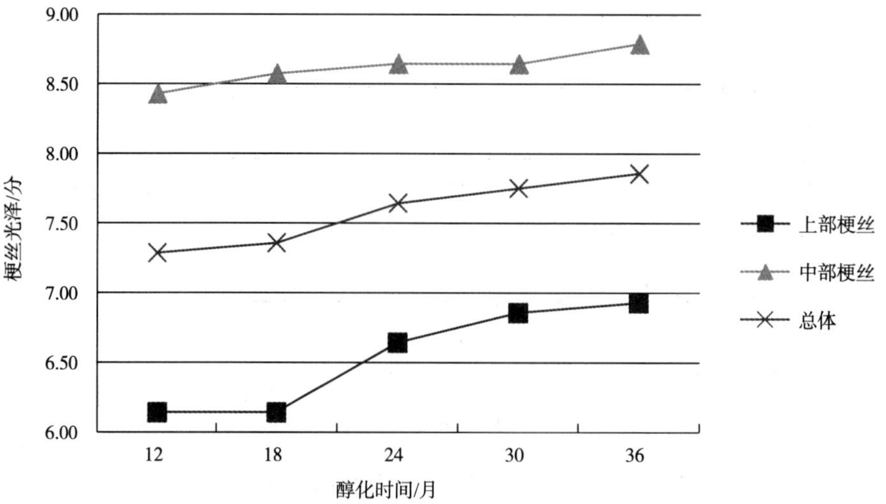

图 8-3　梗丝（总体及部位）光泽与醇化时间关系

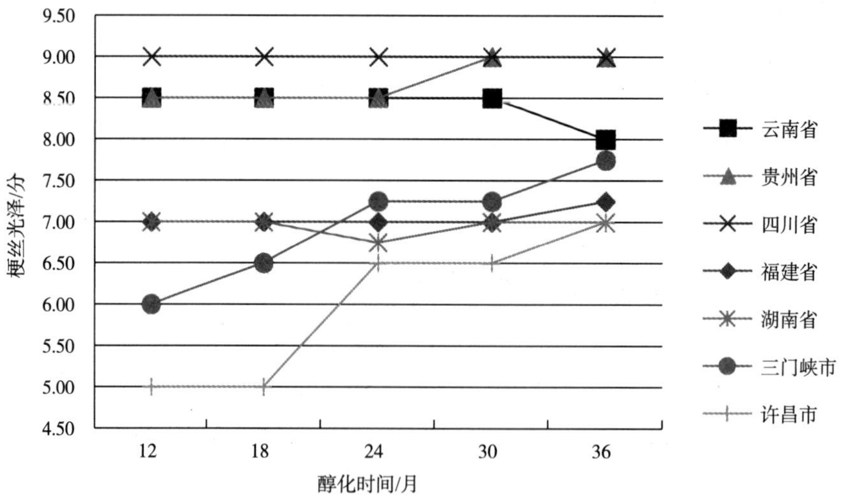

图 8-4　梗丝（产地）光泽与醇化时间关系

三、油分

梗丝油分整体上随着醇化时间的增长而增加（图 8-5）。其中中部梗丝变化幅度较小；上部梗丝变化幅度较大，先下降后又明显上升。由图 8-6 可以看出，醇化初期油分较差产地（三门峡市、许昌市）的梗丝随着醇化时间的增长，油分向较好趋势变化，而且变化幅度较大。其他产地梗丝变化幅度较小，也无明显的规律性。

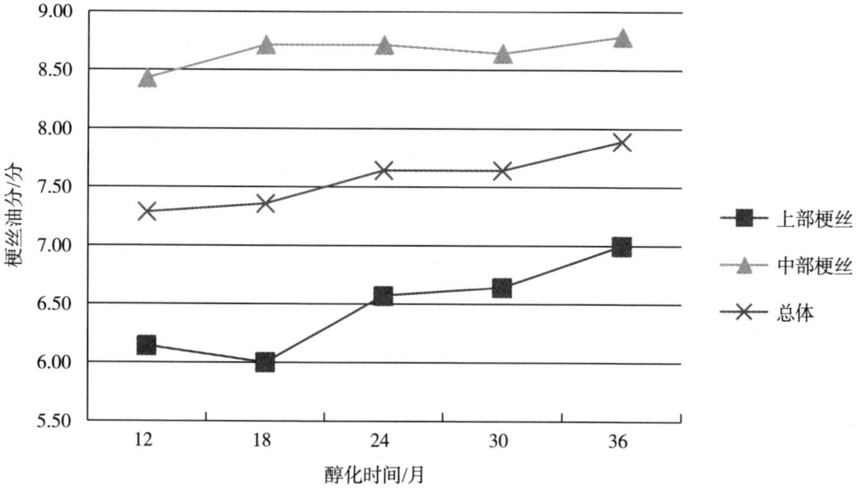

图 8-5　梗丝（总体及部位）油分与醇化时间关系

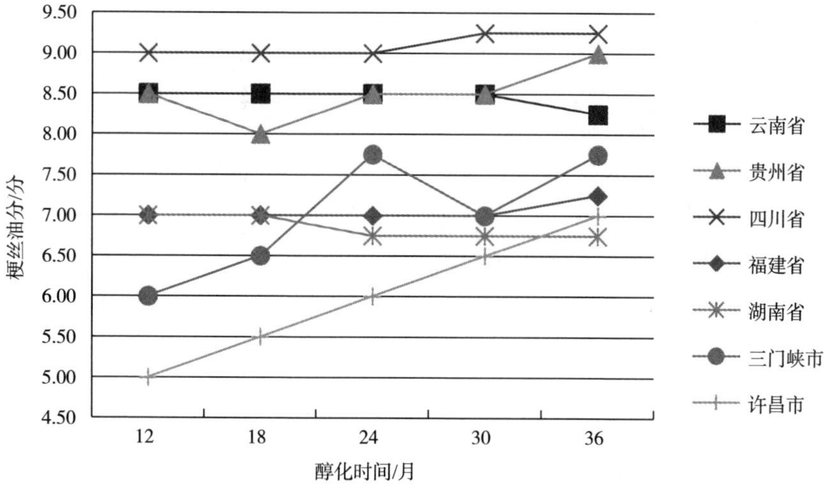

图 8-6　梗丝（产地）油分与醇化时间关系

四、填充值

梗丝填充值整体上随着醇化时间的增长先大幅下降，然后缓慢回升并趋于稳定（图 8-7），不同部位的梗丝均表现出同样的规律。不同产地的梗丝，填充值基本上随着醇化时间的增长先大幅下降，然后有所回升（图 8-8），在醇化 18 个月或 24 个月时填充值达到最低，而且醇化初期填充值越高，变化幅度也越大。

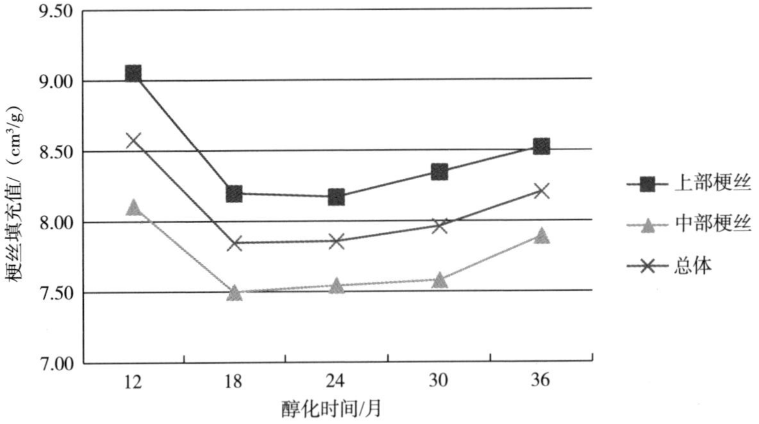

图 8-7　梗丝（总体及部位）填充值与醇化时间关系

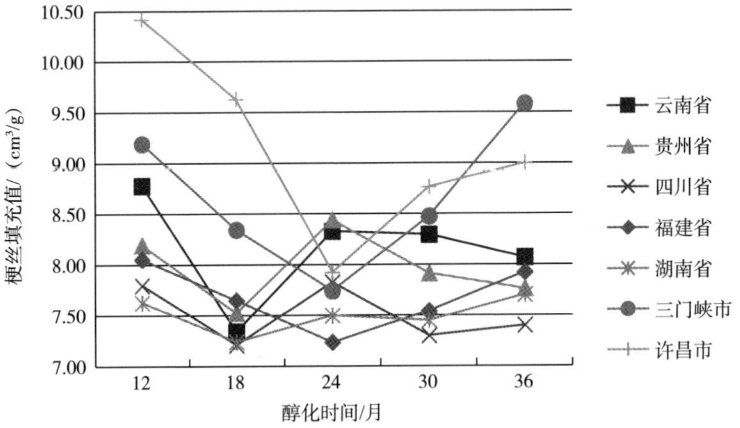

图 8-8　梗丝（产地）填充值与醇化时间关系

五、物理特性整体变化

从颜色、光泽和油分三个质量指标来看，各产地烟梗最佳醇化时间为：云南省烟梗 18~30 个月；贵州省烟梗和四川省烟梗 24 个月之后；福建省烟梗 18 个月之后；湖南省烟梗、三门峡市烟梗和许昌市烟梗 36 个月之后。就部位而言，中部梗变化幅度较小，18~24 个月时基本趋于稳定，上部梗变化幅度稍大，前期变化较大，后期趋于稳定。

从填充值来看，醇化前期填充值下降幅度较大，18~24 个月时梗丝填充值最低。醇化初期填充值越高，变化幅度也越明显。

从整个物理特性综合分析，18 个月前后为烟梗醇化的最活跃期，此时颜色、油分、填充值的变化幅度较大。各产地烟梗最佳使用时间见表 8-1。

表 8-1　　烟梗最佳使用时间

产地	云南省	贵州省	四川省	福建省	湖南省	三门峡市	许昌市
最佳时间/月	18~30	>24	>24	>18	>36	>36	>36

第三节　醇化对梗丝主要化学成分的影响

一、糖类

梗丝中总糖含量随着醇化时间的增长而降低（图 8-9、图 8-10），而且降低的幅度较大，最终能降低 20%左右。

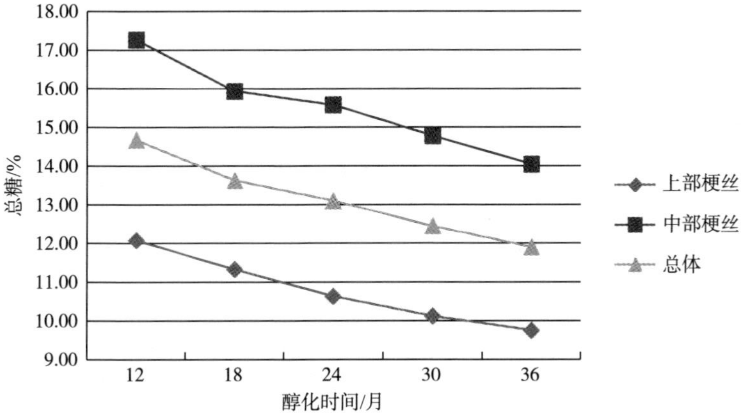

图 8-9　梗丝总糖含量（总体及部位）与醇化时间关系

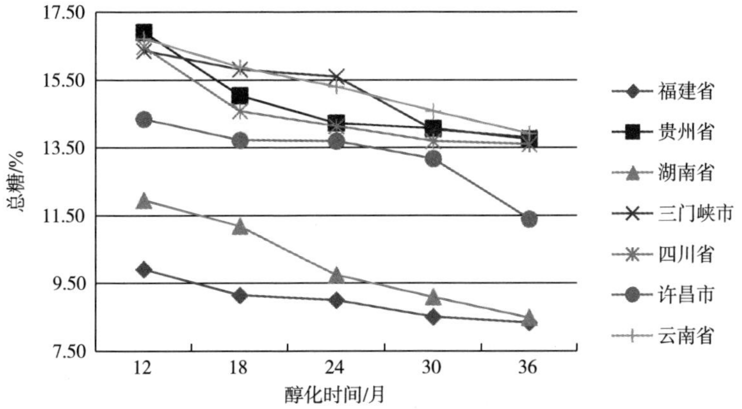

图 8-10　梗丝总糖含量（产地）与醇化时间关系

梗丝还原糖含量与总糖含量有着相同的变化规律，随着醇化时间的增长而降低（图 8-11、图 8-12），而且降低的幅度较大，最终能降低 20%左右。

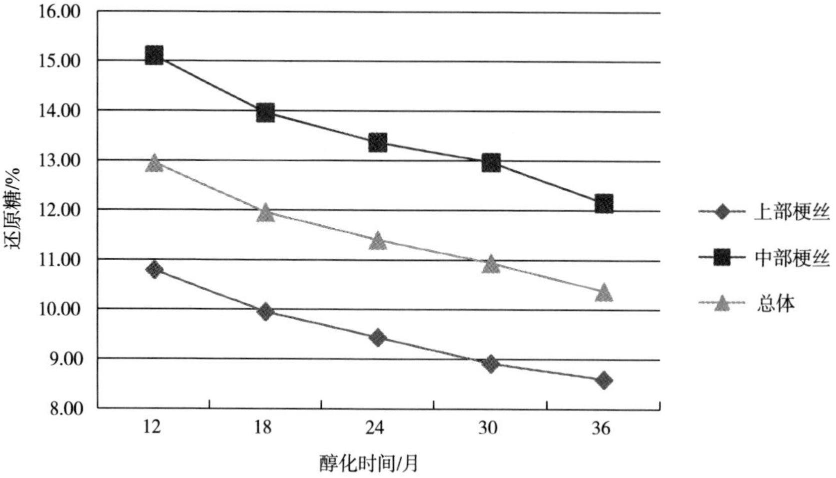

图 8-11　梗丝还原糖含量（总体及部位）与醇化时间关系

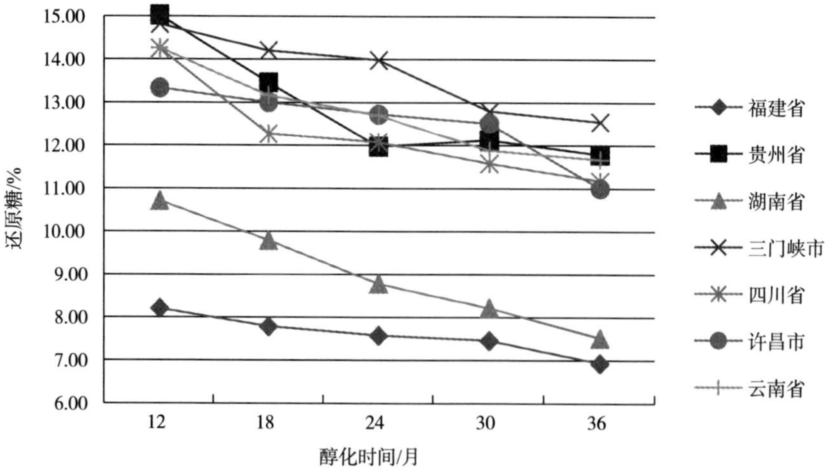

图 8-12　梗丝还原糖含量（产地）与醇化时间关系

二、总氮

总体上，梗丝中总氮含量随着醇化时间的增长而稍有降低（图 8-13、图 8-14），但降低的幅度较小，上部梗丝总氮含量变化幅度更小。

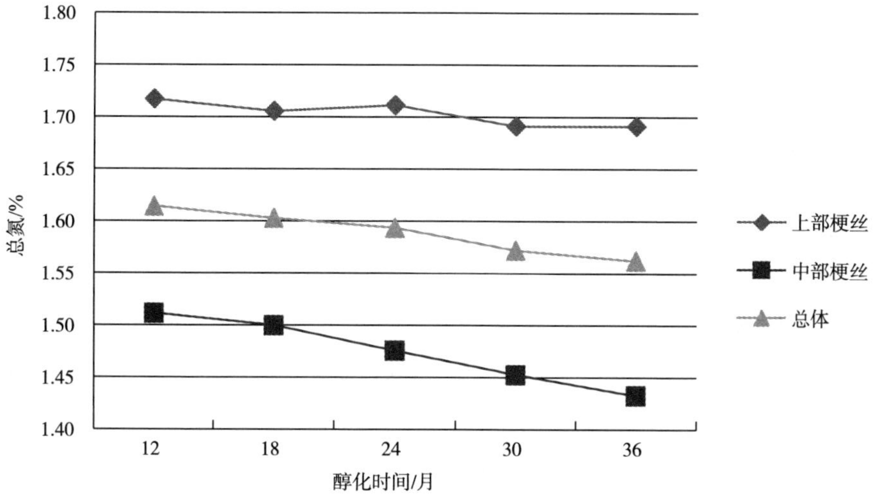

图 8-13　梗丝总氮含量（总体及部位）与醇化时间关系

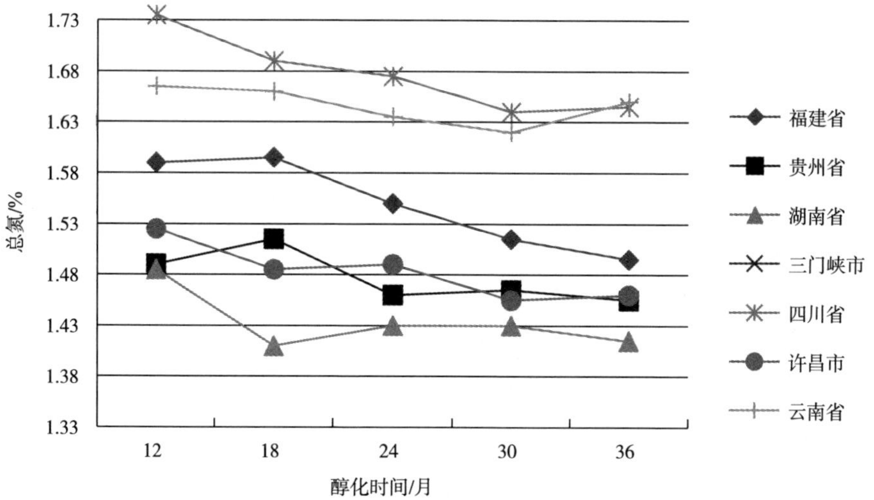

图 8-14　梗丝总氮含量（产地）与醇化时间关系

三、烟碱

总体上，梗丝烟碱含量随着醇化时间的增长而有所降低（图 8-15、图 8-16），上部梗丝变化幅度较下部梗丝明显。

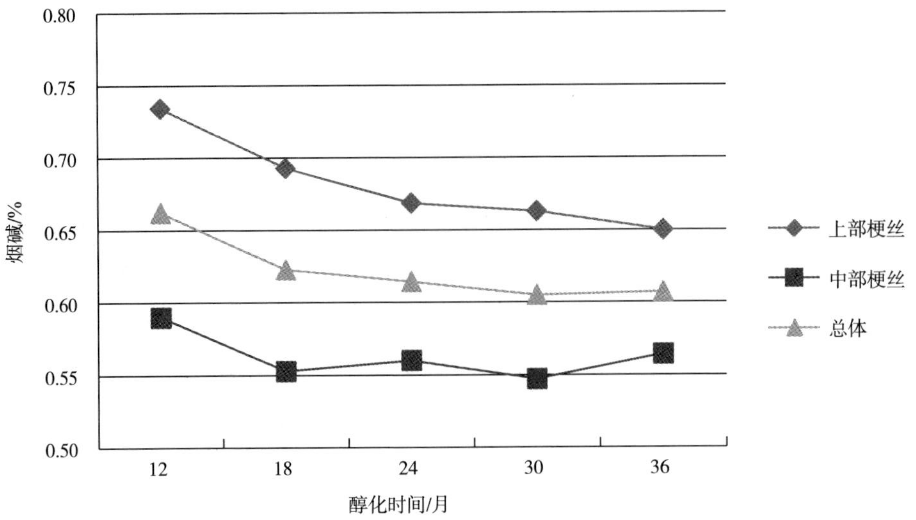

图 8-15　梗丝烟碱含量（总体及部位）与醇化时间关系

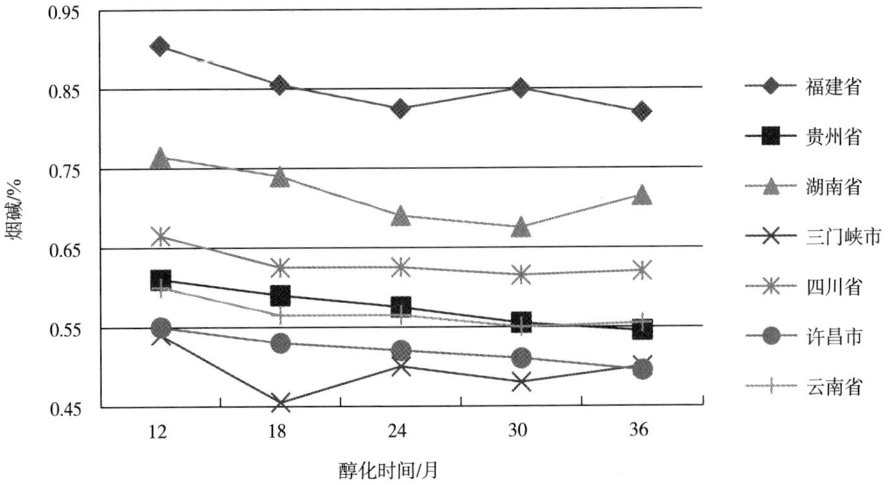

图 8-16　梗丝烟碱含量（产地）与醇化时间关系

四、钾

不同部位、不同产地的梗丝的钾含量随着醇化时间的增长而有所升高（图 8-17、图 8-18），最终变化的幅度在 10%左右。

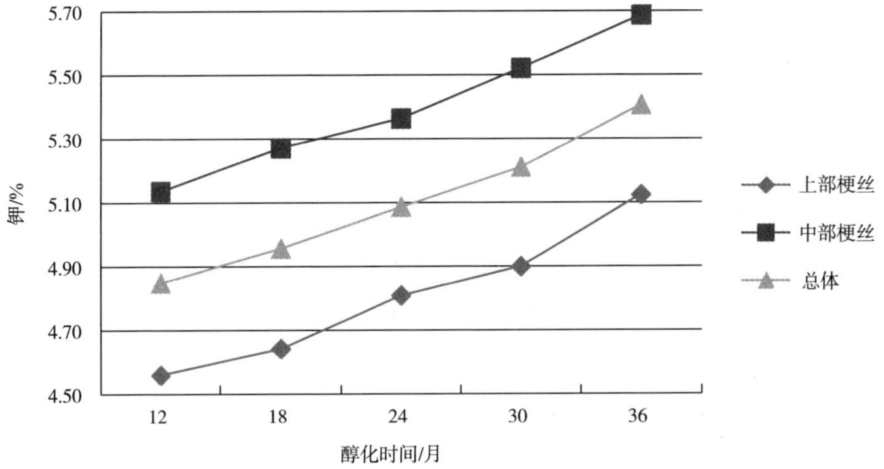

图 8-17　梗丝钾含量（总体及部位）与醇化时间关系

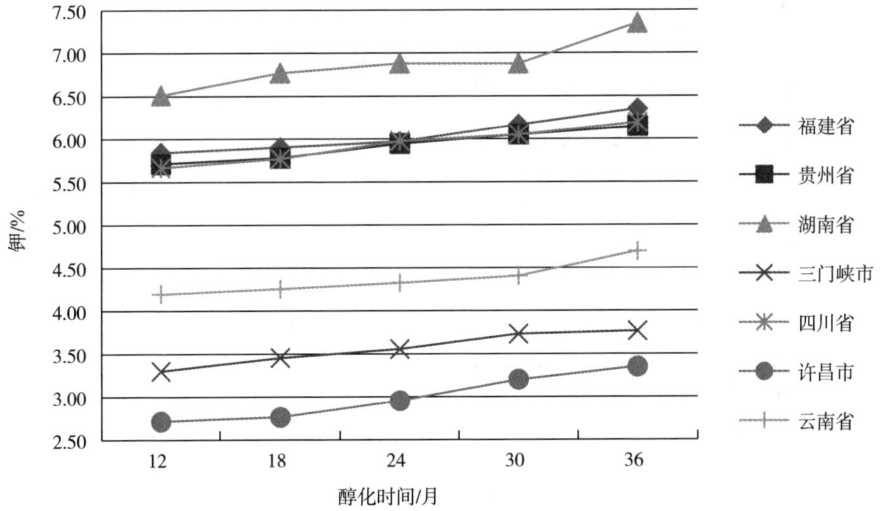

图 8-18　梗丝钾含量（产地）与醇化时间关系

五、氯

梗丝氯含量随着醇化时间的增长而显著升高（图 8-19、图 8-20），升高的幅度较大，最终达 20%以上。

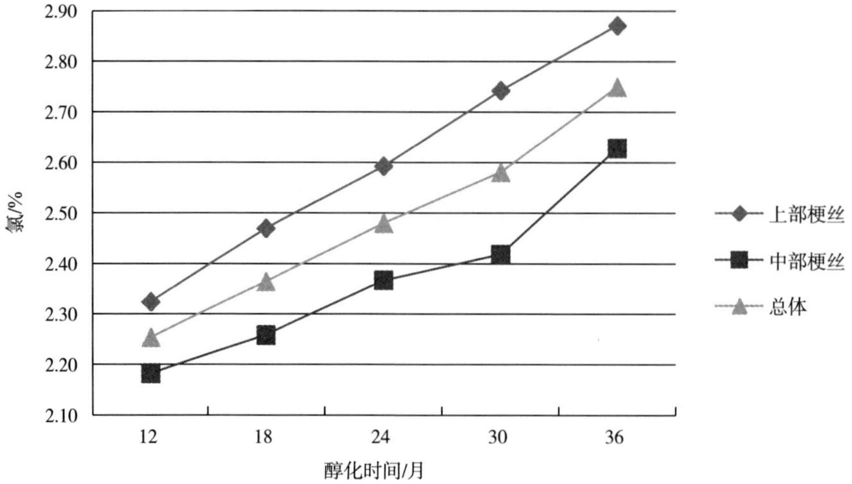

图 8-19　梗丝氯含量（总体及部位）与醇化时间关系

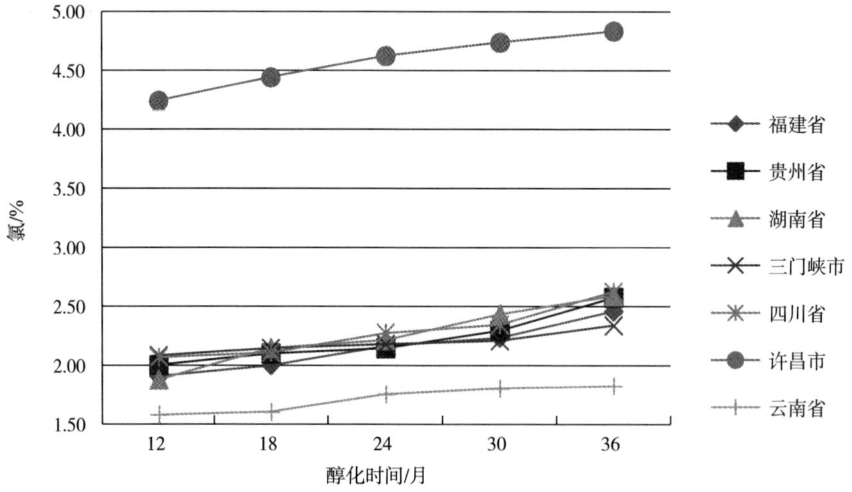

图 8-20　梗丝氯含量（产地）与醇化时间关系

六、蛋白质

上部、中部梗丝蛋白质含量随着醇化时间的增长出现不同的变化趋势(图 8-21、图 8-22)，上部梗丝有升高趋势，下部梗丝有下降趋势，但变化的幅度均不明显。不同产地的梗丝蛋白质含量随着醇化时间的增长没有明显的变化量及变化趋势。

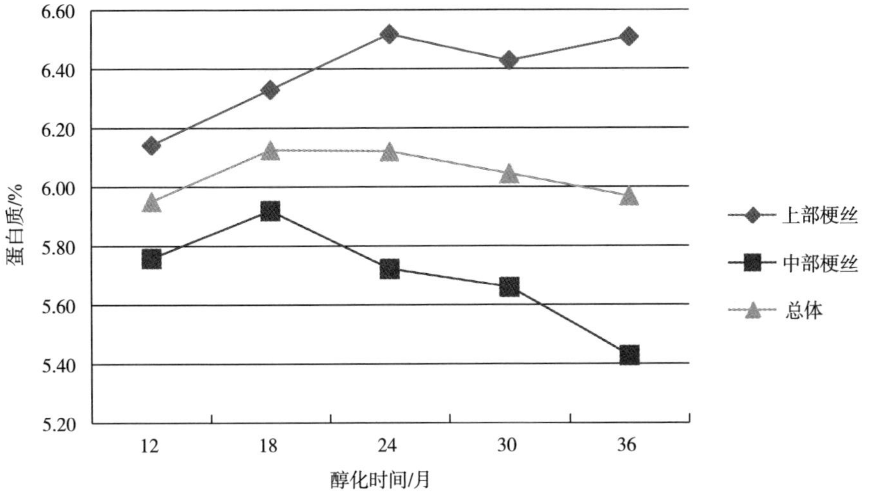

图 8-21　梗丝蛋白质含量（总体及部位）与醇化时间关系

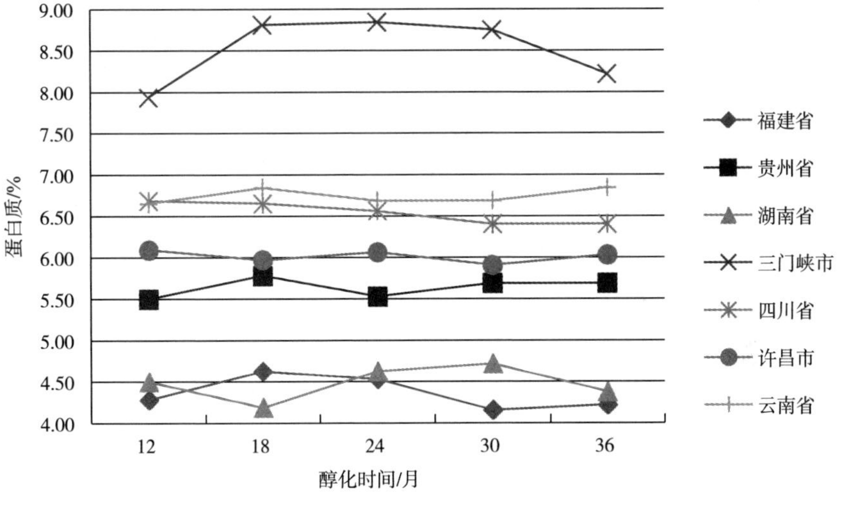

图 8-22　梗丝蛋白质含量（产地）与醇化时间关系

七、木质素

木质素对烟叶质量有着重要影响，梗丝木质素含量随着醇化时间的增长而显著升高（图 8-23、图 8-24），而且升高的幅度较大，升高幅度最终能达 35%。

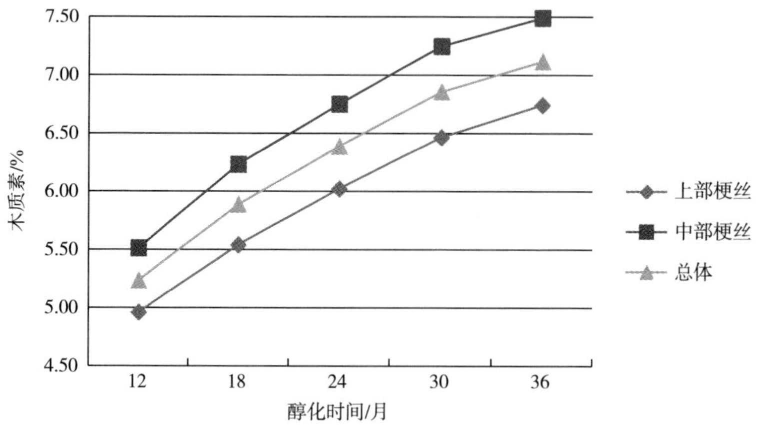

图 8-23　梗丝木质素含量（总体及部位）与醇化时间关系

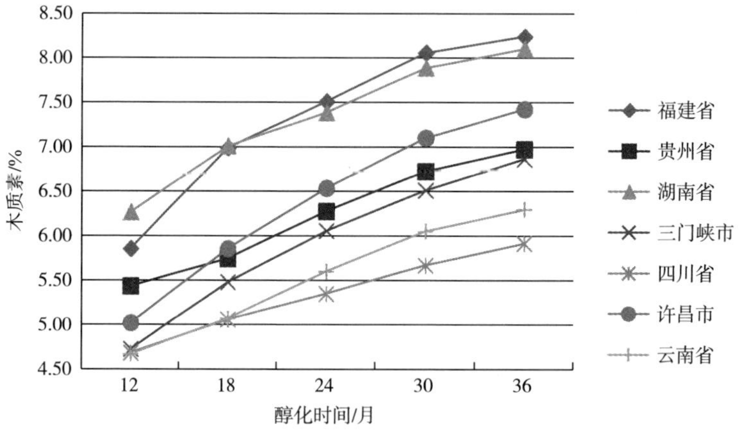

图 8-24　梗丝木质素含量（产地）与醇化时间关系

八、果胶

果胶是以 D-吡喃半乳糖醛酸为基本单位组成的多糖类高分子亲水性胶状化合物。果胶广泛分布于高等植物中，在植物组织中可把相邻细胞连接起来，具有缓冲且不阻碍细胞生长的作用。大多数果胶类物质沉积于初生细胞壁和细胞间层，在初生壁中以共价键或非共价键的形式与不同含量的纤维素、半纤维素、木质素的微纤丝以及某些伸展蛋白质相互交联，使细胞组织结构坚硬，表现出固有的形态，是细胞壁的组成成分之一。

果胶类物质主要有游离态和钙盐两种形式存在，具有还原性，在醇化过程中能进一步分解，能被酸、碱或酶水解，释放出甲醇。果胶在卷烟燃吸过程中可产生甲醇，甲醇再进一步氧化为甲醛和甲酸等成分，会给烟气带来刺激性，是影响卷烟吸味的一个重要因素。烟叶中果胶含量一般在11%～15%。

梗丝果胶含量随着醇化时间的增长而显著下降，前期下降较快，后期趋缓（图8-25、图8-26），下降幅度最终能达20%以上。

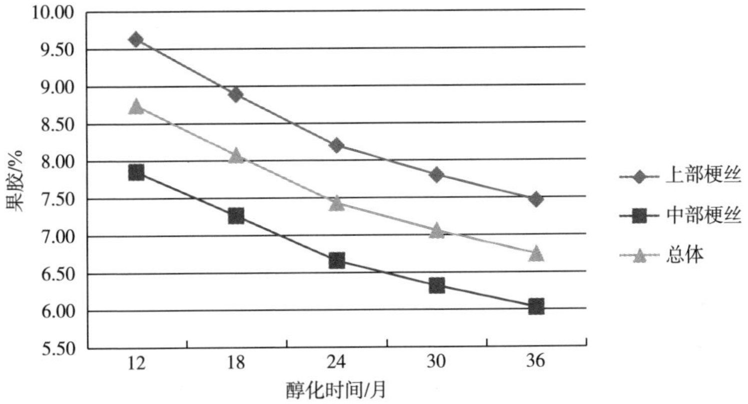

图8-25　梗丝果胶含量（总体及部位）与醇化时间关系

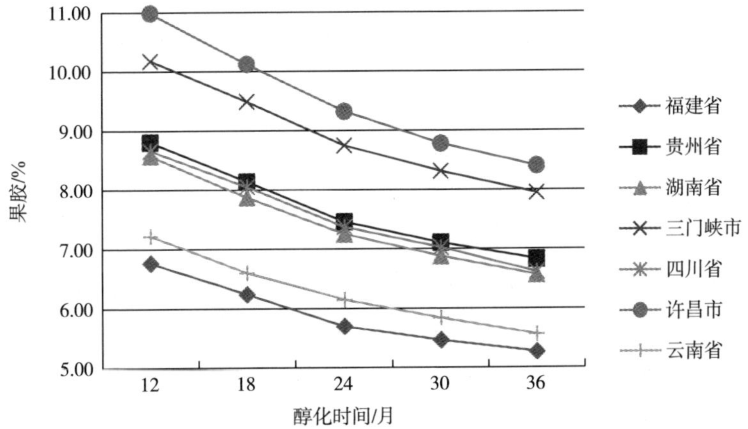

图8-26　梗丝果胶含量（产地）与醇化时间关系

九、多酚

烟梗中的多酚类物质虽然含量较少，但对梗丝的色、香、味等方面都有重要影响。烟叶醇化过程中多酚在氧化酶作用下氧化形成聚合多醌，会使烟叶颜色逐渐加深，与氨基酸发生非酶棕化反应，生成吡嗪、吡啶、吡咯类香味物质等。烟叶中多酚类物质含量一般在0.2%左右，含量最多的酚类化合物是绿原酸和芸香苷，它们占总酚量的75%~95%。多酚类物质在烟叶醇化过程中呈明显下降趋势，一般减少量高达40%~50%。

对梗丝中绿原酸、芸香苷和莨菪亭的含量进行测定，多酚含量为三者之和。发现梗丝中多酚含量随着醇化时间的增长而显著下降，前期下降较快，后期趋缓（图8-27、图8-28），下降幅度最终能达30%以上。

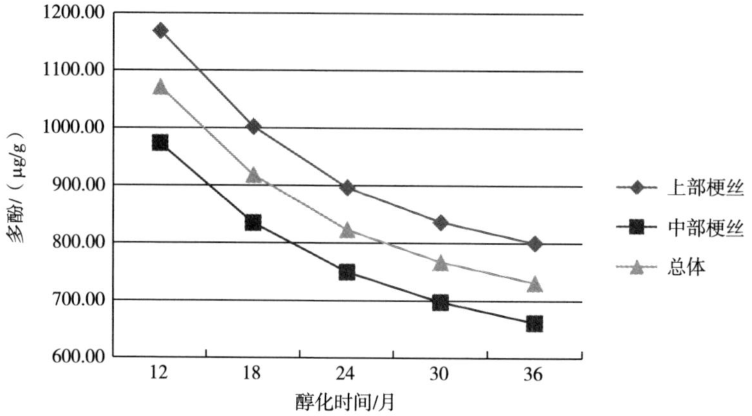

图8-27 梗丝多酚含量（总体及部位）与醇化时间关系

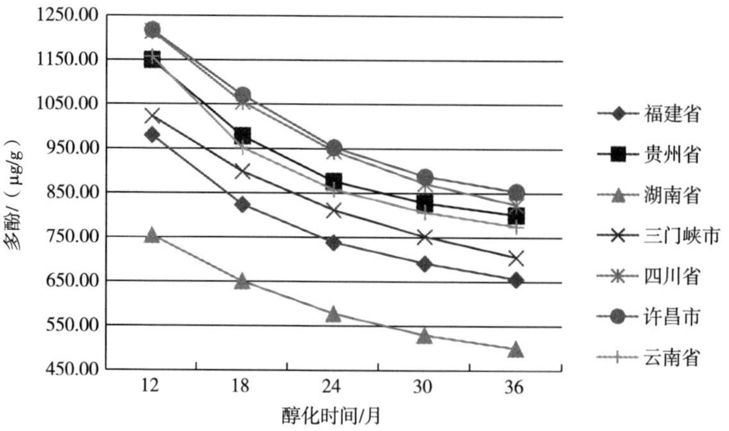

图8-28 梗丝多酚含量（产地）与醇化时间关系

十、pH

刺激性和余味是评价梗丝感官质量的重要指标，梗丝中有机酸含量以及酸碱平衡度是影响这两个指标的主要原因，有机酸含量和种类会随着醇化进程发生较大的变化。梗丝中有机酸种类较多，把各种有机酸的含量分别测定出来，不但工作量大，而且较困难，因此用梗丝水浸液 pH 来反映烟梗的醇化进度。总体上，pH 随着醇化时间的增长在前期稍有升高（图 8-29、图 8-30），然后明显下降。

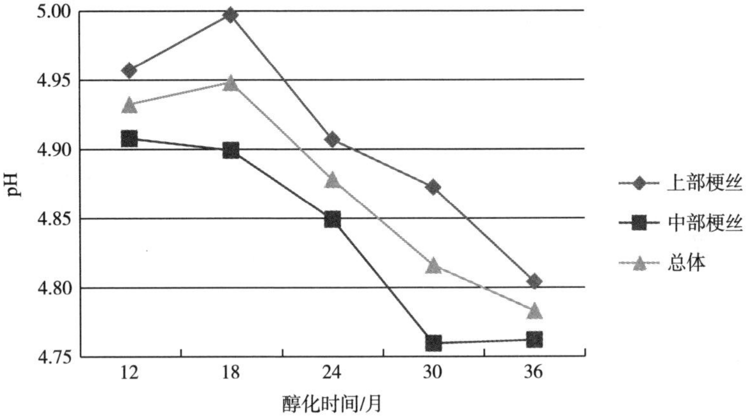

图 8-29　梗丝 pH（总体及部位）与醇化时间关系

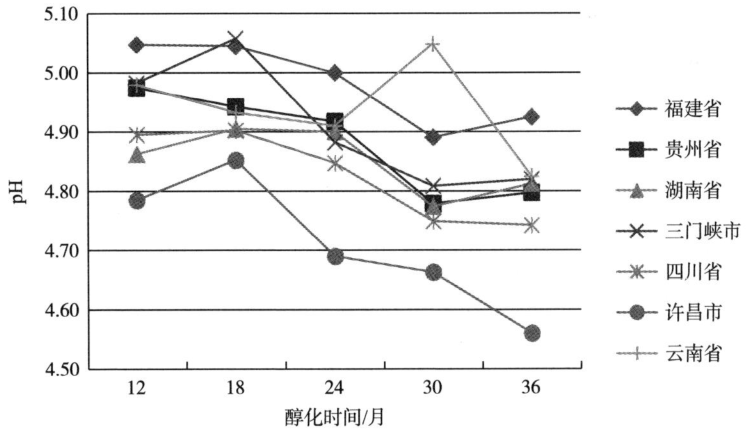

图 8-30　梗丝 pH（产地）与醇化时间关系

十一、化学成分整体变化

梗丝化学成分变化幅度较大的依次为：木质素、多酚、果胶、氯、还原糖、总糖。木质素和多酚含量变化幅度超过 30%；果胶、氯、还原糖、总糖变化幅度达到 20%左右；钾和烟碱含量也有较为明显的变化，变化幅度在 10%左右。变化不明显的化学成分有总氮、蛋白质。烟梗水浸液 pH 也发生明显的变化，pH 的变化规律说明 18 个月前后为烟梗醇化的最活跃期。

梗丝化学成分含量的大幅变化说明，醇化能够大大促使烟梗内在成分的分解、转化，醇化是影响烟梗可用性的重要因素。

第四节　醇化对梗丝主流烟气的影响

烟梗中化学成分含量随醇化时间而发生变化，必然引起梗丝烟气成分随之改变。本节研究了不同产地、不同部位梗丝经过不同时段醇化，燃吸时主流烟气中焦油、烟碱、CO 以及 NNK、苯并［a］芘等特征有害成分的释放量。

一、常规烟气指标

1. 焦油

梗丝燃吸时，主流烟气中焦油释放量随着醇化时间的增长而显著降低（图 8-31、图 8-32），最终能降低 25%以上。

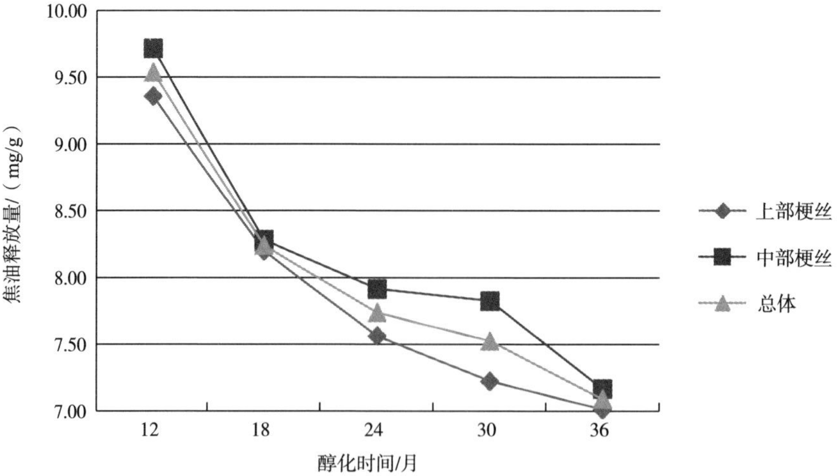

图 8-31　梗丝焦油释放量（总体及部位）与醇化时间关系

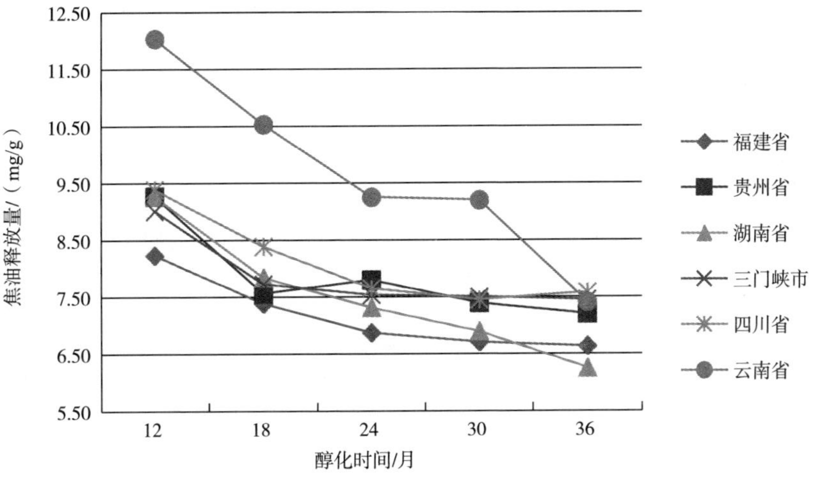

图 8-32　梗丝焦油释放量（产地）与醇化时间关系

2. 烟碱

梗丝烟碱释放量随着醇化时间的增长而显著降低（图 8-33、图 8-34），上部梗丝最终能降低 20%以上，中部梗丝最终能降低 27%。

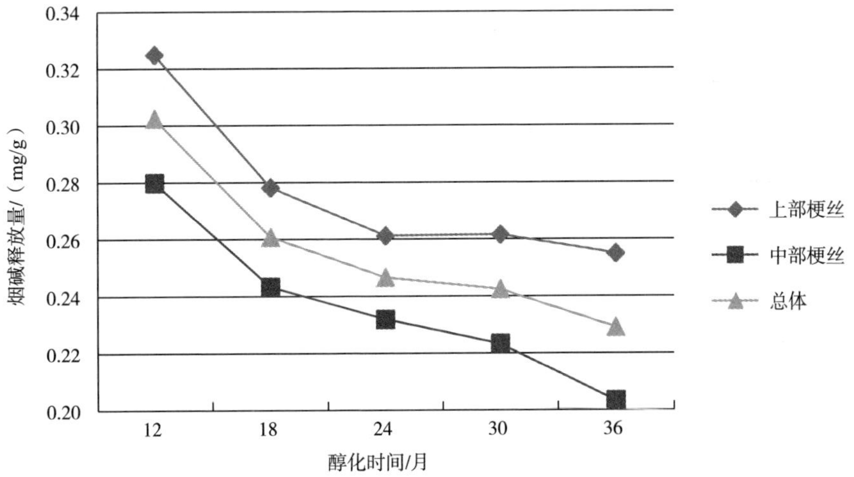

图 8-33　梗丝烟碱释放量（总体及部位）与醇化时间关系

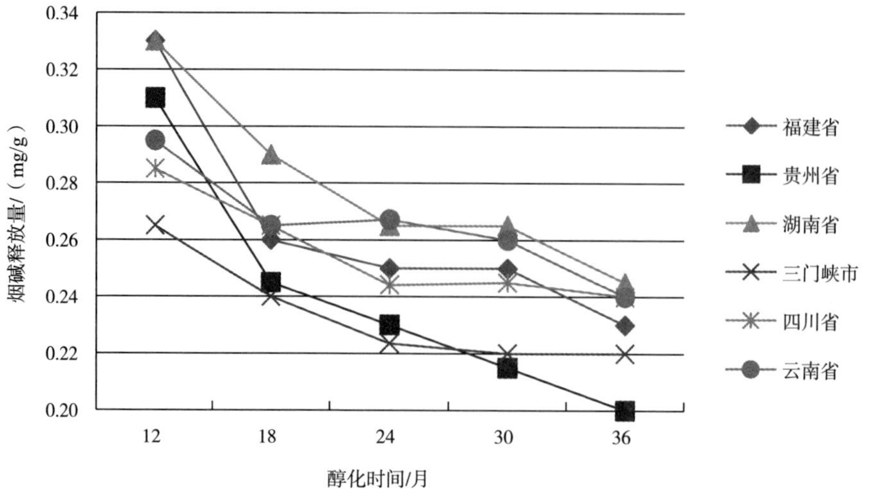

图 8-34　梗丝烟碱释放量（产地）与醇化时间关系

3. CO

梗丝 CO 释放量随着醇化时间的增长而有所升高（图 8-35、图 8-36），上部梗丝最终升高幅度小于 10%，中部梗丝最终升高幅度小于 15%。

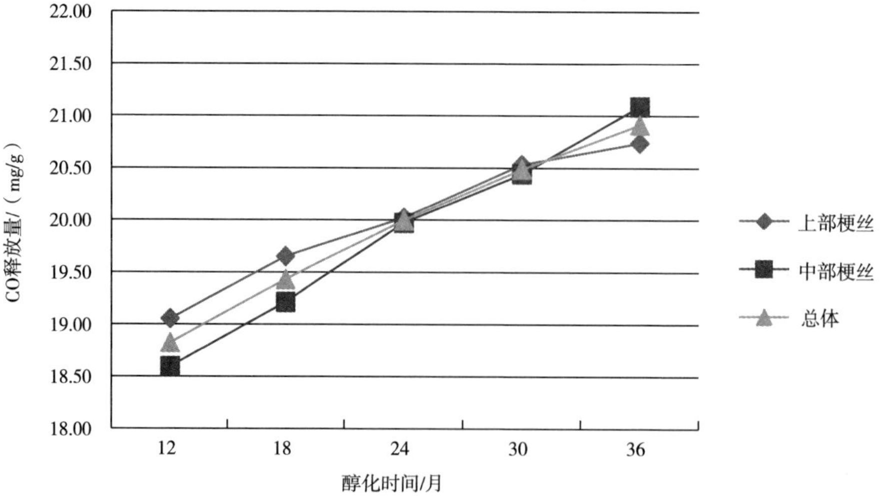

图 8-35　梗丝 CO 释放量（总体及部位）与醇化时间关系

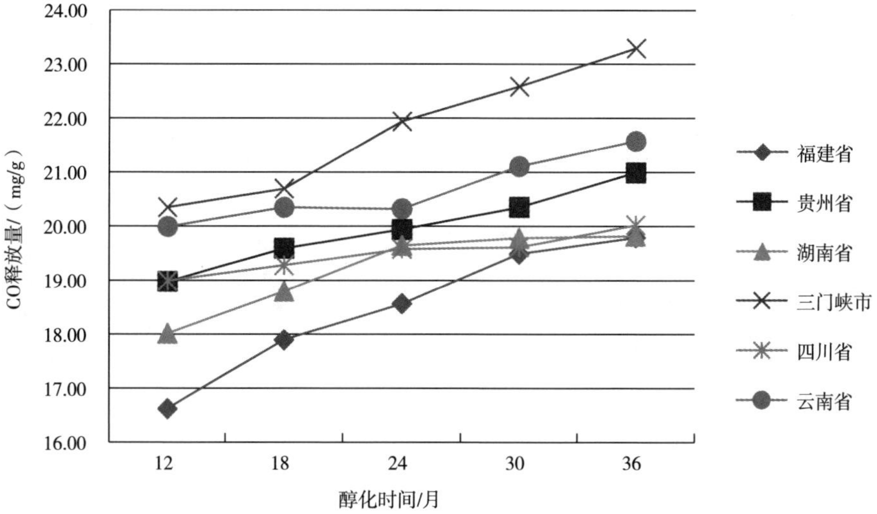

图 8-36　梗丝 CO 释放量（产地）与醇化时间关系

二、有害成分

1. NNK

梗丝 NNK 释放量随着醇化时间的增长无显著变化，也没有明显的规律性（图 8-37、图 8-38）。

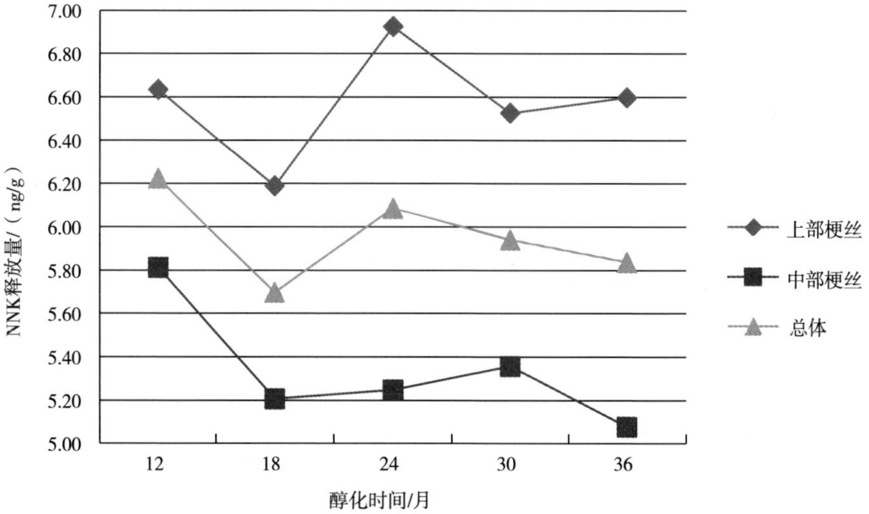

图 8-37　梗丝 NNK 释放量（总体及部位）与醇化时间关系

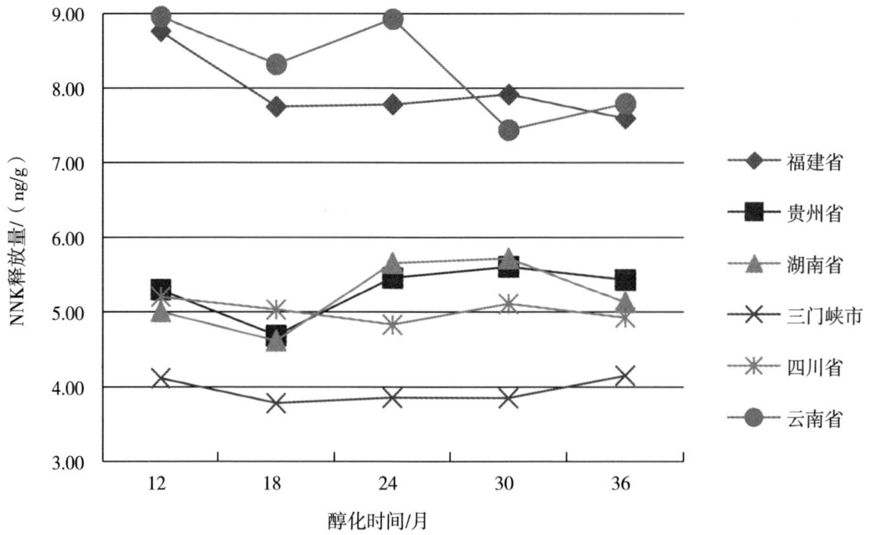

图 8-38　梗丝 NNK 释放量（产地）与醇化时间关系

2. 苯并［a］芘（BaP）

梗丝 BaP 释放量随着醇化时间的增长而升高（图 8-39、图 8-40），最终升高幅度接近 20%。

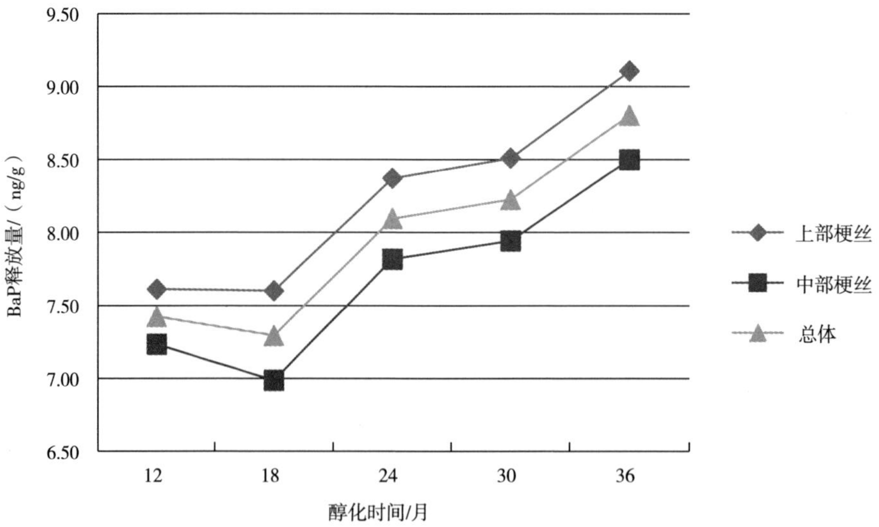

图 8-39　梗丝 BaP 释放量（总体及部位）与醇化时间关系

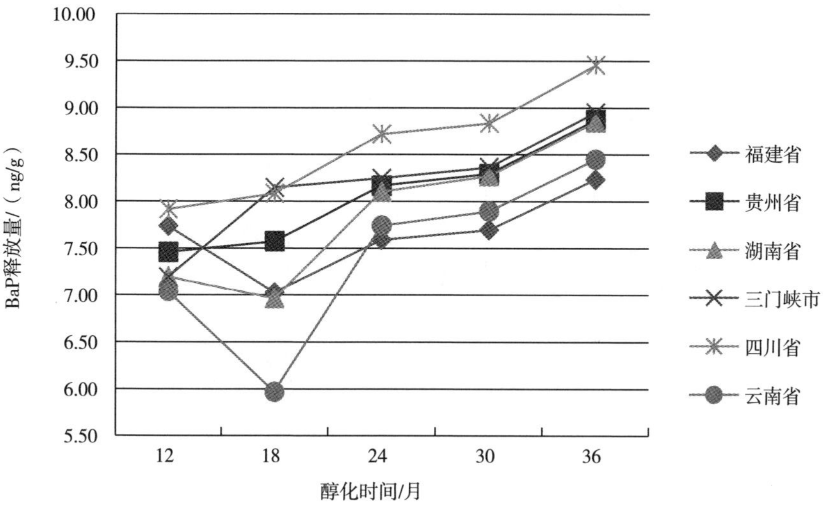

图 8-40 梗丝 BaP 释放量（产地）与醇化时间关系

3. 巴豆醛

梗丝巴豆醛释放量随着醇化时间的增长无显著变化，也没有明显的规律性（图 8-41、图 8-42）。

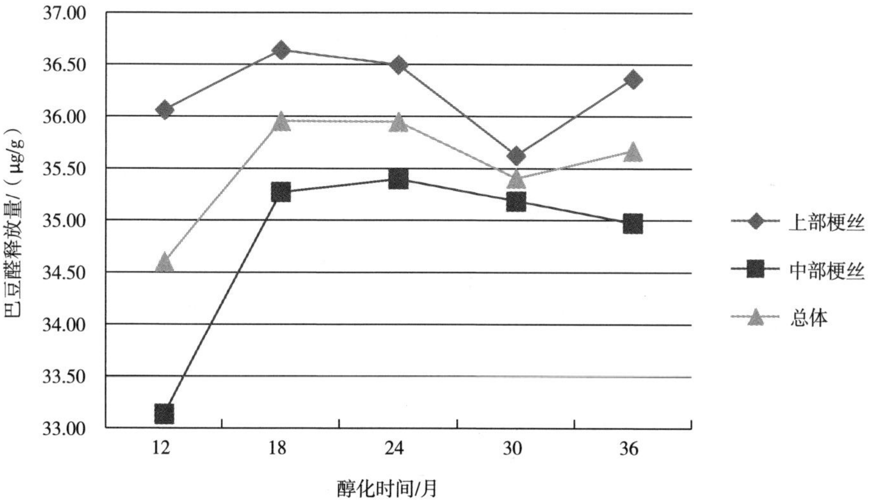

图 8-41 梗丝巴豆醛释放量（总体及部位）与醇化时间关系

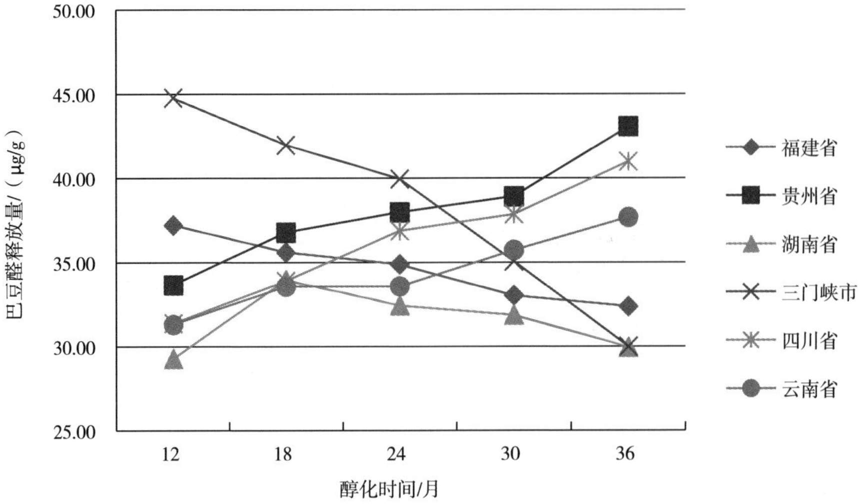

图 8-42　梗丝巴豆醛释放量（产地）与醇化时间关系

4. 苯酚

梗丝苯酚释放量随着醇化时间的增长而显著降低（图 8-43、图 8-44），最终能降低 33%以上。

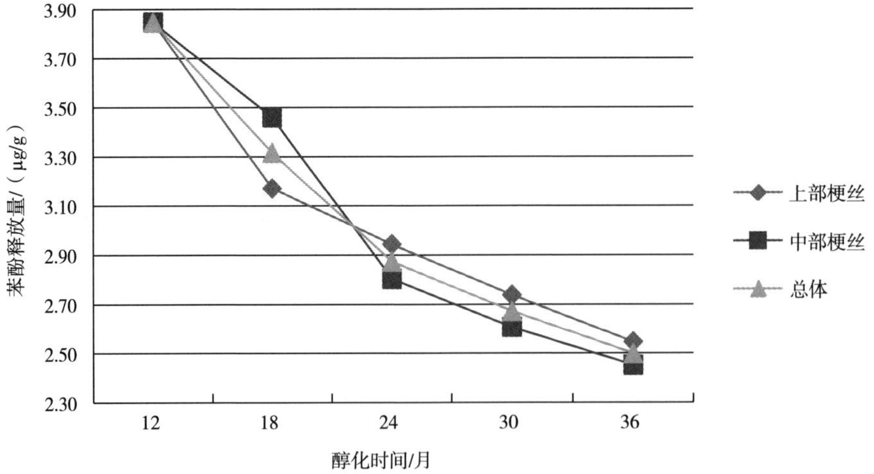

图 8-43　梗丝苯酚释放量（总体及部位）与醇化时间关系

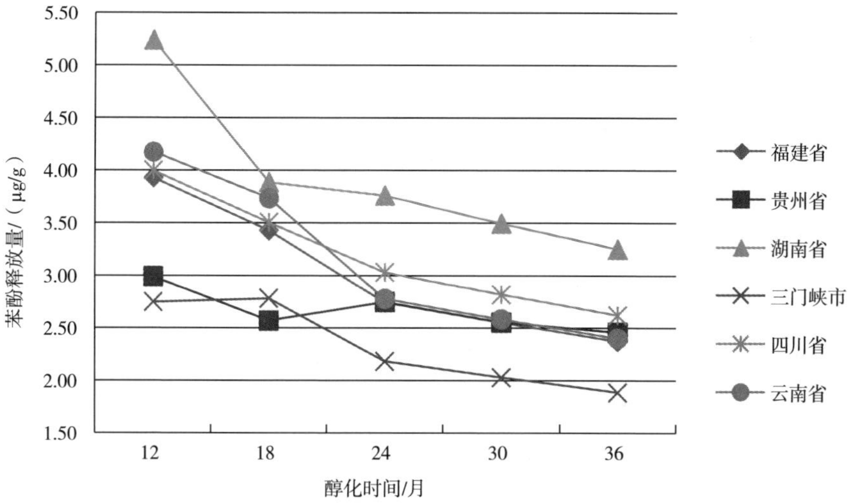

图 8-44　梗丝苯酚释放量（产地）与醇化时间关系

5. NH_3

梗丝 NH_3 释放量随着醇化时间的增长而变化不太明显，也没有明显的规律性（图 8-45、图 8-46）。

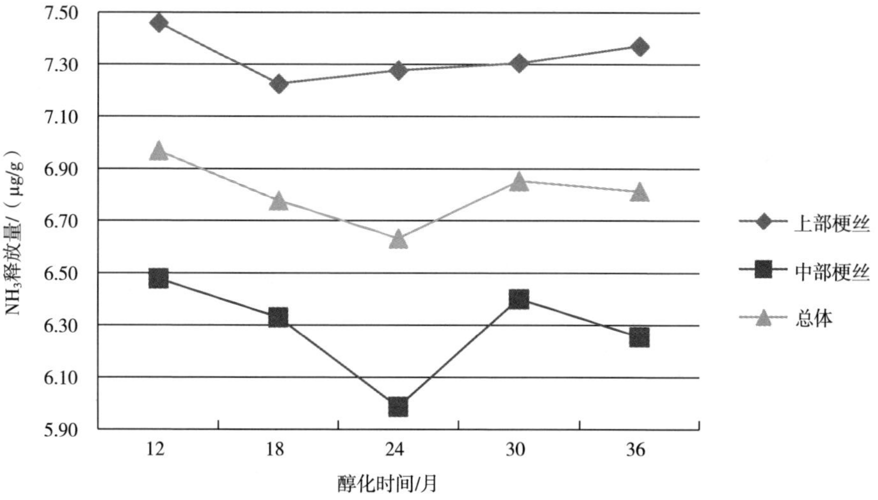

图 8-45　梗丝 NH_3 释放量（总体及部位）与醇化时间关系

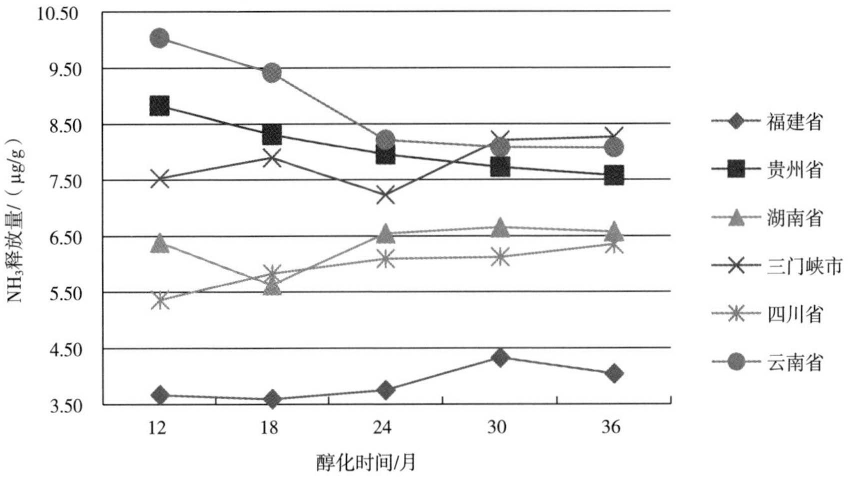

图 8-46　梗丝 NH_3 释放量（产地）与醇化时间关系

6. HCN

梗丝 HCN 释放量在醇化前期随着醇化时间的增长而显著升高（图 8-47、图 8-48），上部梗丝升高幅度能达到 35%以上，中部梗丝能达到 25%以上，在醇化后期则基本趋于稳定。

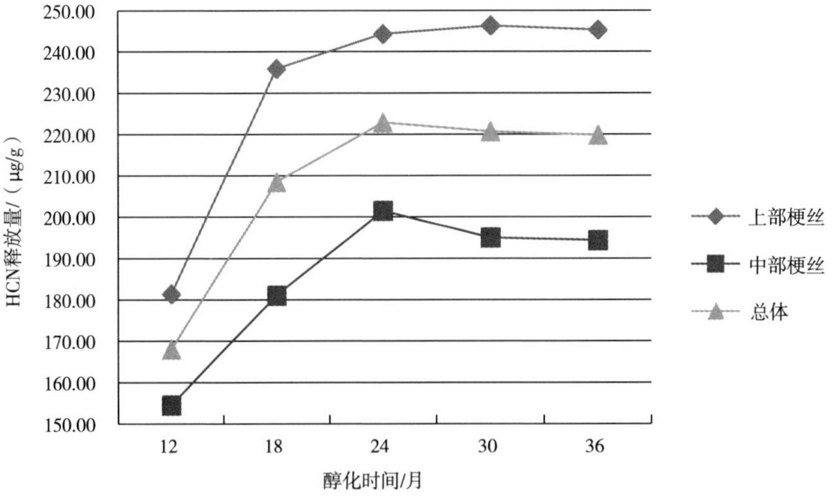

图 8-47　梗丝 HCN 释放量（总体及部位）与醇化时间关系

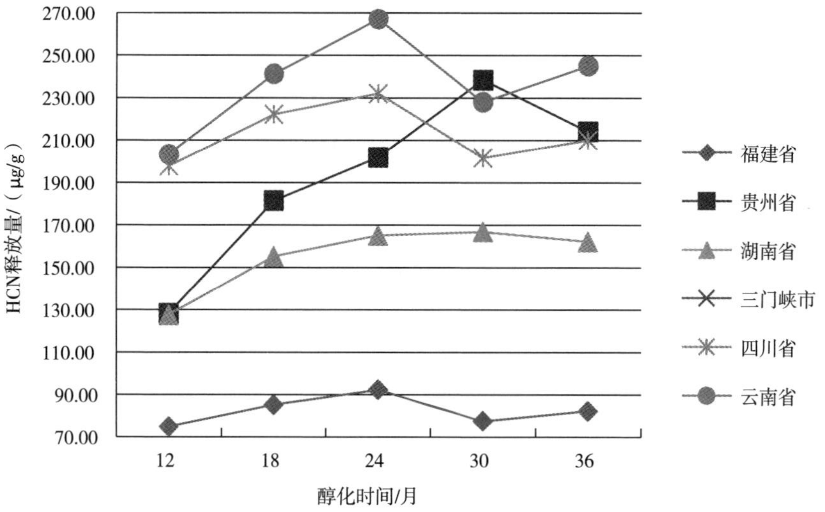

图 8-48　梗丝 HCN 释放量（产地）与醇化时间关系

7. 危害指数

总体上来说，梗丝危害指数随着醇化时间的增长稍有升高，但升高的幅度在 10%以内，而且在醇化的后期基本趋于稳定，各产地间的变化规律不尽相同（图 8-49、图 8-50）。

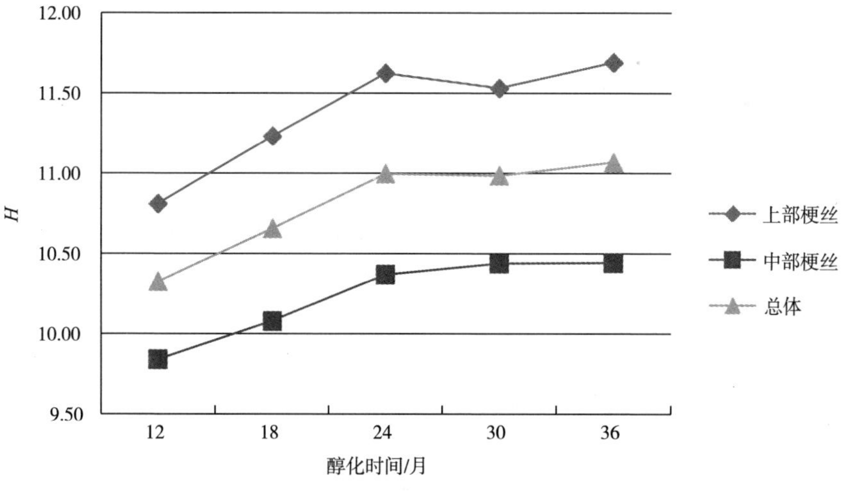

图 8-49　梗丝危害指数（总体及部位）与醇化时间关系

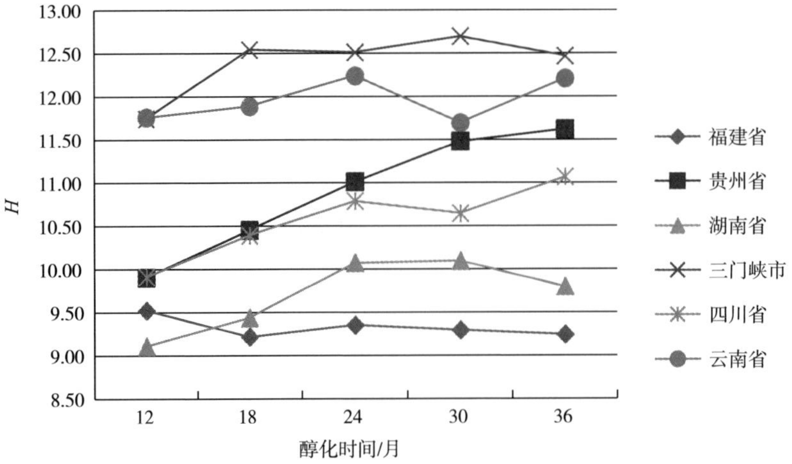

图 8-50 梗丝危害指数（产地）与醇化时间关系

8. 烟气成分整体变化

从各项烟气释放量指标来看，随着醇化进度加长，明显降低的成分有焦油、烟碱、苯酚，明显升高的有 BaP，醇化前期明显升高的有 HCN，有所升高的有 CO，其他成分变化不大明显。随着醇化时间的增长，危害指数在醇化的前期稍有升高，在后期基本趋于稳定。

醇化时间对部分单一有害指标的影响较大，但对综合危害指数影响不大。

第五节 醇化对梗丝感官质量及灰色的影响

一、感官质量

梗丝感官质量在醇化的初期有所上升，在后期则持续下降（图 8-51、图 8-52），但变化的幅度均较小（表 8-2）。这仍然表明了，18 个月前后为烟梗醇化的最活跃期。梗丝感官质量的变化趋势与颜色、油分的变化趋势相反。

表 8-2　　各阶段梗丝感官质量评价总分较第一阶段变化率　　单位：%

阶段	上部梗丝	中部梗丝	福建省	贵州省	湖南省	三门峡市	四川省	云南省
第 2 阶段	2.85	2.49	4.77	4.77	-2.75	1.64	2.65	4.67
第 3 阶段	-0.18	-0.71	2.65	0.00	-5.50	-0.55	-1.06	1.56
第 4 阶段	-4.63	-3.38	-2.65	-2.65	-8.81	-4.38	-3.18	-2.60
第 5 阶段	-8.73	-6.23	-5.83	-6.36	-10.46	-9.31	-5.83	-7.27

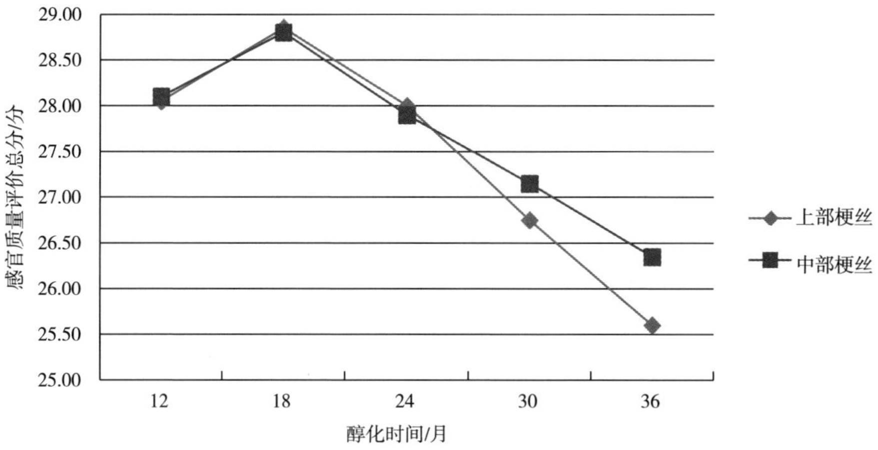

图 8-51　梗丝（部位）感官质量与醇化时间关系

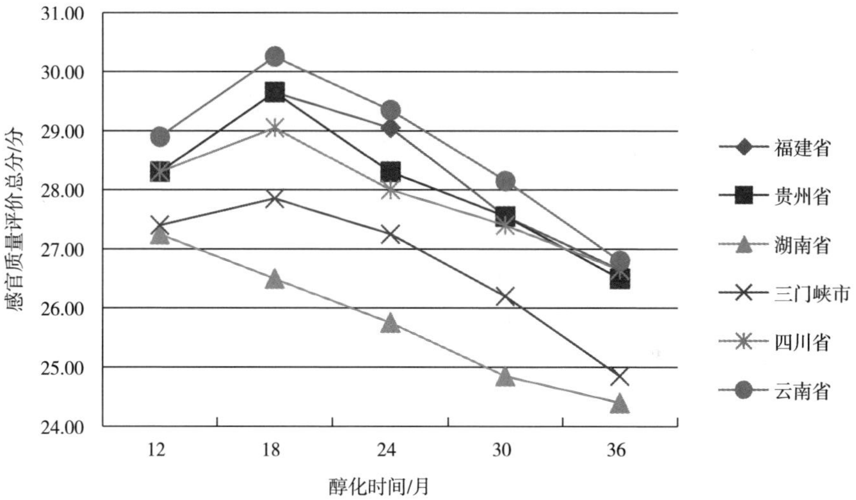

图 8-52　梗丝（产地）感官质量与醇化时间关系

二、灰色

灰色随醇化时间的增长，变化不大，不同产地的梗丝变化趋势也不尽相同（图 8-53），四川省、贵州省、三门峡市的梗丝向白变化，云南省、福建省、湖南省的梗丝向黑变化。

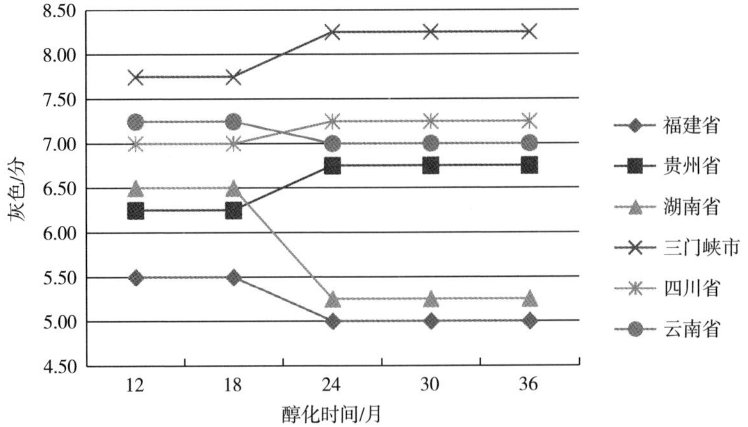

图 8-53　梗丝（产地）灰色与醇化时间关系

参考文献

［1］程向红，王宏伟，楚文娟，等．自然醇化对烟梗可用性的影响［J］．烟草科技，2019，52（05）：50-56+76.

［2］关亮．烟草陈化过程中细菌组成的动态变化及纤维素降解菌群的分离［D］．南京：南京大学，2012.

［3］李力，李东亮，罗诚，等．不同醇化时间烤烟中多酚的质量分数变化趋势研究［J］．西南大学学报（自然科学版），2018，40（04）：19-24.

［4］刘蓓．微生物发酵降解造纸法烟草薄片有害前体物的研究［D］．广州：华南理工大学，2013.

［5］苏宇．烟叶成熟、烘烤及醇化过程中游离氨基酸及主要化学成分分析［D］．长沙市：湖南农业大学，2017.

［6］孙平，汤朝起，王军，等．烟梗人工醇化过程中主要化学成分的变化［J］．烟草科技，2014（04）：50-54.

［7］唐丽，周冰，华一崑，等．醇化技术在改善烟叶品质中的研究进展［J］．江西农业学报，2013，25（07）：53-56.

［8］王卫峰，章友爱，陈子枫，等．自然醇化对烟叶化学组分及致香物质的影响［J］．广西农学报，2016，31（02）：8-13.

［9］王玉华，王德权，高政绪，等．烤烟自然醇化过程中类胡萝卜素降解产物含量变化及其与感官质量的关系［J］．浙江农业科学，2020，61（02）：340-344+394.

［10］闫铁军．不同产区烤烟配方模块在醇化过程中质量的变化趋势及醇化周期研究

[D]. 郑州：河南农业大学，2009.

[11] 张亚恒，王芳，张庆明，等. 微生物在烟叶醇化和再造烟叶生产中的应用进展 [J]. 湖北农业科学，2015，54 (18)：4390-4393.

[12] 张允政. 烤烟片烟醇化过程中化学成分变化及与醇化质量的关系研究 [D]. 武汉：华中农业大学，2008.

第九章
提升烟梗工业可用性的新技术

烟梗可用性并不等同于烟梗或梗丝的质量，它是一个综合概念，从工业使用的角度讲，可用性就是工业上常讲的使用价值。工业上要求的可用性是：①能制成优质的受消费者欢迎的卷烟，并能保持香味稳定；②能适应卷烟加工处理，消耗少，出丝率高，成本低；③安全性好，符合各有关卫生方面的规定和要求。作为卷烟原料之一的烟梗的可用性也应包括外观质量、物理特性、感官质量、化学成分和安全性等多个方面。

目前，烟梗处理技术主要分为物理法、化学法、生物法和上述方法的结合应用技术。通过烟梗处理技术有效调控烟梗及其制品的外观质量、物理、化学指标和安全性能，进而使其在进一步使用过程中达到理想的处理效果，改善产品感官质量。

烟梗及梗丝品质提升的研究经历了不同阶段，在卷烟工业中，提高梗丝的吸食品质、降低卷烟危害性成为烟草科技工作者关注的焦点。研究重点由初期对烟梗及梗丝物理化学指标的分析研究逐步转向通过新工艺、新设备、生物处理及料香补偿方法提升梗丝品质。

第一节　梗丝分类加工处理技术

一、以直径为标准分类加工

烟梗由韧皮部、木质部和髓芯部组成。同株烟叶烟梗粗细不一，直径可从1.0mm到8.0mm，下部梗较细、中部梗居中、上部梗较粗。同一片烟叶上，烟梗从基部到尖部，直径逐渐变细，韧皮部比例增大，木质部、髓芯部减少或消失。烟梗韧皮部糖类和果胶含量较高，组织结构紧密；木质部韧性较强；髓芯部组织疏松。因此，不同粗细烟梗无论从物理加工性状，还是化学成分和感官质量方面均有着较大的差异。可以根据不同烟梗的特性分别有针对性地制定加工工艺和使用方法，使其可用性得到最优体现。

在制梗丝过程中，烟梗粗细差异较大会导致批内烟梗组织破坏程度差异过大、梗丝内部结构性不均匀、卷烟时剔除率过高。可将烟梗在复烤时以直径大小进行粗细分类，并分别设定合适的压梗间隙，可以加快烟梗醇化进度，缩短醇化周期，加速烟梗原料的循环利用，节约仓贮保管费用；还可以使不同粗细烟梗在复烤时失水率一致、复烤后含水率一致，提高批内烟梗醇化进度的一致性。制梗丝再压梗过程中，缩小不同粗细烟梗组织破坏程度和差异程度，缩短贮梗时间，提高制梗丝工序的生产效率，降低梗丝含水率波动、卷烟机卷接时的剔除率和能源消耗，提高梗丝结构的均匀性、含水率和填充值的稳定性，拓宽配方梗的选梗范围。其工艺流程如下。

1. 筛分

烟叶经打叶后叶梗分离，来料烟梗水分 18%左右，所得烟梗经振动筛筛除梗拐头和长度≤10mm、直径≤1.5mm 的碎梗。

2. 烟梗分类分流

所得合格烟梗按直径大小不同经多层振动筛筛分为 1.5~3.0mm、3.0~7.0mm、7.0~8.0mm 烟梗，三类烟梗分别经不同的通道输送至压梗机。

3. 预压梗

对三类烟梗分别进行压梗，压梗间隙分别为 0.8，1.0，1.2mm。

4. 预压梗合流

预压后的三类烟梗进行汇集，合并到一个通道形成预压混合梗，输送至复烤机。

5. 复烤

将预压混合后的烟梗送入隧道式烟梗复烤机中进行干燥，使复烤后烟梗含水率为 10.0%~13.0%。

烟梗分类（直径）加工工艺路线图见图 9-1。

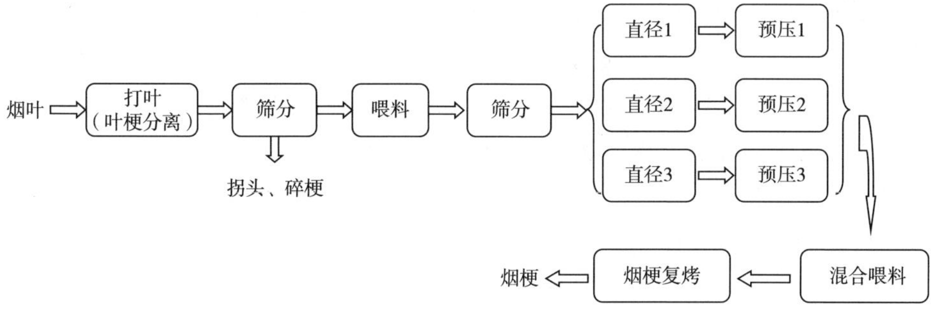

图 9-1　烟梗分类（直径）加工工艺路线

该加工方法在打叶复烤环节利用新梗组织较软的特点对烟梗进行预压，使烟梗发生物理变化，有利于烟梗水分逸出，有效地降低烤梗所需的温度，节约能源。以直径大小为标准对烟梗进行分类、预压，使不同粗细的烟梗得到与各自相匹配的预压强度，使它们在复烤时失水率一致、复烤后含水率一致，提高了烟梗预处理效果。加工出的烟梗含水率一致性较高，组织破坏程度接近，从而使烟梗的醇化进度相一致，并且使烟梗的醇化进度加快，有利于烟梗质量的稳定，有利于节约烟梗仓贮保管费用。

烟梗经过预压后，缩小了配方梗的粗细差异性，有利于后续配方梗的制梗丝加工，缩短了制梗丝加工时间，降低了含水率波动、剔除率和能源消耗，提高了梗丝结构的均匀性、梗丝含水率和填充值的稳定性。

二、以长度为标准分类加工

烟梗原料的长度也是影响梗丝质量的重要因素。目前，卷烟生产企业生产的成品梗丝结构比例不尽合理，4.23mm 以上梗丝所占比例过高（50%左右），不利于各项工艺质量指标的稳定性控制和高速卷烟机的运行。依据烟草行业标准 YC/T 146—2010《烟叶　打叶复烤　工艺规范》将复烤后烟梗分为长梗（长度>20mm）和短梗（长度≤20mm）两种，并要求长梗率≥80%，而对烟梗长度的上限并未限定，因而复烤后的烟梗往往过长。制梗丝过程中，切梗机给料系统通过振槽完成烟梗输送，混合在一起的烟梗被挤压输送至切梗机进行切丝，不同的烟梗在不同的截面上得到分切，切得梗丝的形状差别较大，长短不一，超长梗丝比例较大。这不仅影响梗丝外观形状和长度均匀性，还影响后续梗丝加工处理，影响高速卷烟机的运行效率，梗丝在卷烟中掺配均匀性下降，会影响卷烟质量稳定性。经研究证明，梗丝长度最适宜控制在 3.17~4.23mm。

卷烟中的混合丝结构对卷烟生产、卷烟质量有着较大影响。长丝（≥3.35mm）率过高，一方面影响高速卷烟机的速率，另一方面影响烟丝分布均匀性，从而影响烟支密度、吸阻、硬度的稳定性，同时也易造成燃烧锥弹落。长丝率过高对细支烟的影响尤其严重。控制烟丝长丝率、提高中丝（2.5~3.35mm）率已成为行业共识。

因此，可在制梗丝工序将过长（长度>35mm）烟梗筛分出来，打断变短，使烟梗长度保持在适宜的范围之内，再进行后序加工，从而减少过长梗丝的比例，优化梗丝结构，提高卷烟质量稳定性。在制梗丝备料工序筛分出长度>

35mm 的超长烟梗，将超长烟梗进行打梗处理后与长度≤35mm 烟梗混合，混合烟梗再进入常规筛分工序及后序制梗丝各工序。其工艺流程如下。

1. 烟梗初筛

投料烟梗经长度振动筛初筛，筛分出两类烟梗；两类烟梗的长度分别记为 D_1、D_2，D_1>35mm，D_2≤35mm。

2. 打梗

将筛分出的长度为 D_1 的烟梗进行打梗，使其变短。

3. 二次筛分

将筛分出的长度为 D_2 的烟梗与上一步所得烟梗混合，再进行常规筛分，获得两类烟梗：A 烟梗和 B 烟梗。B 烟梗长度≤10mm、直径≤1.5mm；A 烟梗为其余烟梗。

4. 洗梗、蒸梗、贮梗、压梗及切梗

将所得 A 烟梗进行水洗等后续加工。

其工艺路线图见图 9-2。

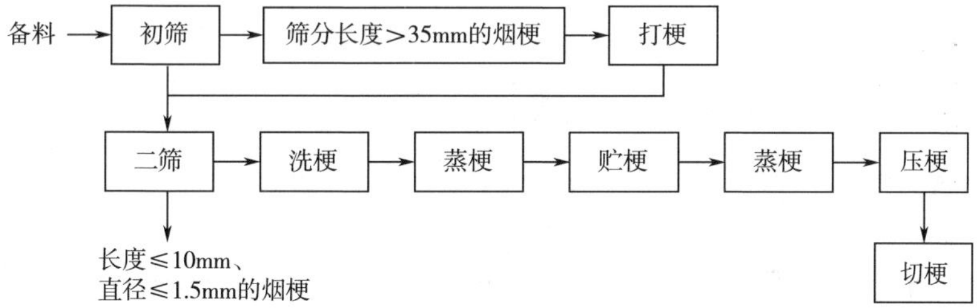

图 9-2　烟梗分类（长度）加工工艺路线

梗丝指标：将云南省、贵州省、四川省、湖南省、福建省、河南省的烟梗以相同质量比例进行混合投料，将对照样按常规工艺进行制梗丝，将新工艺样进行初筛，筛分出长度>35mm 的超长烟梗，将超长烟梗进行打梗后与长度≤35mm 烟梗混合，混合烟梗再进入常规筛分工序，筛除长度≤10mm、直径≤1.5mm 的过短梗及碎梗，再进行洗梗、蒸梗、贮梗、二次蒸梗、压梗及切梗等后续加工，制得梗丝。分别取两种梗丝，利用 CJ-301 型烟丝振动分选筛进行梗丝结构检测，检测结果见表 9-1。

表 9-1　　梗丝结构检测数据

梗丝长度/mm	结构比例/%	
	对照样	新工艺样
>6. 35	12. 31	5. 22
4. 23~6. 35	41. 56	36. 58
3. 17~4. 23	32. 78	43. 92
1. 41~3. 17	12. 15	12. 96
<1. 41	1. 2	1. 32

与对照样相比，新工艺样超长梗丝比例显著下降，适宜长度梗丝的比例大幅提升。

将两种梗丝样品分别以 20%比例均匀掺兑到某品牌卷烟之中，以 20 支质量 17. 6g 为标准卷制成烟支，分别取 50 支，检测烟支吸阻及硬度，检测数据见表 9-2。

表 9-2　　烟支检测数据

项目	吸阻/Pa	吸阻标准偏差/Pa	硬度/%	硬度标准偏差/%
对照样	1130	0. 201	71. 87	2. 457
新工艺样	1150	0. 069	70. 55	1. 694

与对照样相比，新工艺样卷烟质量稳定性明显得到提升。

三、烟梗原料配比技术

由于不同地区、不同部位烟梗间的差异性较大，不同单等级烟梗制作的梗丝间颜色光泽、填充值、感官质量、烟气成分等变化较大，从而影响成品卷烟质量的稳定性。

采用多地区、多部位配方烟梗加工梗丝，能明显提高梗丝与叶丝掺配后颜色的均匀性，保证来料烟梗流量的稳定，减少因频繁更换物料而引起的质量波动，明显提高梗丝质量的稳定性，改善烟丝结构，提高烟支质量的稳定性，有利于卷烟产品的均质化生产（表 9-3）。该方法适合于梗丝掺配比例较大、生产量较大的卷烟产品。

表 9-3　单等级梗丝与配方梗丝填充值、整丝率和碎丝率方差分析结果

变差源项	平方和	自由度	均方	*F* 值	*P* 值
填充值					
单等级梗	28.747	2	14.374	106.701	<0.01
配方梗	0.338	2	0.169	0.767	0.474
整丝率					
单等级梗	384.308	2	192.154	81.348	<0.01
配方梗	6.068	2	3.034	1.503	0.24
碎丝率					
单等级梗	32.194	2	16.097	26.139	<0.01
配方梗	0.085	2	0.043	0.327	0.724

第二节　梗丝加料加香技术

与烟叶和叶丝相比，在化学组成方面烟梗主要由纤维素、半纤维素、木质素和果胶等大相对分子质量的化合物组成；在物理、外观性状方面梗丝光泽偏淡、颜色发白，保水保润性较差；在感官质量方面梗丝烟味淡薄，杂气、木质气重，烟气粗糙，刺激性大，余味欠舒适。

为改善梗丝的这些缺陷，工业企业多对梗丝进行加料加香。加料加香的主要作用是：①改善梗丝物理、外观性状；②掩盖一些梗丝烟气的劣质特征；③改善梗丝的香吃味。

一、梗丝加料

梗丝加料是指在梗丝上施加“料液”的工艺过程。“料液”成分一般易溶于水、高沸点、耐高温。

通过加料可以：①增加梗丝的保润性、韧性，减少造碎；②改善梗丝的颜色、光泽；③调节梗丝烟气的酸碱度，改善吸味，使余味舒适；④掩盖杂气、刺激性；⑤增香、防霉和助燃。

根据所加香料的作用，一般将香料分为以下几种。

1. 保润剂

加入保润剂，既可减少空气湿度对梗丝的影响，增加梗丝的持水力、弹性和韧性，又可降低燃吸时的灼口感。

保润剂通常有：丙三醇（甘油）、丙二醇、山梨醇、木糖醇，蔗糖、葡萄糖、果糖等。

2. 着色剂

添加色素可以减少梗丝发白的程度，使梗丝呈现金黄色，在颜色光泽方面更接近于叶丝。常用的着色剂为天然食用黄色素。

3. 调味剂

调味剂主要用于平衡烟气酸碱度、改善吸味，增补生理强度和吃味浓度，减少刺激性，同时也起一定的吸湿保润作用，部分调味剂燃烧时产生焦糖香气，有一定的增香作用。

调味剂一般分为酸类和糖类。酸类主要有异戊酸、苹果酸、酒石酸、柠檬酸、乳酸以及氨基酸类的丙氨酸、苯基丙氨酸、天门冬酰胺、天门冬氨酸、脯氨酸、甘氨酸、白氨酸、苏氨酸、乌氨酸、缬氨酸、谷氨酸等。糖类主要有葡萄糖、麦芽糖、蜂蜜、饴糖、蔗糖等。

酸类可以调节烟草的 pH，挥发酸直接影响烟气的香气和吃味，平衡烟气酸碱度，使烟气平和，刺激性降低，并带有甜味感；非挥发性酸类虽对烟草的香气没有作用，但能使吃味变得醇和，增加烟气浓度。酸类化合物也是一些糖类的转化剂，在酸的作用下高分子的糖类会转化为烟气致香前提物。氨基酸和糖类在一定的条件下还能发生非酶棕化发应，产生卷烟香气物质。

4. 增香剂

增香剂能够谐调及增进梗丝的香气，掩盖杂气，改进吃味。

增香剂包括：烟草提取物、可可粉及可可酊、果味浓缩汁（如酸角汁、枸杞、葡萄干提取物）、某些植物器官浸提物（如甘草浸膏、枫槭浸膏、缬草根提取物、枣酊、香茅浸膏、菊苣浸膏）、辛香料提取物、中草药提取物、人工合成香料（如乙基麦芽酚）、美拉德反应物以及磷酸二氢铵等。

烟草提取物来源于烟草，能弥补梗丝本身烟香不足的缺陷，添加后，与烟香协调，赋予烟香天然感。植物提取物中含有大量的糖类、酸类以及特种风味香气成分，能促使致香物质的转化，或者本身就是香气物质，因而能够改善梗丝的吸食品质。磷酸二氢铵能显著提高梗丝的吸食强度，但也会影响梗丝的吸食品质，其使用与否以及用量应结合产品特征实际需求。

5. 助燃剂

随着卷烟降焦的需要，助燃剂在卷烟中的应用越来越受到人们的重视。目前比较常用的助燃剂主要是各种有机酸的钾盐，如酒石酸钾钠、苹果酸钾等。

6. 防霉剂

卷烟中常见的防霉剂有苯甲酸、苯甲酸钠、1，2-丙二醇、1，3-丁二醇、山梨酸。

二、梗丝加香

梗丝加香是指在梗丝上施加“香精”的工艺过程。“香精”成分多为脂溶性，能与酒精、多元醇类溶剂互溶，一般沸点较低。

通过加香可以：①增加香气量、丰满度和吸食强度；②掩盖杂气、衬托香气；③减小刺激性、改善余味舒适度；④赋予风格特征。

根据所加香料的作用，一般将香料分为以下几种。

1. 增香香料

增香香料，如烟草提取物、吡嗪、吡咯、吡啶的衍生物、呋喃类、酮类、乙基麦芽酚、美拉德反应物等化合物本身就是卷烟的香气成分，能够增加梗丝的香气量、丰满度和吸食强度。

2. 改善品质香料

改善品质的香料有：天然植物花果提取物、烟草提取物、质体色素降解产物、巨豆三烯酮、二氢大马酮、茄酮、异佛尔酮、紫罗兰酮、二氢猕猴桃内酯、香叶基丙酮等。

质体色素降解产物、巨豆三烯酮、二氢大马酮、茄酮、异佛尔酮、紫罗兰酮等是卷烟香气的重要成分，与卷烟香气品质密切相关，能使烟香优雅甜润。梗丝中加入这类物质能显著提高梗丝的吸食品质。

二氢猕猴桃内酯等调节烟气的状态，使烟气细腻柔和；香叶基丙酮等能改善余味，增强烟气甜度。

3. 香气风格香料

香气风格类香料多用于成品烟丝加香，但有时也用于梗丝加香中。此类香料在保证外加香与烟香协调的基础上，赋予卷烟以清香、浓香、甜香、果香、巧克力香、辛香、酒香等不同的香韵风格，满足不同吸烟口味的消费者的需要。根据香韵不同的需求所选择的香料也不尽相同。

香韵的分类方法较多，比如依香韵分类，香料的香气划分为花香和非花香两大类，花香有 8 个香韵，非花香有 12 个香韵。

（1）花香香气分类　花香有如下 8 个香韵。

清（青）香：梅、菊、薰衣草。

清甜香：香石竹、丁香花。

甜香：玫瑰、月季。

甜鲜香：风信子、栀子。

鲜香：茉莉花、白兰花。

鲜幽香：紫丁香花。

幽香：水仙。

幽清香：金合欢花、紫罗兰、桂花、刺槐、葵花。

（2）非花香香气分类　非花香有如下 12 个香韵。

青滋香：松针油、橙叶油、薄荷油。

草香：香茅油、苯乙酮。

木香：檀香醇、檀香油、柏木、楠木。

蜜甜香：紫罗兰酮、玫瑰油、香叶油。

脂蜡香：醛香。

膏香：树脂香、吐鲁香、秘鲁香、安息香。

琥珀香：香紫苏油。

动物香：灵猫香、麝香。

辛香：佐料、烟草、革香。

豆香：香兰素、可可酊。

果香：坚果、浆果、瓜香、橘子油。

酒香：乙酸乙酯、庚酸乙酯。

加料加香是为了弥补梗丝燃吸时香气不足、刺激较强、余味较差等缺陷，掩盖一些烟气的劣质特征，美化香吃味和改善梗丝物理特性。加料加香只是一种辅助措施，其本身并不能产生真正的烟气香气，卷烟烟气的基本特征仍然来自烟草，在改善梗丝香吃味的同时，应以卷烟的主体配方为准，避免对主体配方产生不良影响，即尽可能使梗丝的加料加香与主体配方相协调。所以，在加料加香时要有针对性，匹配性。

第三节　差异化学成分弥合技术

烟梗和片烟化学成分及烟气成分存在较大差异（见本书第二章），烟梗中含有的成分种类和片烟基本一致，但化学成分的含量水平和相互比例存在较大差异。梗丝负面感官特征的形成不但与化学组成相关，还与梗丝燃烧状态相关。为此，可以从差异化学成分着手，以差异的弥合探索提升梗丝感官质量的方法进行改进。

通过选择质体色素、植物多酚、氨基酸、甾醇类、多元酸、高级脂肪酸及其酯类物质、香味成分、烟草提取物中 8 类梗叶差异较大的成分以及助燃剂、阻燃剂等 10 类共 34 种成分进行感官质量评价。结果显示，质体色素、多酚、多种氨基酸、高级脂肪酸及其酯类物质、阻燃剂和烟草提取物对梗丝感官质量均有改善作用。

组氨酸、色氨酸等烟梗缺乏的氨基酸热裂解或发生美拉德反应产生吡啶类、吡咯类、咪唑类、吲哚类等含氮化合物，表现出对梗丝烟气浓度的提升作用。芸香苷、绿原酸等多酚热裂解产生的酚类化合物在焦甜香成分作用下转化为烟熏香，具有柔和梗丝烟气的作用。亚麻酸、十六酸及其酯类物质等烟梗缺乏成分虽然自身香气很弱，但在烟气形成过程中能够溶解携带香味成分，有利于柔和梗丝烟气和降低刺激。阻燃剂的使用降低了梗丝燃烧温度梯度，减少了小分子醛酮、环戊烯酮等灼烧、刺激成分，能够降低灼烧感和刺激。烟草提取物中含有烟梗缺乏的烟碱、脂质成分，有利于提升劲头、掩盖杂气。色素在存放过程和卷烟燃吸时能够降解产生巨豆三烯酮、二氢猕猴桃内酯等香气成分，具有掩盖梗丝杂气的作用。苯甲醇、苯乙醇等香气成分也是烟梗所缺乏的重要物质，对掩盖梗丝烟气杂气具有作用。

根据不同添加剂对梗丝的感官质量的作用特点和幅度，对添加量进行梯度试验，根据评吸结果进行组合，初步形成 3 个提升梗丝感官质量的添加剂配方。将 3 种配方添加剂添加到梗丝中，感官质量评价结果表明，3 种配方均能提升梗丝的感官质量。表 9-4 为其中一种表现较好的配方，添加表 9-4 配方后，梗丝灼烧感、刺激性明显降低，劲头、香气质、香气量有所提高，口腔舒适度明显改善。

表 9-4　　梗丝品质改进添加剂配方

成分	添加量/%		
	配方 1	配方 2	配方 3
色氨酸	—	0. 05	0. 07
组氨酸	—	0. 05	—
苯丙氨酸	—	—	0. 05

续表

成分	添加量/%		
	配方 1	配方 2	配方 3
β-胡萝卜素	0.05	0.05	—
绿原酸	0.5	—	—
芸香苷	—	—	0.2
柠檬酸	0.1	0.2	—
亚麻酸	0.1	0.3	0.1
十六酸	—	—	0.1
苯甲醇	0.01	0.02	—
苯乙醇	0.01	—	0.02
无机盐	1	—	—
麦芽糊精	—	0.5	0.7
烟梗提取物	1	1.5	1

第四节　浸梗水回收利用技术

浸梗是卷烟工业制梗丝过程中的一种工艺方法，该方法是将干燥粗硬的烟梗在60℃左右的热水中洗涤浸泡约50s后再输送到贮梗柜中进行贮放，使烟梗得到浸泡洗涤，吸水膨胀。经过水洗后的烟梗含水率、柔韧性、耐加性得到增强。浸梗水就是用来浸洗烟梗的水槽中的热水。

目前在卷烟生产过程中，一般将浸梗水归为生产污水，需要加以净化处理之后才能废弃，既浪费了大量淡水资源，又要付出高昂的污水处理费用。

烟梗中总糖、总氮、烟碱和焦油含量较低，细胞壁成分含量较高，梗丝在燃吸时香气不足，吸味平淡，刺激性和劲头较小，杂气较重，尤其是木质气重。卷烟工业为了弥补梗丝的感官质量缺陷，大多外加香料。

由于烟梗中含有大量种类不同的化学物质，浸梗水通过对烟梗的浸泡、洗涤，使得浸梗水中含有大量的烟梗浸出物，一般而言，其中的水溶性糖类、烟碱含量较高，还含有有机酸类、醛酮类、酯醇类等多种香味物质，而这些物质正是烟草的本源香味物质，可以直接回补到烟草制品之中（表9-5）。

表 9-5　　浸梗水中香味物质化学成分

序号	保留时间/min	化学成分	相对含量/%
1	10.408	糠醛	0.213
2	12.506	5-甲基糠醛	0.133
3	15.812	呋喃甲醇	0.330
4	28.982	4-羟基丁酸	0.559
5	30.540	苯甲酸	0.628
6	34.24	烟碱	68.366
7	34.766	苯乙醇	0.528
8	36.154	2-乙酰吡咯	2.362
9	36.762	2，5-呋喃甲酸	0.274
10	38.895	1-甲基-2-吡咯甲醛	2.388
11	40.425	吡咯烷酮	0.070
12	41.899	2-噻吩乙酸-10-十一烯酯	5.660
13	43.214	4（H）-吡喃-4-酮	0.088
14	45.768	巨豆三烯酮	0.176
15	50.256	棕榈酸	6.994

浸梗水回补工艺流程如下。

（1）将废弃的浸梗水静置、冷却、过滤处理。

（2）过滤后的浸梗水按 2%～4%在梗丝回潮、叶片回潮或加料工序中替代现有用水施加到梗丝中，也可以施加到叶片中。

烟梗在 60℃热水中浸泡 50s 后所得的浸梗水，经静置、冷却、过滤处理后，分别按照 2%、3%、4%的比例，在加料工序中替代现有用水施加到梗丝中，制成三组试样，分别以 25%添加到某四类卷烟中，以未添加的为对照样，分别卷制成烟支。

烟支在温度 20℃±1℃、相对湿度 60%±2%的恒温恒湿箱内平衡水分 48h，进行感官质量评价，评价结果见表 9-6。

表 9-6　　感官质量评价表

组别(施加量)	香气质/分	香气量/分	浓度/分	甜度/分	余味/分	杂气/分	刺激性/分	劲头/分
对照样(0%)	0	0	0	0	0	0	0	0
	烟气较平淡，有木质杂气，劲头小，刺激较明显							
1#（2%）	+0.5	+0.5	+0.5	+0.5	+0.5	+0.5	+0.5	+0.5
	烟气香气量稍有提高，木质杂气变弱，刺激性减少，劲头有所增加							
2#（3%）	+1.0	+1.0	+0.5	+0.5	+1.0	+0.5	+0.5	+0.5
	香气质提高，香气量及浓度增加，劲头增加							
3#（4%）	+0.5	+1.5	+1.5	+0.5	+0.5	+0.5	+0.5	+1.0
	烟气香气量、饱满度、浓度增加明显，杂气减少，劲头增加明显							

添加浸梗水后，可明显提高卷烟香气质，增加烟气香气量，提高烟气浓度和劲头，并且随着浸梗水添加量的增加，烟支香气量、饱满度、浓度增加明显。

第五节　细支卷烟专用梗丝加工技术

自2013年以来，烟草行业细支卷烟品牌、规格数量急剧增多，市场扩容明显加快，结构占比稳步提升，发展态势迅猛。受细支卷烟体积容量小、吸阻波动大、配方均匀性要求高等问题影响，目前以片状为主的梗丝，因其与叶丝形态结构、物理特性等存在较大差别，不利于梗丝与叶丝的均匀掺兑，影响细支卷烟质量的稳定性，无法在细支卷烟中掺配使用，不能满足细支卷烟降焦减害和降本增效的需求。

为了解决梗丝难以在细支卷烟中有效利用的问题，卷烟工业探索了烟梗薄压细切成丝技术、微波梗丝复切技术、磨制梗丝技术和再造梗丝技术等利用新设备、新工艺的加工方法，制出丝状梗丝。这些方法以改变梗丝形态结构，提高梗丝感官质量为重点，通过对重点工序关键技术指标的控制、优化和组合，实现梗丝在细支卷烟中的应用。目前，烟梗薄压细切成丝技术、微波梗丝复切技术已经在实际生产中得到应用。与传统片状梗丝加工方法相比，这些新方法对工艺条件的要求较高，生产过程中造碎量较大，投入产出比较低，相应的成本会有大幅提升。

本节以蒸汽微波协同膨胀法为例，对细支卷烟梗丝加工进行介绍。

一、烟梗原料的选择

1. 烟梗长度对膨胀效果的影响

随着烟梗长度的增加，烟梗膨胀度和有效膨胀率整体上呈逐渐增大趋势。长度<2cm 的烟梗的有效膨胀率较低（仅为 88.23%），长度≥2cm 的烟梗的有效膨胀率均达到了 92%以上，综合来看，长度≥2cm 的烟梗膨胀效果较好。

2. 烟梗直径对膨胀效果的影响

随着烟梗直径的增加，烟梗膨胀度和有效膨胀率整体上呈逐渐增大趋势。直径<3.0mm 的烟梗膨胀度和有效膨胀率均偏低，直径>3mm 的烟梗膨胀后体积达到原来的 3 倍以上、有效膨胀率达到 92%以上，综合来看，直径≥3mm 的烟梗膨胀质量相对较好。

3. 烟梗产地对膨胀效果的影响

河南省产地烟梗的膨胀效果和微波膨胀后制得梗丝的物理质量略好于云南省产地烟梗，但差异不明显。云南省产地烟梗微波膨胀后制得梗丝的感官质量优于河南省烟梗，主要表现在杂气、刺激性和余味方面。综合来看，不同产地烟梗的膨胀效果和微波膨胀后制得梗丝的物理质量无明显差异，云南省产地烟梗微波膨胀后制得梗丝的感官质量较优。

4. 烟梗醇化时间对膨胀效果的影响

醇化一年烟梗的膨胀效果和微波膨胀后制得梗丝的物理质量略好于醇化三年和醇化二年的烟梗，但差异不明显。醇化一年烟梗微波膨胀后制得梗丝的感官质量明显低于醇化三年和醇化二年的烟梗，主要表现在杂气和刺激性两方面；醇化三年和醇化二年的无明显差异。综合来看，醇化不足二年的烟梗，制得梗丝的感官质量相对较差。

随着烟梗长度和直径的增加，烟梗膨胀度和有效膨胀率整体上呈逐渐增大趋势，长度<2cm 和直径<3mm 烟梗的膨胀质量较差。因此，在进行蒸汽微波协同膨胀前，需对烟梗进行原料预处理，筛除长度<2cm 的短梗和直径<3.0mm 的细梗。产地和醇化时间对烟梗膨胀效果和梗丝物理质量的影响不明显，对梗丝感官质量影响较大，醇化两年以上烟梗的综合质量较好。

二、关键加工工艺的选择

1. 微波膨胀工艺

对比蒸汽微波协同膨胀和滚筒微波膨胀两种工艺，采用蒸汽微波协同工艺膨胀的烟梗，其膨胀度高于滚筒微波工艺膨胀烟梗 61%，有效膨胀率高

4%。蒸汽微波协同工艺膨胀的烟梗，其膨胀度随贮存时间延长保持稳定，无明显变化；滚筒微波工艺膨胀的烟梗，其膨胀度随贮存时间延长而逐渐降低，有明显回缩现象。蒸汽微波协同工艺膨胀的烟梗，表面光滑无褶皱，膨胀均匀性较好；滚筒微波工艺膨胀的烟梗，表面凸凹不平，膨胀均匀性较差。综合来说，采用蒸汽微波协同膨胀工艺对烟梗进行膨胀处理，烟梗膨胀质量更好。

2. 切梗丝工艺

膨胀烟梗采用一压一切、一压复切和不压复切三种切丝工艺对比。采用一压一切工艺加工出的梗丝，与复切工艺相比，填充值和整丝率高，碎丝率低，物理质量较好，但其形态以片状为主，与叶丝形态差异较大。采用压梗复切和不压梗复切两种工艺加工出的梗丝形态均以丝状为主，与叶丝形态较为接近；其中，不压梗复切工艺加工出的梗丝填充值和整丝率较高、碎丝率较低。综合来看，复切工艺加工出的梗丝更能适应细支卷烟的要求，其中不压复切的梗丝质量相对较好。

3. 梗丝干燥工艺

对比薄板干燥和气流干燥两种工艺，气流干燥工艺加工出的膨胀梗丝，梗丝填充值和整丝率较高，碎丝率较低，整体物理指标较好。气流干燥工艺更适用于微波膨胀梗丝的干燥处理。

三、关键工序加工条件

1. 蒸汽微波协同膨胀工序

（1）物料流量对烟梗膨胀度的影响　随着物料流量的不断增加，烟梗膨胀度逐渐降低，并呈较好的线性关系，烟梗有效膨胀率也呈降低趋势，但均在99%以上。物料流量达到270kg/h以上时，烟梗的膨胀度较低，膨胀后体积与膨胀前体积比值达到2.0以下；物料流量低于240kg/h时，膨胀后烟梗梗芯颜色变深，枯焦气较重，口腔残留感明显，感官质量评价品质较差。物料流量设置在240~270kg/h为宜。

（2）蒸汽流量对烟梗膨胀质量的影响　随着蒸汽流量的增加，烟梗膨胀度和有效膨胀率逐渐增大，其中膨胀度与蒸汽流量呈较好的线性关系。蒸汽流量低于950kg/h时，烟梗膨胀度偏低，且感官质量较差。蒸汽流量设置在950~1050kg/h为宜。

（3）腔体温度对烟梗膨胀度的影响　随着腔体温度的增加，烟梗膨胀度逐渐增大，呈较好的线性关系；烟梗有效膨胀率变化较小，均在98%以上。腔体温度低于148℃时，烟梗膨胀度偏低，有木质气和口腔残留，感官质量偏差；腔体温度高于151℃时，膨胀后烟梗梗芯颜色明显加深，枯焦气重，口腔残留明显，感官质量较差。腔体温度设置在148~151℃为宜。

（4）微波功率对烟梗膨胀质量的影响　随着微波功率的增加，烟梗膨胀度呈逐渐增大趋势；烟梗有效膨胀率变化较小，均在98%以上。微波功率低于36kW时，烟梗膨胀度偏低，有木质气和口腔残留，感官质量较差；微波功率高于39kW时，梗芯颜色明显加深，有枯焦气，感官质量偏差。微波功率设置在36~39kW为宜。

2. 膨胀烟梗回潮工序

（1）水泵电机频率（水洗时间）对膨胀烟梗回潮质量的影响　随水泵电机频率变化即水洗时间的减少，膨胀烟梗回潮含水率和回透率逐渐降低；回潮含水率超过30%，膨胀烟梗回透率稳定在96%左右，经人工检测发现未回透烟梗主要是梗头和未膨胀的原梗；回潮后含水率低于30%，膨胀烟梗回透率明显偏低。

（2）回潮含水率对膨胀烟梗切片质量的影响　膨胀烟梗回潮含水率在30%左右时，切后梗片中含梗头率相对较低；膨胀烟梗回潮含水率过大或过小，含梗头率均明显升高；膨胀烟梗回潮含水率达到34%时，切丝机出现黏刀情况，达到36%时，切丝机刀门处出现挤压出水情况。膨胀烟梗较适宜的回潮含水率为30.5%左右，其对应的回潮参数为：采用直流式水洗模式、水温设置为常温、水泵电机频率设置为18Hz。

（3）贮存时间对膨胀烟梗回透率的影响　随着贮存时间的增加，膨胀烟梗回透率呈现增大趋势，贮存时间达到4h以上时趋于稳定；贮存时间低于4h，膨胀烟梗回透率明显偏低。

3. 切梗丝工序

（1）切丝宽度对梗丝质量的影响　采用前高后低的组合切丝方式，随着切片厚度的增加和切丝宽度的减小，干燥后梗丝填充值、整丝率和长丝率整体呈下降趋势，短丝率和碎丝率整体呈增加趋势；当切梗宽度为0.6mm、切丝宽度为0.3mm时梗丝填充值和整丝率最高，碎丝率最低。采用前低后高的组合切丝方式，与前高后低方式下相同切丝宽度条件相比，干燥后梗丝填充值变化不明显，整丝率下降较多，短丝率和碎丝率明显增加。微波膨胀烟梗适宜采用前高后低的切丝组合方式，较适宜的切丝条件为：切片厚度 0.6mm，切丝宽度 0.3mm。

（2）刀门压力对梗丝质量的影响　在试验范围内，膨胀烟梗回透率切后梗丝中含梗头率随刀门压力的增大呈减小趋势；刀门压力为 20kN 时，膨胀烟梗切后梗丝中含梗头率明显增高，主要是膨胀烟梗未压实而导致跑梗问题发生；刀门压力达到 40kN 时，膨胀烟梗切后梗丝中出现较多较薄的透明状梗片，原因分析是膨胀烟梗压的过实，铜排链输送时打滑导致物料向前位移不足。膨胀烟梗切丝时较适宜的刀门压力范围在 30~35kN。

（3）刀辊转速对梗丝质量的影响　在试验范围内，膨胀烟梗回透率切后梗丝中含梗头率随刀辊转速的增大呈先减小后增大趋势；刀辊转速为 300r/min 时，膨胀烟梗切后梗丝中含梗头率较高，原因是转速较低时竖向切割力偏低，导致部分膨胀烟梗未被切断便被横向拉出；刀辊转速为 500r/min 时，膨胀烟梗切后梗丝中含梗头率也较高，原因是转速偏高致使需求的物料流量过大，供料不足导致膨胀烟梗未被压实而造成跑梗问题发生。膨胀烟梗切丝时较适宜的刀辊转速范围在 400~450r/min。

4. 梗丝干燥工序

（1）物料流量对梗丝质量的影响　随着物料流量增加，干燥气流温度逐渐升高；随着物料流量增加，干燥后梗丝填充值呈先增大后减小趋势，150kg/h 流量条件下梗丝填充值相对较高；随着物料流量增加，干燥后梗丝长丝率和碎丝率呈下降趋势，而中丝率和短丝率呈明显上升趋势。物料流量设置为 150kg/h 较适宜。

（2）干燥强度对梗丝质量的影响　随着气体流量增加，干燥气流温度逐渐增大，且线性关系显著；随着气体流量增加，干燥后梗丝填充值呈先减小后增大趋势，6500m^3/h 流量条件下梗丝填充值相对较低；随着气体流量增加，干燥后梗丝长丝率呈先增大后下降趋势，中丝率呈明显增大趋势，短丝率和碎丝率呈先下降后增大趋势。干燥气体流量设置为 6500m^3/h 较适宜。

四、蒸汽微波协同膨胀工艺流程

蒸汽微波协同膨胀工艺的重点是：烟梗膨胀前，需要进行分选，筛除不易膨胀的短梗和细梗；针对膨胀后烟梗吸湿速率快的特性，采用“一回一贮”的简化回潮工艺；采用“一次切片、二次切丝”的形变工艺，保证制得的梗丝形态与叶丝接近；在一次切片和气流干燥后分别设置风选和筛分工序，解决现有切丝机对膨胀梗进行两次切丝时的跑梗和跑片问题，尽可能减少制得梗丝中的片状梗丝量。其工艺流程见图 9-3。

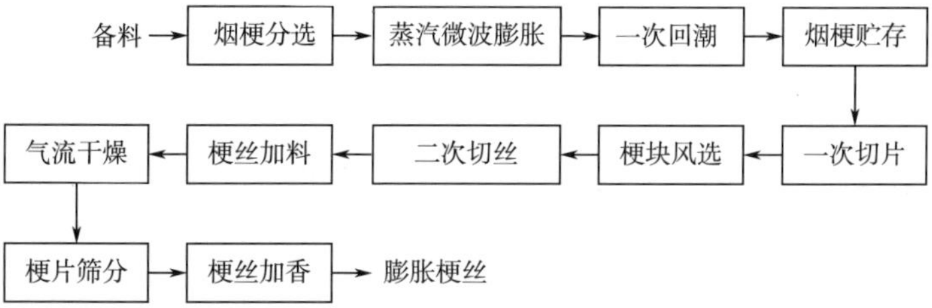

图 9-3　蒸汽微波协同膨胀工艺流程图

蒸汽微波协同膨胀综合运用了多种梗丝加工技术方法，在方法的选用方面、参数设定方面较为灵活，并不拘泥于固定方法及工艺路线的限制，可根据产品实际需求进行相应的调整。无论采用哪种工艺或组合工艺方法及参数的设定，最终还是要为卷烟产品服务。

参考文献

[1] 陈兴，申晓锋，巩效伟，等．提升梗丝品质技术研究进展 [J]．安徽农业科学，2013，41 (5)：2274-2276.

[2] 程向红，陈孟起，刘志奇，等．浸梗水化学成分分析及在烟草中的再利用 [J]．北京农业，2016 (06)：222-223.

[3] 杜宇，韦克毅，周博，等．梗丝和再造烟叶对加香加料表达效果的影响 [J]．湖北农业科学，2016，55 (23)：6172-6175.

[4] 胡晓军．卷烟厂柔性制丝生产系统规划设计 [D]．杭州：浙江工业大学，2009.

[5] 瞿先中，丁乃红，舒俊生，等．高压润梗对梗丝化学成分及感官质量的影响 [J]．湖南文理学院学报 (自然科学版)，2016，28 (01)：91-94.

[6] 李晓，顾小燕，纪晓楠，等．超声水洗梗丝综合质量的影响研究 [J]．湖北农业科学，2016，55 (02)：377-380.

[7] 彭桂新，李春光，宋伟民，等．蒸汽—微波协同膨胀设备研发与应用评价 [J]．食品与机械，2018，34 (11)：115-118+145.

[8] 苏福彬．新型烟梗预处理加工工艺及流程设计应用 [J]．机械制造与自动化，2018，47 (06)：82-84.

[9] 肖厚荣，邵国泉，郭俊成，等．提高梗丝内在质量的研究 [J]．烟草科技，1995 (06)：5-6+10.

[10] 许世民 . 梗丝生产线工艺技术改造及运行总结 [J]. 中国高新技术企业，2016(36)：38-39.

[11] 张娟，孙娟 . 制梗丝线压梗工序对卷烟感官质量的影响 [J]. 科技创新导报，2015，12 (31)：87-88.

[12] 张忠云 . 梗丝加香比例合格率改善研究 [J]. 科技与创新，2020 (02)：141-142.

[13] 周雅宁 . 烟梗加工处理技术与设备研究进展 [J]. 中国烟草学报，2019，25 (02)：121-129.